普通高等教育 3D 版机械类系列教材

机械设计基础 （非机类 3D 版）

主编　姜　雪　赵继俊

参编　陈清奎　于　涛　马广英
　　　毕世英　宋修福

U0280795

机械工业出版社

本书涵盖了与通用机械零部件设计相关的力学基础知识、机械工程常用材料的性能及热处理方法、公差与技术配合的基本概念、机械零部件的结构工艺性等内容，系统地阐述了通用机构及通用机械零部件的工作原理与设计理论，包括机构的组成及平面连杆机构、凸轮机构、带传动与链传动、齿轮传动机构、轮系、间歇运动机构、连接、齿轮传动设计、轴与联轴器、轴承等。

本书可作为普通高等院校非机械类和近机械类各专业机械设计基础课程的教材，也可作为高等职业院校相关专业机械设计基础课程的教材，还可供从事机械设计工作的工程技术人员参考。

图书在版编目（CIP）数据

机械设计基础：非机类 3D版／姜雪，赵继俊主编. --
北京：机械工业出版社，2024. 10. --（普通高等教育3
D版机械类系列教材）. -- ISBN 978-7-111-76581-3

Ⅰ. TH122

中国国家版本馆 CIP 数据核字第 20244Y5E22 号

机械工业出版社（北京市百万庄大街 22 号　邮政编码 100037）
策划编辑：段晓雅　　　　　　　责任编辑：段晓雅　王华庆
责任校对：龚思文　张亚楠　　　封面设计：张　静
责任印制：单爱军
保定市中画美凯印刷有限公司印刷
2025 年 3 月第 1 版第 1 次印刷
184mm×260mm·16 印张·395 千字
标准书号：ISBN 978-7-111-76581-3
定价：53. 80 元

电话服务　　　　　　　　　　网络服务
客服电话：010-88361066　　机　工　官　网：www.cmpbook.com
　　　　　010-88379833　　机　工　官　博：weibo.com/cmp1952
　　　　　010-68326294　　金　书　网：www.golden-book.com
封底无防伪标均为盗版　　机工教育服务网：www.cmpedu.com

普通高等教育 3D 版机械类系列教材
编审委员会

序

虚拟现实（VR）技术是计算机图形学和人机交互技术的发展成果，具有沉浸感（Immersion）、交互性（Interaction）、构想性（Imagination）等特征，能够使用户在虚拟环境中感受并融入真实、人机和谐的场景，便捷地实现人机交互操作，并能从虚拟环境中得到丰富、自然的反馈信息。在特定应用领域中，VR 技术不仅可解决用户应用的需要，若赋予丰富的想象力，还能够使人们获取新的知识，促进感性和理性认识的升华，从而深化概念，萌发新的创意。

机械工程教育与 VR 技术的结合，为机械工程学科的教与学带来显著变革：通过虚拟仿真的知识传达方式实现更有效的知识认知与理解。基于 VR 技术的教学方法，以三维可视化的方式传达知识，表达方式更富有感染力和表现力。VR 技术使抽象、模糊成为具体、直观，将单调乏味变成丰富多变、极富趣味，令常规不可观察变为近在眼前、触手可及，通过虚拟仿真的实践方式实现知识的呈现与应用。虚拟实验与实践让学习者在创设的虚拟环境中，通过与虚拟对象的主动交互，亲身经历与感受机器拆解、装配、驱动与操控等，获得现实般的实践体验，增加学习者的直接经验，辅助将知识转化为能力。

教育部编制的《教育信息化十年发展规划（2011—2020 年)》（以下简称《规划》），提出了建设数字化技能教室、仿真实训室、虚拟仿真实训教学软件、数字教育教学资源库和20000 门优质网络课程及其资源，遴选和开发 1500 套虚拟仿真实训实验系统，建立数字教育资源共建共享机制。按照《规划》的指导思想，教育部启动了包括国家级虚拟仿真实验教学中心在内的若干建设工程，力推虚拟仿真教学资源的规划、建设与应用。近年来，很多学校陆续采用虚拟现实技术建设了各种学科专业的数字化虚拟仿真教学资源，并投入应用，取得了很好的教学效果。

"普通高等教育 3D 版机械类系列教材"是由山东高校机械工程教学协作组组织驻鲁高等学校教师编写的，充分体现了"三维可视化及互动学习"的特点，将有难度的知识点以3D 教学资源的形式进行介绍，其配套的虚拟仿真教学资源由济南科明数码技术股份有限公司开发完成，并建设了科明 365 VR 教学云平台（www.keming365.com），提供了适合课堂教学的"单机版"、适合集中上机学习的"局域网版"、适合学生自主学习的"手机版"，构建了"没有围墙的大学""不限时间、不限地点、自主学习"的学习资源。

古人云，天下之事，闻者不如见者知之为详，见者不如居者知之为尽。

该系列教材的陆续出版，为机械工程教育创造了理论与实践有机结合的条件，很好地解决了普遍存在的实践教学条件难以满足卓越工程师教育需要的问题。这将有利于培养制造强国战略需要的卓越工程师，助推中国制造 2025 战略的实施。

张进生
于济南

前　言

本书是山东高校机械工程教学协作组组织编写的"普通高等教育3D版机械类系列教材"之一。

党的二十大报告提出，要"推进教育数字化，建设全民终身学习的学习型社会、学习型大国"。我们要高度重视教育数字化，以数字化推动育人方式、办学模式、管理体制以及保障机制的创新，推动教育流程再造、结构重组和文化重构，促进教育研究和实践范式变革，为促进人的全面发展、实现中国式教育现代化，进而为全面建成社会主义现代化强国、实现第二个百年奋斗目标奠定坚实基础。

本书的编写贯彻党的二十大精神，按照高等学校非机械类专业培养计划及对机械设计基础课程教学大纲的要求，充分利用虚拟现实（VR）、增强现实（AR）等技术开发的虚拟仿真教学资源，体现"三维可视化及互动学习"的特点，将难于学习的知识点以3D教学资源的形式进行介绍，力图达到"教师易教，学生易学"的目的。本书配有二维码链接的3D虚拟仿真教学资源，手机用户请使用微信的"扫一扫"观看、互动使用。二维码中标有图标的表示免费使用，标有图标的表示收费使用。本书提供免费的教学课件，欢迎选用本书的师生登录机械工业出版社教育服务网（www.cmpedu.com）下载。济南科明数码技术股份有限公司还开发有互联网版、局域网版、单机版的3D虚拟仿真教学资源，可供师生在线（www.keming365.com）使用。

本书由哈尔滨工业大学（威海）姜雪和赵继俊任主编。本书编写分工为：姜雪编写第6、7、9章，哈尔滨工业大学（威海）赵继俊编写第2~5章，山东建筑大学陈清奎编写第1章，烟台大学于涛编写第8、10章，山东大学（威海）马广英编写第11、12章，潍坊学院毕世英编写第13、14章，山东交通学院（威海）宋修福编写第15章。本书配套的3D虚拟仿真教学资源由济南科明数码技术股份有限公司开发完成，并负责网上在线教学资源的维护、运营等工作，主要开发人员包括陈清奎、陈万顺、胡洪媛、邵辉笙、肖龙飞等。本书承蒙哈尔滨工业大学（威海）王瑞教授审阅，他对本书提出了许多宝贵意见和建议，在此表示感谢。本书的编写得到了很多老师、同学的大力支持和帮助，编者在此一并表示衷心感谢。

由于编者水平有限，书中难免存在不妥之处，敬请广大读者批评指正。

编者

于威海

目 录

序

前言

第1章 绪论 ················· 1

1.1 机器的组成 ············· 1

1.2 机械设计的基本要求与一般过程 ··· 3

1.3 本课程的研究内容和学习方法 ···· 5

思考与练习题 ················ 5

第2章 机械设计中的力学基础知识 ··· 6

2.1 载荷和应力 ·············· 6

2.2 机械零部件的失效形式与设计准则 ···· 11

思考与练习题 ················ 13

第3章 机械工程材料及性能 ······· 15

3.1 金属材料的力学性能 ········· 15

3.2 常用金属材料 ············ 19

3.3 常用非金属材料 ··········· 25

3.4 钢的热处理 ·············· 29

3.5 机械零件的选材 ··········· 33

思考与练习题 ················ 36

第4章 机械零部件设计制造的结构
工艺性 ················ 37

4.1 机械零部件结构设计的任务、特点、
内容和过程 ·············· 37

4.2 机械零部件结构设计的设计准则 ···· 39

4.3 机械零部件的结构工艺性 ······ 44

思考与练习题 ················ 54

第5章 机械精度设计基础 ········· 56

5.1 概述 ················· 56

5.2 尺寸公差与配合 ··········· 57

5.3 表面粗糙度 ·············· 67

5.4 几何公差 ··············· 70

思考与练习题 ················ 75

第6章 机构的组成及平面连杆机构 ··· 76

6.1 机构的组成和平面机构的运动简图 ·· 76

6.2 平面机构的自由度计算 ········ 79

6.3 铰链四杆机构的基本形式及其演化 ·· 82

6.4 平面连杆机构曲柄存在的条件和
特性 ················· 85

6.5 平面连杆机构的设计 ········· 88

思考与练习题 ················ 89

第7章 凸轮机构 ············· 92

7.1 凸轮机构的应用和类型 ········ 92

7.2 从动件的常用运动规律 ········ 94

7.3 凸轮机构的压力角 ·········· 97

7.4 图解法设计凸轮轮廓曲线 ······ 99

思考与练习题 ················ 102

第8章 带传动与链传动 ········· 104

8.1 带传动的类型和特点 ········· 104

8.2 带传动的工作情况分析 ········ 107

8.3 普通V带传动的设计计算 ······ 111

8.4 链传动 ················ 118

思考与练习题 ················ 120

第9章 齿轮传动机构 ·········· 121

9.1 齿轮机构的基本类型 ········· 121

9.2 齿廓实现定角速度比的条件 ····· 122

9.3 渐开线齿廓 ·············· 122

9.4 直齿圆柱齿轮各部分的名称和基本
参数 ················· 124

9.5 渐开线直齿圆柱齿轮的啮合传动 ··· 127

9.6 渐开线齿廓的根切与变位 ······ 128

9.7 斜齿圆柱齿轮传动 ·········· 131

9.8 锥齿轮传动 ·············· 134

9.9 蜗杆传动的特点和类型 ········ 135

思考与练习题 ················ 138

第10章 轮系 ··············· 139

10.1 轮系的分类 ············· 139

10.2 轮系的传动比计算 ········· 140

10.3 轮系的功用 ············· 146

思考与练习题 ……………………… 148

第 11 章　间歇运动机构 ……………… 151

11.1　棘轮机构 ………………… 151

11.2　槽轮机构 ………………… 154

思考与练习题 ……………………… 155

第 12 章　连接 ……………………… 156

12.1　螺纹连接 ………………… 156

12.2　键连接和花键连接 ……… 173

12.3　销连接 …………………… 178

12.4　不可拆连接 ……………… 178

12.5　螺旋传动 ………………… 179

思考与练习题 ……………………… 182

第 13 章　齿轮传动设计 ……………… 184

13.1　齿轮的失效形式和设计准则 ……… 184

13.2　齿轮材料及热处理和齿轮传动的
　　　精度 …………………… 186

13.3　直齿圆柱齿轮的强度计算 ……… 188

13.4　斜齿圆柱齿轮的强度计算 ………… 195

13.5　直齿锥齿轮传动 ………… 196

13.6　齿轮的结构设计 ………… 199

13.7　齿轮传动的效率和润滑 … 201

13.8　蜗杆传动 ………………… 201

思考与练习题 ……………………… 209

第 14 章　轴与联轴器 ………………… 211

14.1　轴 ………………………… 211

14.2　轴的强度计算 …………… 219

14.3　联轴器 …………………… 224

思考与练习题 ……………………… 227

第 15 章　轴承 ……………………… 229

15.1　滑动轴承 ………………… 229

15.2　滚动轴承 ………………… 233

思考与练习题 ……………………… 246

参考文献 ……………………… 248

第1章

绪　　论

本章提要

在现代的日常生活和生产活动中，人们越来越多地使用各种各样的机器，以代替或减轻人的体力劳动，提高生产率和产品质量。在那些人类难以生存或接近的场合，更需要借助于机器代替人工。大规模地使用现代机器进行生产，是一个国家生产力高度发展和现代化程度的重要标志。

1.1　机器的组成

机器的种类繁多，它们的构造、用途和功能也各不相同。为了认识机器组成的基本规律，可从机器的功能和结构等角度来剖析机器。

1.1.1　按功能分析机器的组成

就功能来说，一般机器主要由四个基本部分组成，具体如图 1-1 所示。

图 1-1　机器的组成（按功能）

1. 动力部分

动力部分是机器工作的动力源。通常，一部机器只用一个原动机，复杂的机器也有采用几个原动机的。现代机器中使用的原动机大多以电动机和热力机（内燃机、汽轮机和燃气轮机）为主，而电动机的使用较为广泛。

2. 执行部分

执行部分或称工作部分，是直接完成机器预定功能的部分。一部机器根据其功能要求的不同，可以只有一个执行部分，也可以有几个执行部分。

3. 传动部分

传动部分是为解决动力部分与执行部分之间的各种矛盾所需要的中间部分。机器的功能各异，要求的运动参数和运动形式各不相同，同时要克服的工作阻力也随工作情况而异。但是原动机的运动参数、运动形式和动力参数范围都是有限的，并且是确定的，往往不能满足机器执行部分的要求。为了解决两者之间的矛盾，就需要通过传动部分把原动机的运动参数、运动形式和动力参数变换为机器执行部分所需要的运动参数、运动形式和动力参数。例如把高转速变为低转速，小转矩变为大转矩，回转运动变为直线运动等。

4. 控制部分

控制部分或称操纵部分，其作用是控制机器的其他部分，使操作者能随时实现或终止各种预定的功能。例如机器的起动和停止，改变运动的速度和方向，输出或切断动力等。例如汽车的转向盘和转向系统、变速杆、制动器及其踏板、离合器踏板及加速踏板等就组成了汽车的控制部分。图 1-2 所示的带式运输机就是由电动机（原动机）1、V 带传动 2、齿轮传动 3 及联轴器（传动部分）4、卷筒 5、输送带（执行部分）6 和控制系统 7 所组成的。

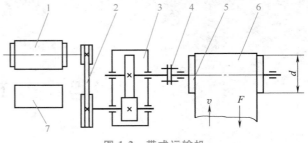

图 1-2　带式运输机

1—电动机　2—V 带传动　3—齿轮传动　4—联轴器
5—卷筒　6—输送带　7—控制系统

一部简单的机器主要由前三个基本部分组成，其控制部分也比较简单。随着科学技术和生产力的快速发展，对机器的功能、精度和自动化程度提出了更高的要求，对控制系统的要求也越来越高。

1.1.2　按结构分析机器的组成

一般情况下，机器的各个部分都是由各种机构组合而成的，例如执行部分、传动部分和控制部分，都是由机构组成的。机构则由若干构件通过动连接组合而成。而构件又由若干零件通过静连接组装而成。组成机器的最基本单元是零件。机器的组成如图 1-3 所示。

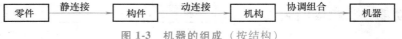

图 1-3　机器的组成（按结构）

如图 1-4 所示的单缸四冲程内燃机，它是由活塞 1、连杆 2、曲轴 3、气缸体 4、齿轮 5 和齿轮 6、凸轮 7、顶杆 8、排气阀 9、进气阀 10 等零件或构件组成的。

燃气推动活塞做往复移动，经连杆转变为曲轴的转动。凸轮和顶杆是用来启闭进气阀和排气阀的。为了保证曲轴每转两周进、排气阀各启闭一次，曲轴和凸轮轴之间安装齿数比为 1:2 的齿轮。这样，当燃气推动活塞运动时，各构件协调地动作，进气阀、排气阀有规律地启闭，就把燃烧燃料的热能转换为曲柄回转的机械能，对外做功。该内燃机主要包括由气缸体（机架），活塞、连杆和曲轴组成的曲柄滑块机构，凸轮、顶杆

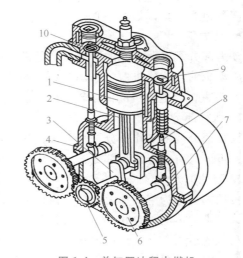

图 1-4　单缸四冲程内燃机

1—活塞　2—连杆　3—曲轴　4—气缸体　5, 6—齿轮
7—凸轮　8—顶杆　9—排气阀　10—进气阀

和机架组成的凸轮机构，以及齿轮和机架组成的齿轮机构。

组成机构的各相对运动的实体称为构件，机构运动时构件作为一个整体参与运动。构件可以是一个零件，也可以由若干个分别加工的零件，通过静连接组装而成。在图 1-4 所示的内燃机中，凸轮轴与齿轮 6 以及曲轴 3 与齿轮 5 都是作为一个整体做回转运动的，各构成一个构件，而连杆 2 是由连杆盖与连杆体用螺栓连接组成的。因此，构件与零件的区别在于：构件是运动单元，而零件是制造或加工单元。机器与机构的区别在于：机构只是一个构件系统，而机器除构件系统外，还包含电气、液压等其他装置。机构只用于传递运动和力，而机器除传递运动和力之外，还具有变换或传递能量、物料、信息的功能。从结构和运动的观点看，机器与机构并无区别，它们都是构件的组合，各构件之间具有确定的相对运动。因此，通常把机器与机构统称为"机械"。

1.2 机械设计的基本要求与一般过程

机械设计的任务是从需求出发，创造性地设计出具有特定功能的新机械或改进原有机械的性能，以满足人们日益增长的生产和生活需要。机械设计是机械产品开发和技术改造的关键环节，是机械产品开发的第一步。机械的功能取决于设计，机械的质量、性能和成本，也主要是在设计阶段决定的。而制造过程的本质就在于实现设计时所规定的质量。

1.2.1 机械设计的基本要求

为使所设计的机械产品满足社会需要，被用户所接受，并在市场上具有竞争能力，设计时应满足以下基本要求。

1. 实现预定的功能，性能好、效能高

这是一切机械设计应实现的首要目标。在满足预定功能的前提下，应力求使机器性能好、效能高，以便使机器具有应有的工作质量、高效率和高生产率，从而获得大的技术与经济效益。

2. 工作可靠

机械在预定的使用期限内应具有高度的可靠性，自始至终地正常工作。为了防止偶发事件，特别是对于大型或重型机械设备，还应设置安全保护装置、显示装置和报警系统，以免发生人身事故和造成机械的严重损坏。

3. 制造工艺性好

工艺性是指设计的机械及其零部件在制造过程中能省工、省料地达到要求的质量。它包括毛坯制造、机械加工、装配、调整和维修等各方面的工艺性。总的来说，在满足使用要求的前提下，机械的整体结构及其零部件越少、越简单、越实用，则其质量、性能和工作可靠性就越易保证，成本也越低。设计时还应尽可能地采用标准件，这既能降低设计和制造的费用，又便于使用中维修更换。

4. 操作与维护要安全、简便

设计时应注意人与机械间的各种联系环节，保证人员操作安全，必要时还应设置各种安全保护装置。操作要简便省力，操作手柄和按钮等应放在便于操作的部位，操作方式应符合人的心理和习惯。此外，环境污染以及防爆、防火等，都应符合相关法规的要求。

5. 成本低廉

这是一项必须考虑的经济指标，它体现在设计、制造和使用的全过程中。在满足前述各项基本技术要求的前提下，设计时应力求降低成本。对各种可行方案进行技术性与经济性的综合比较，全面考虑各方面的因素，选择符合技术与经济性要求的最佳方案。

6. 外形美观

此外，根据具体设计对象不同，还可能有其他一些要求。例如，大型机械和零部件的起吊和搬运要求；食品、纺织和造纸机械防止产品被污染的要求；对于交通工具和携带式机械装置来说，体积小、重量轻是至关重要的。

1.2.2 机械设计的一般过程

机械设计的主要内容包括：①明确任务要求，即确定设计对象的预定功能、有关指标和限制条件；②按功能要求确定机械的工作原理，然后根据工作原理，选择合适的机构，拟定最优设计方案；③进行运动参数和动力参数分析计算以及零部件的工作能力计算；④技术设计——总体结构设计、零部件结构设计等。

一部机器的诞生，从发现某种社会需要、萌发设计念头、明确设计任务开始，经过具体的设计、制造、鉴定直到产品定型，是一个复杂细致的反复过程。机械设计一般包括三个阶段：计划阶段、方案设计阶段与技术设计阶段。每一阶段都应对机械设计的基本要求进行综合的技术与经济性评价，进而做出决策。

在计划阶段，应进行充分的需求分析和市场调查与预测，明确机器应具有的功能。同时要将通过调研、分析或试验给出合理的原始设计参数，以及由环境、经济、加工和期限等各方面提出的限制条件，作为设计评价和决策的依据。在此基础上，制订出设计任务书，明确设计任务的全面要求与细节。

方案设计属于原理设计，方案设计阶段对设计的成败起关键作用。首先应对机械的功能进行分析，然后确定机械的工作原理，搜寻解决方法。机械的工作原理及其解决方法都可能有多种可行方案，必须进行方案综合，经评价、决策选出最佳方案，绘出机械工作原理图或运动简图。在搜寻解决方法时，可分别对原动机部分、传动部分和执行部分进行分析求解。

技术设计是将原理方案结构化、具体化。在技术设计阶段要考虑机械的总体布局和外形，进行总体结构设计。首先绘制总装配草图及部件装配草图，通过草图确定出各零部件的外形及基本尺寸与材料。为此，在该阶段应进行机械的运动参数和动力参数计算和零部件工作能力计算。有些零部件工作能力的计算或校核常需在结构草图完成以后进行，即计算与结构设计交叉进行。为了制造，最后应绘制出零件工作图、部件装配图和装配总图，并编写技术文件，包括设计计算说明书、使用说明书等必要文件。

设计的机械经过样机试制和鉴定，以及在使用中都可能出现一些问题。对这些问题加以分析，必要时对原设计中的一部分或几部分进行修改。这样反复不断改进设计会使机械的质量不断提高，更好地满足社会需要。

设计是一项创造性工作。设计者应富有创造精神，深入实际，调查研究，创造性地提出设计方案和设计出新的结构。

1.3 本课程的研究内容和学习方法

本课程是对工科非机械类或近机械类专业本科生开设的一门技术基础课程，主要介绍常用机构的工作原理和通用零部件设计的基础知识、基本理论和基本方法，以及相关的金属材料及热处理方法、公差配合、机械加工工艺性等方面的基本概念。

本课程是一门实践性很强的工程课程。要学好本课程必须多看、多练、多总结。经常观察分析日常生活和生产中遇到的各种机械装置，有助于加深对课程内容的理解。多练习、多实践有助于提高自己的设计能力。多总结可使所学知识系统化，有助于课程内容的掌握。

思考与练习题

1-1 按运动和动力传递的路线对机器各部分功能进行分析，机器可由哪几个基本部分组成？请举例说明。

1-2 什么是机器？什么是机构？两者有何区别和联系？

1-3 什么是构件？什么是零件？两者有何区别和联系？

1-4 机械产品设计应满足哪些基本要求？

1-5 机械产品设计的一般过程包含哪些主要步骤？

1-6 指出下列机器的动力部分、传动部分、控制部分和执行部分。

① 汽车；②摩托车；③车床；④电风扇；⑤洗衣机。

第2章

机械设计中的力学基础知识

本章提要

　　本章概要地介绍与机械和机械零件设计有关的一些力学基础知识，包括机械零件的载荷及应力性质，构件的变形及应力分析，机械零件的失效形式和设计准则。

2.1　载荷和应力

2.1.1　机械零部件的工作能力

　　各种机械具有不同的功能，如机床切削工件、洗衣机洁净衣物、搅拌机混合物料、减速器使传动减速增矩等。设计机械时首先要保证其功能的实现，同时要考虑零部件加工装配的工艺性和操作维护的方便合理性，并使产品成本尽量降低，这样才能在市场竞争中取得更大的优势。

　　组成机械的各个零部件也应有其自己的功能，如齿轮传递动力，轴、轴承和机座支承传动零件，密封圈密封防漏等。零部件的工作能力反映了其功能和工作中的性能，如强度、刚度、精度、稳定性、寿命等。以传动为主的零件一般要求有一定的强度和刚度，即在工作载荷下不发生破坏和过大的变形；具有相对运动并传力的零件需要有较好的耐磨性；而高速转动的零件则要具有较高的振动稳定性。

2.1.2　机械零件的强度

　　强度反映了机械零件承受载荷时抵抗破坏的能力。强度必须从引起破坏的主要因素（外载荷）和机械零件本身抵抗破坏的因素（形状、尺寸和材料）两个方面同时进行考虑。根据工作条件不同，机械零件的强度可分为静强度和疲劳强度，而根据破坏部位和破坏形式的不同又有各种类型的整体强度和表面强度。

2.1.3　载荷

1. 静载荷与变载荷

　　作用在机械零件上的载荷，按其大小和方向是否随时间变化可分为静载荷与变载荷两种。不随时间变化或随时间变化缓慢的载荷称为静载荷，如重力。随时间做周期性变化或非周期性变化的载荷称为变载荷，如内燃机的曲轴或连杆所受的载荷为周期性变载荷，而汽车车身的悬架弹簧所受的载荷为非周期性变载荷。

2. 名义载荷与计算载荷

根据名义功率或额定功率计算出的作用在零件上的载荷称为名义载荷。它是机械在理想平稳工作条件下作用在零件上的载荷。一般螺栓、键等静连接零件可直接用名义载荷进行计算。

机械在工作时，实际上零件还要承受各种附加的载荷，如动载荷、偏载荷、冲击载荷等，设计中用引入载荷系数 K 的办法来考虑这些因素的影响。载荷系数 K 与名义载荷的乘积称为计算载荷。齿轮、滚动轴承、联轴器等零部件的承载能力就应按计算载荷计算。各零部件的载荷系数 K 按实际工作条件由试验取得，其值不尽相同。

2.1.4 应力

1. 静应力与变应力

大小和方向不随时间变化或变化缓慢的应力称为静应力，如图 2-1 所示。

大小和方向随时间变化的应力称为变应力，如图 2-2 所示。变应力可以由变载荷产生，也可以由静载荷产生，例如在静载荷作用下的转轴中的应力。零件在变应力的作用下可能会产生疲劳破坏。

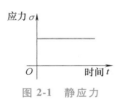

图 2-1 静应力

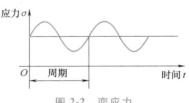

图 2-2 变应力

周期、应力幅（σ_a）和平均应力（σ_m）保持常数的变应力称为稳定循环变应力，如图 2-3 所示。按其循环特性系数 $r(r=\sigma_{min}/\sigma_{max})$ 的不同，可以把应力分为对称循环变应力（图 2-3a）、脉动循环变应力（图 2-3b）和非对称循环变应力（图 2-3c）三种。

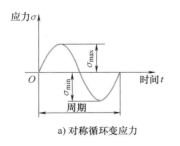

a) 对称循环变应力

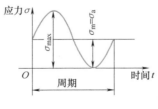

b) 脉动循环变应力

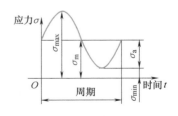

c) 非对称循环变应力

图 2-3 稳定循环变应力

表 2-1 列出了几种典型应力的特点。

2. 工作应力与计算应力

根据计算载荷，按照材料力学的基本公式求出的、作用于零件剖面上的应力称为工作应力。

表 2-1 典型应力的特点

应力名称	应力特点	应力循环特性系数
静应力	$\sigma_m = \sigma_{max} = \sigma_{min}, \sigma_a = 0$	$r = 1$
脉动循环变应力	$\sigma_m = \sigma_a = \dfrac{\sigma_{max}}{2}, \sigma_{min} = 0$	$r = 0$
对称循环变应力	$\sigma_a = \sigma_{max} = -\sigma_{min}, \sigma_m = 0$	$r = -1$
非对称循环变应力	$\sigma_{max} = \sigma_m + \sigma_a, \sigma_{min} = \sigma_m - \sigma_a$	$-1 < r < 1$

当零件危险剖面上呈复杂应力状态时，按照某一强度理论求出、与简单单向拉伸时有同等破坏作用的应力称为计算应力，用符号 σ_{ca} 表示。

3. 极限应力

按照强度准则设计机械零件时，根据材料性质及应力种类而采用材料的某个应力极限值，称为极限应力，用 σ_{lim}、τ_{lim} 表示。对于脆性材料，在静应力作用下的主要失效形式是脆性破坏，故取材料的强度极限 R_m、τ_m 为极限应力，即 $\sigma_{lim} = R_m$，$\tau_{lim} = \tau_m$。对于塑性材料，在静应力作用下的主要失效形式是塑性变形，故取材料的屈服极限 R_{eL}、τ_{eL} 为极限应力，即 $\sigma_{lim} = R_{eL}$，$\tau_{lim} = \tau_{eL}$。而材料在变应力作用下的主要失效形式是疲劳破坏，故取材料的疲劳极限 σ_r、τ_r 为极限应力，即 $\sigma_{lim} = \sigma_r$，$\tau_{lim} = \tau_r$。

4. 疲劳曲线和疲劳极限

零件在变应力作用下的损坏形式是疲劳断裂。疲劳破坏的初期现象是在零件表面产生微小裂纹，随着应力循环次数的增加，裂纹逐渐扩展而突然断裂。疲劳断裂是与应力循环次数有关的破坏。用一组标准试件进行疲劳试验，将试件的疲劳破坏应力 σ_N 与循环次数 N 之间的关系用疲劳曲线表示，如图 2-4 所示。

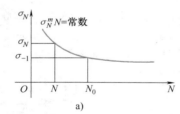
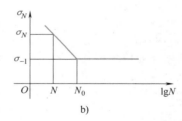

图 2-4 疲劳曲线

分析疲劳曲线可以看出以下几点。

1）应力越小，试件能经受的循环次数越多。反之，如果应力越大，则试件经过很少循环次数就会破坏。疲劳曲线可用如下关系表示：

$$\sigma_N^m N = 常数 \tag{2-1}$$

式中　m——取决于应力状态和材料的指数。如钢材弯曲疲劳时，取 $m = 9$；接触疲劳时，取 $m = 6$。

2）在一给定应力循环特性系数 r 的条件下，疲劳曲线在 $N \geq N_0$ 后趋于水平，可以认为在无限次循环后试件也不会断裂。N_0 称为循环基数，与 N_0 相对应的应力为材料的疲劳极限，用 σ_r 或 τ_r 表示，工程中常用对称循环特性系数 $r = -1$ 的 σ_{-1} 和 τ_{-1} 作为材料的疲劳极限。一般对硬度小于350HBW的钢材，取 $N_0 = 10^7$；对于硬度大于350HBW的钢材，取 $N_0 = 25 \times 10^7$。

3）当工作的应力循环次数 $N < N_0$ 时，材料不发生疲劳破坏时的最大应力称为材料的有限寿命疲劳极限 σ_N。由式（2-1）可知

$$\sigma_N^m N = \sigma_{-1}^m N_0$$

$$\sigma_N = \sigma_{-1} \sqrt[m]{\frac{N_0}{N}} \qquad (2-2)$$

5. 零件的疲劳极限

由于实际零件几何形状、尺寸大小和加工质量等因素的影响，零件的疲劳极限要小于材料试件的疲劳极限。影响零件疲劳极限的主要因素有以下几点。

（1）应力集中对零件疲劳极限的影响　在零件剖面的几何形状突变处（如孔、圆角、键槽、螺纹等），局部应力要远远大于名义应力，这种现象称为应力集中。应力集中使零件疲劳极限降低的程度常用有效应力集中系数 K_σ 或 K_τ 来表示。有效应力集中系数等于材料、尺寸和受载情况都相同的无应力集中试件和一个有应力集中试件的疲劳极限的比值，即

$$K_\sigma = \frac{\sigma_{-1}}{\sigma_{-1K}}, \qquad K_\tau = \frac{\tau_{-1}}{\tau_{-1K}} \qquad (2-3)$$

式中　σ_{-1}、τ_{-1}——弯曲、扭转时无应力集中的光滑试件对称循环疲劳极限；

σ_{-1K}、τ_{-1K}——弯曲、扭转时有应力集中的试件对称循环疲劳极限。

（2）绝对尺寸对零件疲劳极限的影响　零件的绝对尺寸越大，材料包含的缺陷可能越多，机械加工后表面冷作硬化层相对越薄，因此零件的疲劳极限越低。零件绝对尺寸对零件疲劳极限的影响可用绝对尺寸系数 ε_σ 或 ε_τ 来表示。绝对尺寸系数等于直径为 d 的大尺寸零件的疲劳极限 σ_{-1d}、τ_{-1d} 与直径为 $d_0 = 6 \sim 10mm$ 的标准试件的疲劳极限 σ_{-1}、τ_{-1} 的比值，即

$$\varepsilon_\sigma = \frac{\sigma_{-1d}}{\sigma_{-1}}, \qquad \varepsilon_\tau = \frac{\tau_{-1d}}{\tau_{-1}} \qquad (2-4)$$

（3）表面状态对零件疲劳极限的影响　因为疲劳裂纹多发生在表面，不同的表面状态（表面质量、强化方法等）对零件的疲劳极限会发生不同的影响。通常用表面状态系数 β_σ 或 β_τ 来表示。表面状态系数等于零件在某种表面状态下的疲劳极限 $\sigma_{-1\beta}$、$\tau_{-1\beta}$ 与试件在精抛光下的疲劳极限 σ_{-1}、τ_{-1} 的比值，即

$$\beta_\sigma = \frac{\sigma_{-1\beta}}{\sigma_{-1}}, \qquad \beta_\tau = \frac{\tau_{-1\beta}}{\tau_{-1}} \qquad (2-5)$$

考虑了这些因素的综合影响后，零件的对称循环弯曲疲劳极限 σ_{-1e} 为

$$\sigma_{-1e} = \frac{\varepsilon_\sigma \beta_\sigma}{K_\sigma} \sigma_{-1} \qquad (2-6)$$

零件的对称循环扭转切应力疲劳极限 τ_{-1e} 为

$$\tau_{-1e} = \frac{\varepsilon_\tau \beta_\tau}{K_\tau} \tau_{-1} \qquad (2-7)$$

6. 许用应力与安全系数

设计零件时，计算应力允许达到的最大值，称为许用应力，常用 $[\sigma]$ 和 $[\tau]$ 来表

示。许用应力等于极限应力 σ_{lim}（τ_{lim}）与许用安全系数 $[S_\sigma]$（$[S_\tau]$）的比值，即

$$[\sigma] = \frac{\sigma_{lim}}{[S_\sigma]}, \quad [\tau] = \frac{\tau_{lim}}{[S_\tau]} \tag{2-8}$$

显然，合理地选择许用安全系数是强度计算中的一项重要工作，其值取得过小则不安全，而取得过大又会使零件尺寸增大，质量增加，很不经济。因此，合理的选择原则是在保证安全可靠的前提下，尽可能选择较小的安全系数。

7. 整体强度与表面强度

零件在传力过程中要同时考虑整体强度与表面强度。零件受载时在本体内产生应力为整体强度问题，整体强度的形式有拉伸、压缩、弯曲、扭转、剪切等。

如图 2-5 所示，连接两连杆的圆柱销在载荷 F 的作用下可能发生剪切破坏，剪切强度条件式为

$$\tau = \frac{F}{\frac{\pi}{4}d^2} \leq [\tau] \tag{2-9}$$

零件受载时，在传力的接触表面上产生应力，引起表面强度问题。面接触传力时产生挤压应力 σ_p，它可能会使表面压溃破坏；而点接触或线接触传力时，产生接触应力 σ_H，交变的接触应力可能会使表面发生疲劳点蚀破坏。图 2-5 所示的圆柱销连接两连杆传力，连杆孔与销在接触面上都会产生挤压应力，其强度条件式为

$$\sigma_p = \frac{F}{d\delta} \leq [\sigma_p] \tag{2-10}$$

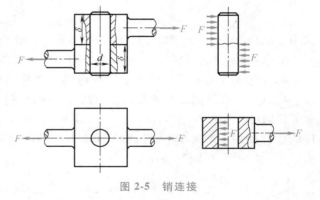

图 2-5 销连接

式中　$d\delta$——接触表面垂直于作用力方向的投影面积。

挤压破坏首先在材料较弱的面上产生，式（2-10）中许用压应力 $[\sigma_p]$ 的值应取销与连杆中较小的值。

8. 接触强度

两个零件（如摩擦轮、齿轮、滚动轴承等）通过点接触或线接触传递载荷时，受载后在接触部位产生局部弹性变形，接触面积很小而表层产生很大的应力，称为接触应力。此时零件的工作能力取决于表面的接触强度。零件在接触应力的反复作用下，首先在表面或表层产生初始疲劳裂纹，应力继续作用和润滑油挤入裂纹产生高压促使裂纹扩展，最后表层金属呈小片剥落，形成一个个小的凹坑，这种现象称为疲劳点蚀。疲劳点蚀使传动不平稳，产生振动和噪声，以致零件不能正常工作。

滚子轴承、摩擦轮、齿轮的啮合面等工作情况都相当于两个平行轴圆柱体接触受力，当两个平行轴圆柱体接触受压时，其接触面积为狭长矩形，应力分布如图 2-6 所示。最大接触应力 σ_H 可根据弹性力学中的赫兹（Hertz）公式计算，位于接触区中线。

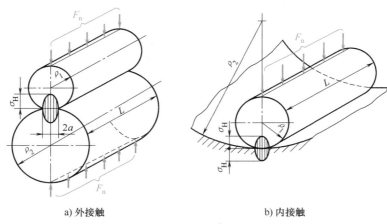

a) 外接触　　　　　　　　　　　b) 内接触

图 2-6　平行轴圆柱体的接触应力分布

$$\sigma_H = \sqrt{\dfrac{F_n\left(\dfrac{1}{\rho_1}\pm\dfrac{1}{\rho_2}\right)}{\pi L\left(\dfrac{1-\mu_1^2}{E_1}+\dfrac{1-\mu_2^2}{E_2}\right)}} = Z_E\sqrt{\dfrac{F_n}{L}\dfrac{1}{\rho_\Sigma}} \tag{2-11}$$

式中　F_n——作用在圆柱体上的压力，单位为 N；

　　　L——接触线长度，单位为 mm；

　　　ρ_Σ——综合曲率半径，单位为 mm，$\dfrac{1}{\rho_\Sigma}=\dfrac{1}{\rho_1}\pm\dfrac{1}{\rho_2}$；

　　　$\pm$——"+"号用于外接触，"-"号用于内接触；

　　μ_1、μ_2——两圆柱体材料的泊松比；

　　　Z_E——材料的弹性系数，$Z_E=\sqrt{\dfrac{1}{\pi\left(\dfrac{1-\mu_1^2}{E_1}+\dfrac{1-\mu_2^2}{E_2}\right)}}$，$E_1$、$E_2$ 分别为两圆柱体材料的弹

　　　　　性模量，单位为 MPa。

2.2　机械零部件的失效形式与设计准则

2.2.1　失效与防止失效的对策

机械零部件由于某种原因丧失工作能力而不能正常工作时称为失效。常见的零部件失效形式分类见表 2-2。

为保证零部件的正常工作能力，避免失效，一般可采取以下几方面的措施。

1. 控制零件尺寸

按强度、刚度等工作能力准则计算零件尺寸，使其在满足工作要求的条件下尺寸尽量紧凑。

以图 2-7 所示的圆杆拉伸为例，这类计算一般有以下三种形式。

表 2-2　常见的零部件失效形式分类

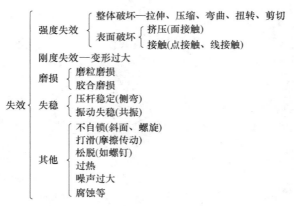

1）校验计算。已知外载荷 F，初定零件尺寸及材料，校验强度：

$$\sigma = \frac{F}{\frac{\pi}{4}d^2} \leqslant [\sigma]$$

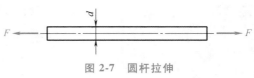

图 2-7　圆杆拉伸

2）设计计算。已知外载荷 F 及材料，求零件尺寸：

$$d \geqslant \sqrt{\frac{4F}{\pi[\sigma]}}$$

3）已知零件尺寸及材料，求承载力 F：

$$F \leqslant \frac{\pi}{4}d^2[\sigma]$$

2. 合理选择材料和热处理

从强度的角度出发，选择强度极限较高的材料，使同样尺寸的零件可承受更大的载荷而不被破坏。

从刚度的角度出发，选择弹性模量较大的材料，在相同工作条件下可减小变形量。

从零件的表面硬度和整体韧性的角度出发，合理地选择热处理工艺方法，合理选配摩擦副材料以减少磨损。

3. 确定合理的结构

结构合理是保证零部件正常工作能力的重要因素。如箱体两轴承孔的结构，若能使其一次镗削加工，可保证对中性，避免轴与轴承间由于不同心而引起的附加磨损。

4. 合理使用和维护

机械使用过程中的维护，如闭式系统的密封、相对运动零件间的润滑、连接件的防松等，都将直接影响其工作能力。

由此可见零部件设计时不仅针对尺寸参数需进行必要的计算，同时还要从选材、结构、维护等方面进行充分的考虑，才有可能保证其工作能力。

2.2.2　失效分析与设计准则

设计零件时，一般从零件的功能要求出发，根据其工作条件——运动受力、应力状态等分析失效的可能性，然后针对失效形式确定设计准则。所谓设计准则即衡量零件工作能力的条件式。

根据以上所述，除采取其他防止失效的对策外，常见的机械零件失效形式及对应的设计准则见表2-3。

表 2-3　常见的机械零件失效形式及对应的设计准则

工作条件	失效形式			设计准则	典型零件
传力	强度破坏	整体强度	拉伸	$\sigma \leqslant [\sigma]$	螺栓、拉杆、V带等
			压缩	$\sigma_y \leqslant [\sigma_y]$	起重螺旋、压杆
			弯曲	$\sigma_b \leqslant [\sigma_b]$	轴、齿轮、梁等
			扭转	$\tau_p \leqslant [\tau_p]$	轴
			剪切	$\tau \leqslant [\tau]$	键、销、铰制孔螺栓等
		表面强度	面接触挤压	$\sigma_p \leqslant [\sigma_p]$	键、销、铰制孔螺栓等
			点接触、线接触接触	$\sigma_H \leqslant [\sigma_H]$	齿轮、摩擦轮、凸轮等
	疲劳寿命过短			$L_h \geqslant [L_h]$	滚动轴承
	变形过大			挠度 $y \leqslant [y]$	轴、梁等
				偏转角 $\theta \leqslant [\theta]$	轴、梁等
				扭转角 $\varphi \leqslant [\varphi]$	轴
相对运动传力	磨损			$\begin{cases} p \leqslant [p] \\ pv \leqslant [pv] \end{cases}$ 材料匹配 润滑、密封	滑动轴承,齿轮、蜗轮
	过热			热平衡 $\Delta t \leqslant [\Delta t]$	蜗杆蜗轮
	振动			刚性轴 $n < 0.85 n_{c1}$[1] 挠性轴 $1.4 n_{c1} < n < 0.85 n_{c2}$[2]	轴
摩擦传力	打滑			$F \leqslant F_f$	带传动、摩擦轮传动等
斜面机构	不自锁			$\gamma \leqslant \rho_v$	螺旋传动、蜗杆蜗轮等
细长杆	失稳			轴向压力 $F \leqslant \dfrac{F_{cr}\text{[3]}}{S}$	起重机、压杆等

① n_{c1} 为轴的第一临界转速。

② n_{c2} 为轴的第二临界转速。

③ F_{cr} 为临界载荷。

思考与练习题

2-1　名义载荷与计算载荷有何区别？如何计算？

2-2 应力和刚度有何区别？

2-3 变应力是怎样分类的？各有什么特点？

2-4 应力循环特性系数 r 在什么范围内变化？r 值的大小反映了变应力的什么情况？

2-5 什么是工作应力？什么是极限应力？什么是许用应力？

2-6 描述稳定循环变应力的主要参数有哪些？它们之间有怎样的关系？

2-7 影响机械零件疲劳强度的因素有哪些？这些因素如何反映到机械零件的疲劳强度计算中去？

2-8 什么叫工作能力计算准则？机械零件有哪些计算准则？

第3章

机械工程材料及性能

本章提要

金属材料是现代机械制造最主要的材料。在各种机械设备中，金属制品占 80% ~ 90%。金属材料之所以获得如此广泛的应用，主要是由于它具有良好的物理、化学和力学性能，并且具有良好的工艺性能。

本章主要介绍与本课程相关的金属材料及热处理方面的基础知识。

🔖 3.1　金属材料的力学性能

金属材料的力学性能是材料在力的作用下表现出来的性能。力学性能对金属材料的使用性能和工艺性能有着非常重要的影响。金属材料的主要力学性能有强度、刚度、塑性、硬度、韧性、线膨胀系数等。

3.1.1　强度、刚度与塑性

金属材料的强度和塑性是通过拉伸试验测定出来的。拉伸试验是在拉伸试验机上进行的。试验之前，先将被测金属材料制成图 3-1 所示的标准试样，图中 d_0 为试样原始直径，L_0 为测定塑性用的原始标距长度。试验时，在试样两端缓慢地施加轴向拉伸载荷，使试样承受轴向静拉力。随着载荷不断增加，试样被逐步拉长，直到拉断。在拉伸过程中，试验机自动记录每一瞬间的载荷 F 和伸长量 ΔL，并绘出拉伸曲线。

图 3-2 所示为低碳钢的拉伸曲线。由图可见，在开始的 OA 阶段，载荷 F 与伸长量 ΔL 为线性关系，并且，去除载荷后，试样将恢复到原始长度。在此阶段试样的变形称为弹性变形，A 点称为比例极限点。B 点为产生弹性变形时的最大受力点和变形点，称为弹性极限点。工程中一般比例极限点和弹性极限点的数值非常接近，不予以区分。载荷超过 F_p 之后，试样除发生弹性变形外还将发生塑性变形。此时，载荷去除后试样不能恢复到原始长度，这是由于其中的塑性变形已不能恢复，形成了永久变形。当载荷增大到 F_{eL} 之后，拉伸曲线上出现了水平线段，这表明载荷虽未增加，但试样继续发生塑性变形而伸长，这种现象称为"屈服"，BC 阶段为屈服阶段。当载荷超过 F_m 以后，试样上的某部分开始变细，出现了"颈缩"，由于其截面缩小，继续变形所需载荷下降。载荷到达 F_E 时，试样在缩颈处断裂。

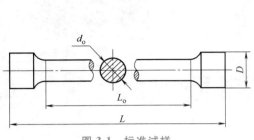

图 3-1　标准试样

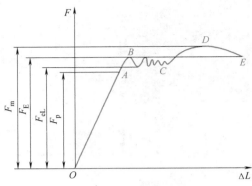

图 3-2　低碳钢的拉伸曲线

为使曲线能够直接反映出材料的力学性能，可用应力 σ ［试样单位横截面上的拉力，$4F/(\pi d_o^2)$］代替载荷 F，以应变 ε（试样单位长度上的伸长量，$\Delta L/L$）取代伸长量 ΔL。由此绘成的曲线，称为应力-应变曲线（σ-ε 曲线），σ-ε 曲线和 F-ΔL 曲线形状相同，仅是坐标的含义不同。

1. 强度

强度是金属材料在力的作用下，抵抗塑性变形和断裂破坏的能力。强度有多种判据，工程上以屈服强度和抗拉强度最为常用。

（1）屈服强度　它是指拉伸试样产生屈服现象时的应力，常用下屈服强度 R_{eL}（MPa）表示。可用式（3-1）计算。

$$R_{eL} = \frac{F_{eL}}{S_o} \tag{3-1}$$

式中　F_{eL}——试样发生屈服时所承受的下屈服载荷，单位为 N；

S_o——试样原始横截面面积，单位为 mm^2。

（2）抗拉强度　它是指金属材料在拉断前所能承受的最大应力，以 R_m（MPa）表示。可用式（3-2）计算。

$$R_m = \frac{F_m}{S_o} \tag{3-2}$$

式中　F_m——试样在拉断前所承受的最大载荷，单位为 N；

S_o——试样原始横截面面积，单位为 mm^2。

屈服强度 R_{eL} 和抗拉强度 R_m 在选择、评定金属材料及设计机械零件时具有重要意义。由于机械零件或构件工作时，通常不允许发生塑性变形，因此多以 R_{eL} 作为强度设计的依据。对于脆性材料，因断裂前基本不发生塑性变形，故无屈服可言，在强度计算时，则以 R_m 为依据。

2. 刚度

刚度是指材料抵抗弹性变形的能力。在弹性变形范围内应力与应变的比值是常数 E，即弹性模量。弹性模量 E 是引起单位应变所需的应力，故 E 是表征材料刚度的主要指标。

3. 塑性

塑性是指金属材料在外力作用下产生塑性变形而不产生断裂的能力。工程上通常用试样拉断后所留下的残余变形来表示材料的塑性，一般用以下两个指标表征塑性。

（1）断后伸长率　试样被拉断后，单位长度内产生残余伸长的百分数称为断后伸长率，用 A 表示，即

$$A = \frac{L_u - L_o}{L_o} \times 100\% \qquad (3\text{-}3)$$

式中　L_o——试样原始标距长度，单位为 mm；

　　　　L_u——试样被拉断后的标距长度，单位为 mm。

必须指出，断后伸长率的数值与试样尺寸有关，因而试验时应对所选定的试样尺寸作出规定，以便进行比较。如 $L_o = 10d_o$ 时，用 A_{10} 或 A 表示；$L_o = 5d_o$ 时，用 A_5 表示。

（2）断面收缩率　试样被拉断后，横截面面积相对收缩的百分数称为断面收缩率，用 Z 表示，即

$$Z = \frac{S_o - S_u}{S_o} \times 100\% \qquad (3\text{-}4)$$

式中　S_u——试样被拉断后缩颈处的横截面面积，单位为 mm^2；

　　　　S_o——试样原始横截面面积，单位为 mm^2。

塑性指标在工程技术中具有重要的意义，A 和 Z 值越大，材料的塑性越好。良好的塑性可使零件完成某些成形工艺，如扎制、锻压、冲压、冷拔等。

3.1.2　硬度

硬度是指材料抵抗压入物压陷的能力，也可以说是材料对局部塑性变形的抵抗能力。硬度是衡量金属软硬的判据，直接影响到材料的耐磨性及切削加工性，因此机械制造中的刃具、量具、模具及工件的耐磨表面都应具有足够高的硬度，才能保证其使用性能和寿命。若所加工的金属坯料的硬度过高，则会给切削加工带来困难。显然，硬度也是重要的力学性能指标，应用十分广泛。

金属材料的硬度是在硬度计上测定的，常用的有布氏硬度和洛氏硬度。

1. 布氏硬度（HBW）

按 GB/T 231.1—2018 规定，布氏硬度的试验原理如图 3-3 所示。对一定直径 D 的碳化钨合金球施加试验力 F 压入试样表面，经规定保持时间后，卸除试验力，测量试样表面压痕的直径 d。

试样材料的布氏硬度与试验力除以压痕表面积的商成正比，压痕被看作是卸载后具有一定半径的球形。布氏硬度值可按式（3-5）计算得到。

$$布氏硬度 = 常数 \times \frac{试验力}{压痕表面积}$$

$$HBW = 0.102 \times \frac{2F}{\pi D \left(D - \sqrt{D^2 - d^2} \right)} \qquad (3\text{-}5)$$

式中　D——合金球直径，单位为 mm；

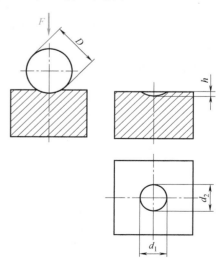

图 3-3　布氏硬度的试验原理

F——试验力，单位为 N；

d——压痕平均直径，单位为 mm，$d=(d_1+d_2)/2$，d_1、d_2 为在两个垂直方向测量的压痕直径，单位为 mm；

图 3-3 中 h 为压痕深度，单位为 mm，$h=(D-\sqrt{D^2-d^2})/2$。

式（3-5）中的常数 $0.102\approx1/9.80665$，9.80665 是从 kgf 到 N 的转换因子，单位为 s/mm^2。

布氏硬度法因压痕面积较大，其硬度值比较稳定，故测试数据重复性好，准确度较洛氏硬度法高。缺点是测量费时，且因压痕较大，不适于成品检验。由于测试过硬的材料可导致球的变形，因此布氏硬度通常用于灰铸铁、非铁合金及较软的钢材。

2. 洛氏硬度（HR）

按 GB/T 230.1—2018 规定，洛氏硬度的试验原理如图 3-4 所示。将特定尺寸、形状和材料的压头按规定的程序分两级试验力压入试样表面，初试验力加载后，测量初始压痕深度。随后施加主试验力，在卸除主试验力后保持初试验力时测量最终压痕深度，洛氏硬度根据最终压痕深度和初始压痕深度的差值 h 及常数 N 和 S，通过式（3-6）计算给出

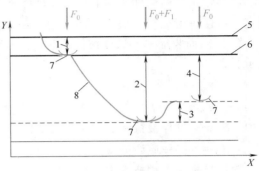

图 3-4　洛氏硬度的试验原理

X—时间　Y—压痕位置
1—在初试验力 F_0 下的压入深度　2—由主试验力 F_1 引起的压入深度　3—卸除主试验力 F_1 后的弹性回复深度
4—残余压痕深度 h　5—试样表面　6—测量基准面　7—压头位置　8—压头深度相对时间的曲线

$$洛氏硬度 = N-\frac{h}{S} \qquad (3-6)$$

式中　S——标尺常数，根据硬度计标尺及压头类型选择（见 GB/T 230.1—2018），单位为 mm；

N——全量程常数，根据硬度计标尺及压头类型选择（见 GB/T 230.1—2018）。

洛氏硬度测试简单、迅速，因压痕小，可用于成品检验。它的缺点是测得的硬度值重复性较差，这对存在偏析或组织不均匀的被测金属尤为明显，为此，必须在不同部位测量数次。如果无其他规定，两相邻压痕中心距离或任意压痕中心距试样边缘不应小于 5mm。

3.1.3　韧性

金属材料在使用过程中除要求有足够的强度、刚度和塑性外，还要求有足够的韧性。金属材料的韧性，就是材料在弹性变形、塑性变形和断裂过程中吸收能量的能力。

按 GB/T 229—2020 规定，金属材料的韧性由夏比摆锤冲击试验测定。夏比摆锤冲击试验是将具有规定形状、尺寸和缺口类型的试样，放在冲击试验机的试样支座上，使之处于简支梁状态，然后用规定高度的摆锤对试样进行一次性打击，实质上就是通过能量转换过程，测量试样在这种冲击下折断时所吸收的功，其试验原理如图 3-5 所示。

试验过程中试样应紧贴支座放置，并使试样缺口的背面朝向摆锤刀刃。试样缺口用专用对中夹钳或定位规对中。将摆锤扬起至预扬角位置释放摆锤使其下落打断试样，并任其向前

继续摆动，直到达到最高点并向回摆动至最低点时，使用制动闸将摆锤刹住，使其停止在垂直稳定位置，读取指针在示值度盘上所指的数值，此值即为冲击吸收功。冲击吸收功越大表示材料韧性越好，在受到冲击载荷时越不易断裂。

3.1.4 线膨胀系数 α

由于物体具有热膨胀性，所以一个零件的尺寸在不同温度下会有不同的数值。零件尺寸与温度之间的变化关系可表示为

$$\Delta L = L_0 \alpha (t - t_0) \tag{3-7}$$

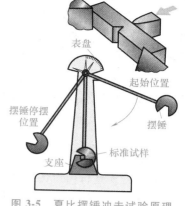

图 3-5　夏比摆锤冲击试验原理

式中　L_0——零件在温度 t_0 时的尺寸，单位为 mm；

　　ΔL——零件在温度 t 时的线伸长量，单位为 mm；

　　α——零件材料的线膨胀系数，其物理意义是温度变化 $1℃$ 时，零件单位长度的线伸长量，单位为 $℃^{-1}$。

3.2　常用金属材料

3.2.1　铸铁

铸铁是指碳的质量分数大于 2.11% 的铁碳合金。工业上常用的铸铁中碳的质量分数为 2.11%~4.05%。此外，铸铁还含有硅（Si）、锰（Mn）、磷（P）、硫（S）等化学元素。碳和硅是铸铁中最重要的元素，它们对铸铁的性质起到两方面的作用：一方面使铸铁的熔点降低，增加了熔化状态下的流动性，可以使复杂形状的铸件得以成形；另一方面是碳与硅在铸铁凝固时促使碳的成分自铁中以片状石墨的形式析出，使铸铁变成脆性材料，降低了其抗拉强度。

铸铁与钢的主要区别：一是铸铁中碳及硅的质量分数高，并且碳多以石墨形式存在；二是铸铁中硫、磷杂质多。铸铁具有许多优良的性能，如良好的铸造性能，良好的耐磨性及切削加工性能，而且价格低廉，生产设备简单，有良好的吸振性等。因此，从生产角度来看，它是应用最为普遍的一种铁碳合金。在机械制造中常用铸铁来制作底座、支架、工作台等形状复杂的零件。

根据碳在铸铁中存在的形态不同，铸铁可分为下列几种。

1. 灰铸铁

灰铸铁中的碳大部分或全部以自由状态的片状石墨形式存在，断口呈灰色，故称为灰铸铁。它的性能是软而脆，强度极限低于钢，抗压强度与抗拉强度的比值为 4：1，但灰铸铁具有良好的铸造性能、耐磨性、减振性和切削加工性，所以常用于受力不大、冲击载荷小、需要减振或耐磨的各种承压零件，如机床的床身、机座、箱壳等。灰铸铁是生产中使用最多的一种铸铁，其牌号用 "HT" 及最低抗拉强度的一组数字表示，如 HT150，表示它是最低抗拉强度为 150MPa 的灰铸铁。

2. 球墨铸铁

球墨铸铁中的碳以自由状态的球状石墨形式存在，其强度比灰铸铁高而接近普通碳素钢。它具有较高的伸长率和耐磨性，弹性模量也比灰铸铁高。球墨铸铁多用来制造受冲击载荷的铸件，如制作动力传动的齿轮、曲轴、活塞等机械零件。球墨铸铁是通过在浇注前加入一定量的球化剂（纯镁或镍镁合金）和墨化剂（硅铁或硅钙合金）获得的。球化剂促使碳呈球状石墨结晶。球墨铸铁的牌号由"QT"及两组数字组成，两组数字分别表示最低抗拉强度和伸长率，例如 QT600-3，表示它是最低抗拉强度为 600MPa、伸长率为 3%的球墨铸铁。

3. 可锻铸铁

可锻铸铁是将白口铸铁经长时间石墨化高温退火而得到的具有团絮状石墨的铸铁。团絮状石墨对金属基体的割裂作用较片状石墨小得多，所以有较高的力学性能，它的塑性、韧性较灰铸铁高得多。可锻铸铁多用于尺寸较小而形状复杂且工作条件较差的零件。由可锻铸铁制作的零件是铸件而不是锻件，也就是说可锻铸铁不具有锻造性能。可锻铸铁由于生产周期长，工艺复杂且成本高，已逐渐被球墨铸铁所取代。可锻铸铁的牌号由"KT"及两组数字组成，两组数字也分别表示最低抗拉强度和伸长率，例如 KT300-6，表示它是最低抗拉强度为 300MPa、伸长率为 6%的可锻铸铁。

4. 合金铸铁

在铸铁中加入一定量的合金元素，可以生产出特殊性能的铸铁。例如，在普通铸铁中加入磷、铬、钼、铜等元素，可得到具有较高耐磨性的耐磨铸铁。在球墨铸铁中加入适量的锰、硅元素可得到高耐磨性的合金球墨铸铁。在铸铁中加入硅、铝、铬等合金元素，可以提高铸铁的耐热性能，即得到耐热铸铁，其主要用于高温工作的铸件，如炉底板、换热器、炉条等。在铸铁中加入硅、铬、铝、钼、铜、镍等合金元素，可提高铸铁的耐蚀性，即得到耐蚀铸铁，其主要用于阀门、管道、水泵叶轮等铸件。

3.2.2 碳素钢

通常把碳的质量分数为 0.02% ~ 2.11%的铁碳合金称为碳素钢，其价格低廉、工艺性好，能满足许多场合的需要，因而在机械制造及其他一些工程中得到了广泛的应用。

1. 钢中的常存杂质对钢的性能的影响

钢在冶炼过程中不可避免地存有杂质。杂质是一些不作为合金元素的各种元素的统称。对钢的性能影响较大的杂质有硅、锰、硫、磷、氧、氮、氢等。其中前四种称为常存杂质，是生产中需要经常检测的杂质。

杂质对碳素钢的性能有如下影响。

1) 锰对于碳素钢属于杂质，锰是在炼钢时用锰铁给钢液脱氧后残余在钢液中的元素。锰有较强的脱氧能力，可清除有害金属氧化物 FeO，改善钢的品质，降低钢的脆性。锰还可以降低钢中有害杂质硫对钢的危害，提高热变形加工的工艺性。

总的说来锰对钢是有益的，可提高钢的强度和硬度。在一般碳素钢中，把锰的质量分数控制在 0.25% ~ 0.8%。而对于某些碳素钢，为提高其性能，将杂质锰的质量分数控制在 0.7% ~ 1.2%。

2) 硅主要来自原料生铁和硅铁脱氧剂。硅比锰的脱氧能力强，可使钢液中的有害金属氧化物 FeO 变成炉渣脱离钢液，提高钢的品质。硅可提高钢的强度、硬度，但也会降低钢的塑性和韧性。

3）硫主要来源于矿石和燃料，硫使钢的热加工性能变差，易使钢在热变形加工中开裂，使钢的"热脆"性增加。除特殊需要，钢中硫的质量分数不得大于 0.05%。

4）磷主要是由矿石带到钢中的。磷使钢的强度、硬度增加，而使钢的塑性、韧性显著降低，并且钢所处环境的温度越低，钢的脆性越严重，即所谓"冷脆"。另外，磷也会降低钢的焊接性。磷的有益一面是能增加钢的耐蚀性，也能提高钢的可加工性。

5）氧及氧化物杂质的存在会降低钢的力学性能，尤其是会严重降低钢的疲劳强度。氮及氮化物可增加钢的强度、硬度，但也会降低钢的塑性和韧性，使钢变脆。氢也会使钢的脆性增加，当对钢进行热轧或锻造时，氢杂质可能引起"白点"缺陷，而白点会使钢的力学性能严重降低，甚至引起钢材开裂而报废。

氧、氮和氢这三种杂质主要来源于大气，氧及氧化物的另一来源是炼钢工艺中的氧化过程。

2. 碳素钢的分类

碳素钢一般可按碳的质量分数、质量和用途三种情况来分类。

（1）按碳的质量分数分类

1）低碳钢——碳的质量分数小于 0.25%。

2）中碳钢——碳的质量分数为 0.25%~0.6%。

3）高碳钢——碳的质量分数大于 0.6%。

（2）按钢的质量分类　主要根据钢中所含有害杂质硫、磷的质量百分数分类。

1）普通碳素钢——硫的质量分数小于 0.055%，磷的质量分数小于 0.045%。

2）优质碳素钢——硫的质量分数小于 0.045%，磷的质量分数小于 0.04%。

3）高级优质碳素钢——硫的质量分数小于 0.03%，磷的质量分数小于 0.035%。

（3）按用途分类

1）碳素结构钢——碳的质量分数小于 0.38%，而以小于 0.25% 的最为常用，即以低碳钢为主。这种钢尽管硫、磷等有害杂质的含量较高，但性能上仍能满足一般工程结构、建筑结构及一些机械零件的使用要求，且价格低廉。

2）优质碳素结构钢——硫、磷的质量分数较低，小于 0.035%。这种钢主要用来制造较为重要的机械零部件。

3）非合金工模具钢——碳的质量分数较高，高达 0.7%~1.35%。这种钢淬火后有较高的硬度（大于 60HRC）和良好的耐磨性，常用来制造锻工、木工、钳工工具和小型模具。非合金工模具钢较合金工模具钢价格便宜，但淬透性较差。

3. 碳素钢的钢号命名方法

1）碳素结构钢在旧国家标准中被称为普通碳素结构钢（如 A3、B3 等牌号）。新国家标准中规定，这类钢的钢号主要是以其力学性能中的屈服强度字母（Q）来命名。具体命名方法如下：

标志符号 Q+屈服强度数值+等级符号+脱氧方法符号

等级符号是指这类钢所独用的质量等级符号，按含杂质硫、磷的质量分数多少来区分，以 A、B、C、D 四个符号代表，其中 A 为普通级，D 为最高级且达到了碳素结构钢的优质级。在牌号的最后还可用符号标志其在冶炼时的脱氧方法，如对未完全脱氧的沸腾钢标以符号"F"，而对已完全脱氧的镇静钢标以"Z"或不标符号。如 Q235B 表示屈服强度为 235MPa 的 B 级碳素结构钢（镇静钢）。

2）优质碳素钢的牌号用两位数字表示，这两位数字即是钢中平均碳的质量分数的万分数。例如 20 钢表示平均碳的质量分数为 0.2% 的优质碳素结构钢。

08、10、15、20、25 等牌号属于低碳钢，其塑性好，易于拉拔、冲压、挤压锻造和焊接。其中 20 钢用途最广，常用来制造螺钉、螺母、垫片等，以及冲压件、焊接件。

30、35、40、45、50、55 等牌号属于中碳钢，其强度和硬度较低碳钢高，淬火后硬度可显著增加。其中，以 45 钢应用最为广泛，它不仅强度、硬度较高，且兼有较好的塑性和韧性，即综合性能优良，常用来制造轴、丝杠、齿轮等。

60、65、70、75 等牌号属于高碳钢。它们经过淬火、回火后，不仅强度、硬度提高，且弹性优良，常用来制造小弹簧、发条、钢丝绳、轧辊等。

3）非合金工模具钢的牌号是以符号"T"起首，其后跟一位或两位数字表示钢中平均碳的质量分数的千分数。例如，T7 表示平均碳的质量分数为 0.7% 的非合金工模具钢。对于硫、磷的质量分数更低的高级优质非合金工模具钢，则在数字后面增加符号"A"，如 T7A。

3.2.3 合金钢

为了改善钢的性能，专门在钢中加入一种或数种合金元素的钢称为合金钢。常用的合金元素有铬（Cr）、锰（Mn）、硅（Si）、镍（Ni）、钼（Mo）、钒（V）、钛（Ti）、钨（W）、硼（B）、铝（Al）、铌（Nb）、锆（Zr）等，加入这些元素的目的在于使钢获得一般碳素钢达不到的性能，如硬度、强度、塑性和韧性等；提高耐磨、防腐和防酸性能；获得高弹性、高抗磁或导磁性等。

1. 钢中合金元素对钢的性能的影响

1）Cr 能提高钢的强度及硬度，但塑性和韧性略有降低，使钢具有高温耐蚀、耐酸能力。

2）Mn 能使钢增加强度、硬度和韧性，提高耐磨性和抗磁性。

3）Si 能使钢增加弹性，但韧性略有降低，提高了导磁性与耐酸性。

4）Ni 能使钢增加强度、塑性和韧性，增强了防腐性能，降低了钢的线膨胀系数。

5）Mo 能提高钢的强度及硬度，但塑性和韧性略有降低，它的最大特点是使钢具有较高的耐热性能。

6）V 能提高钢的硬度、塑性及韧性，可消除钢在冶炼过程中的气泡，细化组织。

7）Ti 能使钢的组织细化，使钢在高温下仍能保持相当高的强度，而且耐蚀。钛钢在航空、航天、船舶中应用较多。

8）W 能使钢的组织细化，提高钢的硬度。

9）B 少量地加入钢中，可增加钢的淬透性。

2. 合金钢的分类

合金钢种类繁多，为了便于生产、选用、管理和科学研究，根据不同需要，可采用不同的分类方法。目前常用的分类方法有以下几种。

（1）按含合金元素的质量分数分类

1）低合金钢——钢中全部合金元素的质量分数小于 5%。

2）中合金钢——钢中全部合金元素的质量分数为 5%～10%。

3）高合金钢——钢中全部合金元素的质量分数大于 10%。

（2）按含合金元素的种类分类　合金钢可分为铬钢、锰钢、铬镍钢、硅锰钼钒钢等。

（3）按主要用途分类

1）合金结构钢。合金结构钢除了本身具有较高的强度与韧性外，还因加入了合金元素后钢的淬透能力增大，就有可能使零件在整个截面上得到均匀良好的综合力学性能，具有高强度及高韧性，进而延长零件的工作寿命。

在机械制造中合金结构钢可分为渗碳钢、调质钢、弹簧钢和轴承钢四类。

① 渗碳钢：碳的质量分数为 0.15%～0.25%，经渗碳淬火及低温回火后应用，主要用于表面耐磨并承受动载荷的零件。如 20Cr、20Mn2 等，可用来制造齿轮、凸轮、轴、销等零件。

② 调质钢：碳的质量分数为 0.25%～0.5%，主要经淬火及高温回火（调质处理）后应用，可用于制造高强度、高韧性的零件。如 40Cr、40Mn2 等，可用来制造主轴、齿轮。

③ 弹簧钢：碳的质量分数为 0.6%～0.7%，经淬火及中温回火后应用，如 60Si2Mn 等，可用于制造各类弹性零件。

④ 轴承钢：碳的质量分数为 0.95%～1.1%，经淬火及低温回火后应用，如 GCr15 等（Cr 的质量分数为 1.3%～1.65%），主要用于制造滚珠、滚柱、套圈、导轨等。

2）合金工模具钢。合金工模具钢主要用来制造刃具、模具和量具。其合金元素的主要作用是增加钢的淬透性、耐磨性。与非合金工模具钢相比，它适合制造形状复杂、尺寸较大、切削速度较高或工作温度较高的工具和模具。

合金工模具钢按用途分为刃具钢、模具钢和量具钢三类。

① 刃具钢：刀具的硬度必须大大高于被加工材料的硬度时才能进行切削，切削金属所用刀具的硬度一般都在 60HRC 以上，其中碳的质量分数一般为 0.6%～1.5%，此外，还要求有高的耐磨性和热硬性，以保证工作寿命和性能。如 W18Cr4V 等，用于制造车刀、铣刀、刨刀等。

② 模具钢：模具钢按使用要求可分为热作模具钢（用于热锻模、压铸模）和冷作模具钢（用于落料模、冷冲模、冷挤压模）两种。热作模具钢常用 5CrMnMo 和 5CrNiMo，冷作模具钢常用 Cr12、Cr12MoV 等。

③ 量具钢：要求有一定的硬度及耐磨性，经热处理后不易变形，而且有良好的加工工艺性。量块可用变形小的钢，如 CrWMn 等。简单的样板、量规可用 9SiCr 等。

3）特殊性能合金钢。它是指具有特殊的物理性能、化学性能的钢。

① 不锈钢：在腐蚀介质中具有高的耐蚀性的钢称为不锈钢，它可抵抗空气、水、酸、碱类溶液和其他介质的腐蚀。常用的有铬不锈钢，如 12Cr13、20Cr13、30Cr13、40Cr13 等；还有铬镍不锈钢，如 12Cr18Ni9、07Cr19Ni11Ti、07Cr18Ni11Nb。

② 耐热钢：这种钢具有抗高温氧化性能和高温下仍能保持较高强度的性能。常用的耐热钢有 15CrMo、42Cr9Si2、40Cr10Si2Mo 等。

③ 耐磨钢：这种钢中合金元素锰的质量分数较高。如 ZGMn13，这种钢中碳的质量分数高于 1.0%，锰的质量分数为 13% 左右。

3. 合金钢的牌号

合金钢的牌号由钢中碳的质量分数、合金元素的种类和质量分数组合来表示。当钢中合金元素的质量分数小于 1.5% 时，牌号中只标出元素符号，不标明合金元素的质量分数。当合金元素的质量分数大于 1.5%、2.5%、3.5%…时，在元素符号的后面相应标出 2、3、4…。

1）合金结构钢的牌号用"两位数字+合金元素符号+数字"表示。前两位数字表示钢中碳的质量分数的万分数；合金元素符号表示钢中所含的具体合金元素；其后的数字表示该合金元素的质量分数的百分数。例如 60Si2Mn 钢，表示该钢中碳的质量分数为 0.6%，硅的质量分数为 2%，锰的质量分数小于 1.5% 不标出数字。

滚动轴承钢虽属合金结构钢，但其牌号的命名自成体系，滚动轴承钢在其牌号首位有标志符"G"；其中碳的平均质量分数大于 1% 不标出。合金元素铬后面的数字表示铬的质量分数的千分数。例如 GCr15，表示钢中铬的质量分数为 1.5%。

2）合金工模具钢的牌号与合金结构钢不同之处仅在于采用一位数字表示碳的质量分数的千分数，这样从牌号的首位数字上就可以区分合金工模具钢和合金结构钢。如 9SiCr 表示该钢中碳的质量分数为 0.9%，硅的质量分数小于 1.5%，铬的质量分数小于 1.5%，因此只标出硅、铬的元素符号，不标出数字。合金工模具钢中碳的质量分数大于 1% 时，则不标出。例如，CrWMn 钢，其碳的质量分数大于 1%。

3）特殊性能合金钢的牌号的表示方法见相关国家标准，如 GB/T 20878—2007《不锈钢和耐热钢 牌号及化学成分》。

3.2.4 有色金属材料

与钢铁相比，有色金属材料的强度较低，应用它的目的主要是利用其某些特殊的性能，如铝、镁、钛及其合金密度小，铜、铝及其合金导电性好，镍、钼及其合金能耐高温等。因此，工业上除大量使用黑色金属外，也广泛使用有色金属。有色金属及其合金种类繁多，一般工业部门最常用的有铜及铜合金、铝及铝合金等。

1. 铜及铜合金

（1）纯铜　纯铜具有良好的导电、导热性能，极好的塑性及较好的耐蚀性，但其力学性能较差，不宜用来制造结构零件，常用来制作电子元件和耐蚀件。纯铜价格较高，工业上一般利用铜合金。

（2）黄铜　黄铜是铜与锌（Zn）的合金，有良好的耐蚀性与可加工性，强度比纯铜和纯锌都要高。黄铜中锌的质量分数为 20% ~ 40%，随着锌的质量分数增加，其强度增加而塑性下降。黄铜可铸造也可锻造。普通黄铜的牌号有 H80、H70、H62、H59 等，牌号中的两位数表示铜的质量分数的百分数。在黄铜中加入少量的其他元素，可以改善黄铜的某些性能。如加入铝和锰可提高黄铜的力学性能；加入铝、锰和锡可提高耐磨性。

（3）青铜　铜中不加入锌而是加入锡、铅等其他元素的铜合金，统称为青铜。

1）锡青铜。它是铜与锡的合金，其强度、硬度、耐磨性及耐蚀性都比黄铜高，并有良好的导电性和弹性。锡的质量分数小于 8% 的锡青铜适于压力加工，锡的质量分数超过 10% 的锡青铜适于铸造。锡青铜多用于制造耐磨零件、弹性元件及导电元件。常用的牌号有铸造用锡青铜 ZQSn10、ZQSn10-1、ZQSn6-6-3，压力加工锡青铜 QSn4-3、QSn4-4-2.5、QSn6.5-0.4。

2）无锡青铜。这类青铜不含锡而含铝、铍、锰等元素，加入这些元素可以改善铜合金的力学性能及耐蚀性、耐磨性。铝青铜价格低廉，性能优良，强度比黄铜及锡青铜都高，耐蚀性、耐磨性也好，常用来铸造承受重载的耐磨件。铍青铜经淬火和人工时效处理后，其强度、硬度、弹性极限和疲劳极限都很高，具有良好的耐蚀性、导电性及导热性，且无磁性，是制造弹簧及弹性元件的极好材料，但它的成本很高，非重要零件不宜采用。无锡青铜的牌号有 ZQAl9-4、ZQPb30、QBe2 等。

2. 铝及铝合金

纯铝是一种轻金属，其密度只有铜的 1/3，是一种导电性、塑性好的金属。纯铝在空气中有良好的耐蚀性，但强度和硬度低。纯铝主要作为导电材料或制造耐蚀零件，而不能制造承载零件。

铝中加入适量的铜、镁、硅、锰即构成铝合金。它有足够的强度、较好的塑性和良好的耐蚀性，且多数可以热处理强化，所以要求质量小、强度高的零件多用铝合金制造。

铝合金分为变形铝合金和铸造铝合金两类。

1）变形铝合金具有较高的强度和良好的塑性，可通过压力加工制作各种半成品。它主要用作各类型材和制造结构件，如发动机机架、飞机框架等。变形铝合金又分为防锈铝合金、硬铝合金、超硬铝合金和锻铝合金等。

硬铝合金主要是 Al-Cu-Mg 系合金与 Al-Mg-Zn 系合金，经轧制成材（铝棒、铝型材及铝板材等）。它们广泛用于制造各种结构零件和仪表的框架，常用的牌号有 2A11、2A12 等。

2）铸造铝合金包括铝镁合金、铝锌合金、铝硅合金、铝铜合金等。它们有良好的铸造性能，可以铸成各种形状的复杂零件，但塑性较低，不宜进行压力加工。其中应用最广的是硅铝合金。各类铸造铝合金的代号均以"ZL"（铸铝）加三位数字组成，第一位数字表示合金类别，第二、三位数字表示顺序号。如 ZL101 适合制造光学仪器和精密机械的壳体、支架等零件。ZL201 的铸造性能、可加工性都很好，强度高且具有耐蚀性，可应用于载荷较大和形状复杂的零件。

3.3 常用非金属材料

随着生产力的发展和材料科学的进步，在精密机械和仪器仪表中除大量应用各种金属材料外，还广泛地应用各种非金属材料。常用非金属材料主要有高分子材料（塑料）、橡胶、工业陶瓷和复合材料。

3.3.1 塑料

1. 塑料的组成及特点

塑料以树脂为主要成分，再加入适量的添加剂构成。树脂是低分子化合物经聚合反应形成的高分子化合物，其种类、性质、含量等对塑料的性能起决定性作用。添加剂是指在塑料中，有目的地加入的某些固态物质，以弥补树脂自身的性能不足，如增塑剂、固化剂、稳定剂等。

与金属材料相比，塑料有如下特点。

1）塑料可以用注塑及压塑的方法加工零件，可获得较高的精度。对大量生产与形状复杂的零件（如小齿轮、支架、壳体等），采用塑料是十分经济的。

2）塑料的密度小（为钢材的 1/4～1/9），因而可以大大减轻零件的重量。

3）塑料的弹性模量小于金属，因此它的强度较低，受力后易变形，不易用于受力较大的场合。

4）塑料的耐热性与导热性较差，但耐蚀性较好。

5）塑料的热膨胀系数比金属材料大，但具有一定的吸湿性，在相对湿度较大的情况下会引起零件的膨胀。

2. 塑料的分类

塑料一般可按树脂的热性能分成热塑性塑料和热固性塑料两类。

1）热塑性塑料的特点是加热软化，可熔成黏稠状的液体，冷却时硬化成所需的形状，再加热又重新软化。热塑性塑料有聚氯乙烯、聚酰胺（尼龙）、聚甲醛等。

2）热固性塑料的特点是树脂受热先软化，继续加热又硬固化，固化后再加热则不再软化。热固性塑料有酚醛塑料、氨基塑料等。

塑料按应用情况可分成通用塑料、工程塑料和特殊塑料三大类。

1）通用塑料产量大、价格低，如聚乙烯、聚氯乙烯、聚丙烯等。

2）工程塑料具有良好的使用性能，如耐高温、耐低温、强度高、耐蚀性好等。工程塑料包括 ABS、尼龙、聚四氟乙烯、聚甲醛等。

3）特殊塑料是指可满足具有特殊性能要求的塑料，如医用塑料、体育用塑料。

3. 常用塑料及性能

（1）聚酰胺（尼龙）　它是一种热塑性塑料，为不透明的白色或黄色固体，具有良好的机械强度、韧性和极好的耐磨性，摩擦系数很低，能耐有机溶液、油类的腐蚀。但它对水、醇类溶剂及酸等易产生溶胀或溶解。采用玻璃纤维可大大提高耐热性能，并使强度增加 3 倍左右，而且吸湿性能也可降低，从而使其性能可与铝合金相比。聚酰胺塑料可制成滑动轴承、齿轮、凸轮、垫圈、密封圈及管子等。它制成的传动件可实现无噪声、自润滑运行。

（2）聚甲醛　它为白色粉末，在热塑性塑料中具有最高的疲劳强度，可以在较宽的温度范围内长期工作，其强度、刚度、耐冲击性、耐摩擦磨损性都较好，吸水性很低，故其制品尺寸稳定，这一点比尼龙好得多，而且其耐油和有机溶剂性能、绝缘性能也都较好。其缺点是模塑收缩率大，在高温下对酸、强氧化剂的耐蚀性很差。聚甲醛可制造齿轮、垫圈、阀、叶轮、管道、容器等零件及器皿。

聚甲醛经玻璃纤维增强组成复合材料后，其强度、刚度、耐热性可成倍增加，而线膨胀系数可降低一半。

（3）聚四氟乙烯　它又称"塑料王"，与浓酸、浓碱、强氧化剂、有机溶剂及"王水"均不发生任何作用，其耐蚀性能甚至超过贵金属。它既不吸水，又不同氧和紫外线发生作用，也不燃烧。聚四氟乙烯的制品与钢制品的动态和静态摩擦系数都很小，约为 0.05，是制作无油润滑件的理想材料。它可在 25℃ 的温度下长期使用。聚四氟乙烯的缺点是线膨胀系数随温度升高而增大，制品的尺寸不够稳定。

需要有良好介电性能和化学稳定性，并在较高温度下工作的零件和组件，可用聚四氟乙烯制造。现已广泛用它制造轴承、活塞环、导向环等无油润滑件，以及在 -190～250℃ 温度下受强腐蚀介质作用的管道、容器、垫片等，但聚四氟乙烯的价格很贵。

（4）ABS 它是丙烯腈-丁二烯-苯乙烯的三元共聚物。ABS比较容易成型，具有良好的综合性能，重量轻、不透明。ABS可制作家用电器的外壳和内壁，以及仪表板、底板、扶手及容器等。

（5）有机玻璃 其学名为聚甲基丙烯酸甲酯，它的透光率对可见光为90%，对紫外光为93%，比普通硅玻璃透光性好，其重量比普通硅玻璃轻一半。经拉伸强化后，强度和韧性比硅玻璃高10倍，在−60~95℃温度范围内性能变化不大，还具有耐蚀、绝缘、易切削等优点，是制造飞机、汽车的窗玻璃及仪器仪表的观察孔盖等产品的良好材料。

（6）酚醛塑料 它是热固性塑料，俗称"电木"。固化后的酚醛塑料强度高，耐热且硬度高，不吸湿，尺寸稳定，价格便宜。其缺点是脆性大，易断裂。加入环氧、聚氟乙烯等进行改性或加入填充剂（石棉、云母、棉布、玻璃布等）后，性能可有大幅度变化，可制成板材、棒料等。酚醛塑料常用于制造电器零件和仪表外壳等。酚醛复合制品可制作轴瓦、齿轮、离合器片等。

3.3.2 橡胶

1. 橡胶的组成

生产中把未经过硫化的天然胶与合成胶称为生胶，硫化后的胶称为橡胶。为提高橡胶制品的各种性能，常添加各种配合剂，主要有硫化剂、促进剂、软化剂、补强剂等。

2. 橡胶的分类及主要性能指标

橡胶按其来源分为天然橡胶与合成橡胶两大类，其主要性能指标如下。

（1）弹性 弹性是橡胶的主要特征，一般橡胶的弹性模量为1MPa，橡胶的变形一般为100%~1000%。橡胶还具有极好的回弹性。

（2）耐磨性 橡胶的耐磨性是指其抵抗磨损能力的大小。橡胶的耐磨性很好。

（3）力学性能 橡胶的力学性能主要是指拉伸强度和定伸强度。网状结构的橡胶强度高，支链多的橡胶强度低；分子量大的橡胶强度高，反之则强度低。定伸强度是指在一定伸长率下产生变形的应力大小，它反映橡胶结构的交联程度。

3. 常用橡胶及用途

丁苯橡胶的耐磨性好、回弹性适中，常用来制作轮胎。顺丁橡胶的回弹性和耐磨性都较好，可用来制作轮胎、传送带。氯丁橡胶的耐磨性和回弹性适中，耐碱性和耐老化性好，可用来制作油管。氟橡胶的耐磨性和回弹性适中，耐油性、耐碱性和耐老化性好，可用来制作衬里和密封垫圈。

3.3.3 工业陶瓷

1. 陶瓷的组成

陶瓷是陶器和瓷器的总称，发展到近代泛指全部硅酸盐材料，而现代则扩展到所有无机非金属材料。它与金属材料、高分子材料构成三大基础材料。

陶瓷是用天然或人工合成的粉状化合物（金属元素和非金属元素形成的无机化合物），经过成型和高温烧结制成的多相固体材料。

以天然硅酸盐矿物质（如黏土、石英等）为原料制成的陶瓷称为普通陶瓷或传统陶瓷。

用纯度高的人工合成原料（如氧化物、氮化物、碳化物、硼化物、氟化物等）制成的陶瓷称为特种陶瓷或现代陶瓷。现代陶瓷具有独特的物理、化学、力学性能，如耐高温、抗氧化、耐腐蚀、高温强度高，但几乎不能产生塑性变形，脆性高。它是一种高温结构材料，可制作切削刀具、高温轴承、泵的密封圈等。

2. 陶瓷的性能

（1）力学性能　陶瓷受力产生的变形主要是弹性变形，几乎不产生塑性变形，其弹性模量高于金属的弹性模量。陶瓷在高温受载时，也存在蠕变现象。陶瓷以离子键和共价键为主要结合键，决定了它具有高抗压强度、高硬度、低抗拉强度。陶瓷的塑性变形能力很低，受力后在裂纹的尖端存在应力集中，易发生脆性断裂。陶瓷的硬度很高，一般都高于金属材料和高分子材料。

（2）热性能　陶瓷材料具有高的熔点，大多数在2000℃以上，具有很强的抗氧化性，广泛用于高温材料。

（3）其他性能　陶瓷材料大多数是良好的绝缘体，少数具有半导体性质，利用其介电性能可以制造电容器和电子工业中的高频、高温器件。

3.3.4　复合材料

1. 复合材料的组成

由两种或两种以上不同性质的材料经人工组成的多相材料，称为复合材料。目前复合材料常以树脂、橡胶、陶瓷和金属为基体，以纤维、粒子和片状物为增强相，可构成不同的复合材料。

复合材料一般都具有高比强度、高比刚度、耐热、耐疲劳等性能。20世纪50年代研制出的玻璃钢，推动了复合材料的发展。到20世纪60年代又研制出了性能优异的碳、硼增强纤维材料，使复合材料的基体从树脂发展到金属和陶瓷。

2. 复合材料的分类

按性能，复合材料可分为功能复合材料和结构复合材料。

按组成复合材料的基体，复合材料可分为金属基复合材料和非金属基复合材料。

按复合材料的增强相，复合材料可分为颗粒增强复合材料、纤维增强复合材料和层状增强复合材料。

3. 复合材料的性能特点及应用

1）以玻璃纤维或碳纤维增强与树脂基组成的复合材料又称为增强塑料，它集中了增强纤维和树脂的优点，具有高比强度和大比模量（比强度是指材料的强度与其相对密度之比，比模量是指材料的弹性模量与其相对密度之比）、良好的绝缘性和绝热性、优秀的抗疲劳性和减振性。它们加工方便，生产率高，目前已被大量采用，主要用于制作航空、航天、汽车、车辆、船舶和农业机械中要求质量小、强度高的零件，也用于电机、电器上的绝缘零件和薄壁压力容器的制作等。

2）双层金属复合材料是最简单的复合材料，它是通过胶合、熔合、铸造、热轧、钎焊等方法将不同性质的金属复合在一起，其目的是更好地发挥各层材料的优点，获得最佳性能的组合。它可以是普通钢与不锈钢或其他合金钢的复合，也可以是钢与有色金属的复合。这样既能满足零件对心部的要求，又能满足对表层的要求。

塑料-金属多层复合材料以 SF 型三层复合材料最为常见，它以钢板为基体，以烧结钢网或多孔青铜为中间层，以聚四氟乙烯或聚甲醛塑料为表层，构成具有高承载能力的减摩自润滑复合材料。它的物理、力学性能取决于钢基体，减摩和耐磨性能取决于塑料表层，中间层是为了获得高的黏结力和存储润滑油。利用 SF-1（以聚四氟乙烯为表层）和 SF-2（以聚甲醛为表层）可加工制造滑动轴承的轴瓦。

📌 3.4 钢的热处理

3.4.1 概述

钢的热处理就是将钢在固态下，通过加热、保温和冷却，以改变钢的组织，从而获得所需性能的工艺方法。由于热处理时起作用的主要因素是温度和时间，所以各种热处理都可以用温度-时间为坐标的热处理工艺曲线来表示。热处理工艺曲线示意图如图 3-6 所示。

热处理与其他加工方法（如铸造、锻压、焊接、切削加工等）不同，它以只改变金属材料的组织和性能，而不改变其形状和尺寸为目的。

热处理的作用日趋重要，因为现代机器制造对金属材料的性能不断提出更高的要求，如果完全依赖原材料的原始性能来满足这些要求，常常是不经济的，甚至是不可能的。热处理可提高零件的强度、硬度、韧性、弹性。同时，热处理还可改善毛坯或原材料的可加工性，使之易于加工。可见，热处理是改善原材料或毛坯的工艺性能、保证产品质量、延长使用寿命、挖掘材料潜力不可缺少的工艺方法。热处理在机械制造业中的应用日益广泛。

热处理的工艺方法很多，常用的热处理工艺方法见表 3-1。

表 3-1 常用的热处理工艺方法

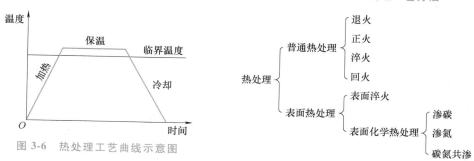

图 3-6 热处理工艺曲线示意图

铁碳合金状态图是确定热处理工艺的重要依据。大多数热处理工艺要将钢加热到临界温度以上，使原有组织转变为均匀奥氏体后，再以不同的冷却方式转变成不同的组织，并获得所需要的性能。

3.4.2 钢的退火与正火

退火和正火都是应用非常广泛的热处理工艺。在机械零件加工制造中，正火和退火经常作为预备热处理工序，安排在铸造和锻造工艺之后、切削（粗）加工之前，用以消除前一工序所带来的某些缺陷，为随后的工序做组织准备。对要求不高的工件，退火和正火也可作为最终热处理。

1. 退火和正火的主要目的

1）调整硬度以便进行切削加工，经适当退火和正火后，可使工件硬度调整到 170～250HBW，该硬度值具有最佳的可加工性。

2）消除残余内应力，可减少工件后续加工中的变形和开裂。

3）细化晶粒，改善组织，提高力学性能。

4）为最终热处理（如淬火）做好准备。

2. 退火

退火是将工件加热到临界温度（碳素钢为 710～750℃，有些合金钢达到 800～900℃）以上 20～30℃，保温一段时间，随热处理炉或埋入沙或石灰中缓慢冷却至 500℃ 以下后，然后在空气中冷却至室温的工艺过程。

3. 正火

正火是将工件加热到临界温度以上 30～50℃，保温一段时间后，从炉中取出在空气中冷却的热处理工艺过程。正火又称常化。

正火与退火的主要区别是冷却速度不同，正火后的组织比较细，比退火后强度、硬度有所提高，而且生产周期短、操作简单，所以正火是最常用的热处理工艺。低碳钢正火可显著改善可加工性。对一些大直径工件，正火可作为最终的热处理工艺。

3.4.3 钢的淬火与回火

淬火与回火是强化钢的最常用的手段。通过淬火、配以不同温度的回火，可使钢获得所需的力学性能。

1. 淬火与回火的目的

1）淬火的目的是先获得马氏体或贝氏体，以提高钢的硬度和强度，再为以后获得各种力学性能的实用回火组织做准备。

马氏体和贝氏体是具有不同力学性能的金相组织。马氏体具有高的硬度和耐磨性，但塑性和韧性较差。马氏体的实际硬度与钢中碳的质量分数密切相关，碳的质量分数越高，钢的硬度越高，因此要求高硬度和高耐磨的工件采用高碳钢来制造。根据组织结构，贝氏体又分为上贝氏体和下贝氏体。上贝氏体的力学性能较差，生产中一般不使用。下贝氏体除具有较高的强度和硬度外，还有较好的塑性和韧性，即具有优良的综合力学性能，是生产中常用的组织。获得下贝氏体组织是强化钢材的重要途径之一。

2）回火的主要目的是消除淬火内应力，以降低钢的脆性，防止产生裂纹，同时使钢获得所需的力学性能。

2. 淬火

淬火是将工件加热到临界温度以上 30～50℃，保温一定时间，然后在水、盐水或油中急速冷却的热处理工艺过程。但钢的急速冷却会引起内应力出现，并使钢变脆，所以淬火后必须回火才能得到较高的硬度、强度和韧性。

3. 回火

回火是将淬火后的工件加热到临界温度以下，保温一定时间后，在空气或油中冷却，回火后硬度、强度略有降低，但消除了内应力和脆性。回火又分为高温回火、中温回火和低温回火。

（1）低温回火　回火温度为 150～250℃，目的是降低淬火钢的内应力和脆性，但基本保持淬火所获得的高硬度（56~64HRC）和高的耐磨性。淬火后低温回火用途广泛，主要用于工模具钢的热处理，如各种刃具、模具、滚动轴承和耐磨件等。

（2）中温回火　回火温度为 350~500℃，目的是使钢获得高弹性，保持较高的硬度（35~50HRC）和一定的韧性。中温回火主要用于各种弹簧、发条、锻模等。

（3）高温回火　回火温度为 500~650℃，淬火后高温回火的热处理合称为调质处理。调质处理广泛用于承受疲劳载荷的中碳钢重要零件，如连杆、曲轴、主轴、齿轮、重要螺钉等。调质处理后，工件的硬度为 20~35HRC，这是由于调质处理后渗碳体呈细粒状，与正火后的片状渗碳体组织相比，在载荷下不易产生应力集中，钢的韧性显著提高，因此，调质处理后的钢可获得强度及韧性都较好的综合力学性能。

时效处理也是回火的一种特殊形式，可分为自然时效和人工时效。自然时效是在常温下靠长时间存放（有的铸件要放置一年左右时间），达到形状稳定、消除内应力的目的，这种方法费时，采用得很少。人工时效是将工件加热到较低温度，经较长时间的保温，然后缓慢冷却。

3.4.4　钢的表面淬火

钢的表面淬火是使零件表面获得高硬度和高耐磨性，而心部仍保持原来良好的韧性和塑性的一类热处理方法。表面淬火不改变零件表面的化学成分，只是通过表面快速加热淬火，改变表面层的组织来达到强化表面的目的。

碳的质量分数为 0.4%~0.5% 的优质碳素结构钢最适宜表面淬火，这是由于中碳钢经过预备热处理（正火或调质）以后再进行表面淬火处理，既可以保持心部原有良好的综合力学性能，又可使表面具有高硬度和耐磨性。若碳的质量分数过高，尽管淬火后的表面硬度、耐磨性提高，但硬化层的脆性增大，心部的塑性和韧性较低。而低碳钢由于表面强化效果不显著，很少采用表面淬火工艺。

根据表面加热方法不同，表面淬火可分为感应淬火、火焰淬火、接触电阻加热淬火、电解液淬火以及激光淬火等几种。工业上应用最多的为感应加热表面淬火和火焰加热表面淬火。

1. 感应淬火

感应淬火是采用电磁感应方法使零件表面迅速加热，然后迅速喷水冷却的一种热处理操作方法。其优点是加热速度快，热处理质量好，比普通淬火硬度稍高，脆性小，不易氧化脱碳，变形小，生产率高，易于实现自动化和机械化。

感应加热的原理是当工件放入感应器中，感应器通过中频或高频交流电流后，在感应器周围形成交变磁场，工件在磁场中感应产生同频率的感应电流，这种感应电流的特性是，在工件表面电流密度极大，心部的电流密度几乎等于 0，这种现象称为集肤效应。频率越高，感应加热深度越浅，由于钢本身具有电阻，因而集中在工件表面的电流可使表层迅速被加热，在数秒内可使工件表面温度达到 800~1000℃，而心部温度仍停留在室温。一旦工件表面层温度达到淬火加热温度，便立即喷水冷却，使工件表面淬硬。

2. 其他表面加热淬火方法

（1）火焰淬火　利用乙炔-氧火焰直接喷射工件表面，使其快速加热，当达到淬火温度时立即喷水冷却，以获得要求的表面硬化效果。火焰淬火的淬硬层深度一般是 2~6mm，过深的淬硬层会使工件表面组织过热，易产生淬火裂纹。火焰淬火方法简单，当单件小批量生产的大型工件需要表面淬火时，采用适当的气焊炬便可完成，适合于较大直径工件的表面处理。

（2）接触电阻加热淬火　采用低电压、大电流，通过压紧在工件表面的滚轮与工件形成回路，靠接触电阻热实现快速加热，滚轮移去后即进行自激冷淬火。

3.4.5　钢的化学热处理

化学热处理是将金属或合金工件置于一定温度的活性介质中保温，使一种或几种元素渗入它的表层，以改变其化学成分、组织和性能。与表面淬火相比，化学热处理不仅会改变表层的组织，而且还会改变表层化学成分。根据渗入的元素不同，化学热处理可分为渗碳、渗氮、碳氮共渗、渗硼、渗铬等。

化学热处理后，再配合常规热处理，可使同一工件的表层与心部获得不同的组织性能。

1. 钢的渗碳

渗碳是将钢制工件在渗碳介质中加热并保温，使碳原子渗入表层的化学热处理工艺。渗碳的主要目的是提高工件的表面强度、耐磨性和疲劳强度，同时保持心部的良好韧性。

渗碳用钢一般为低碳钢和低碳合金钢，碳的质量分数为 0.1% ~ 0.25%。渗碳方法有气体渗碳、液体渗碳、固体渗碳及真空渗碳等多种，常用的是气体渗碳。为了提高渗碳效率和质量，真空渗碳、真空离子渗碳等新技术正在逐步推广应用。

2. 钢的渗氮

渗氮是将氮渗入工件表面，以获得高氮硬化层的一种化学热处理工艺。渗氮的目的是提高钢的表面硬度、耐磨性、疲劳强度、抗胶合性和耐磨性。

渗氮用钢通常是含有 Al、Cr、Mo、Ti、V 等合金元素的钢，因为这些元素容易与氮形成颗粒细密、分布均匀、硬度高而稳定的各种氮化物。工件渗氮后便获得高硬度性能，无需再进行淬火处理。为了保证心部力学性能，在渗氮前应进行调质处理。

3. 钢的碳氮共渗和氮碳共渗

碳氮共渗是在奥氏体状态下同时将碳和氮渗入工件表层，并以渗碳为主的化学热处理工艺。氮碳共渗是指在工件表层同时渗入氮和碳，并以渗氮为主的化学热处理工艺。碳氮共渗的目的是提高钢的硬度、耐磨性和疲劳强度。氮碳共渗的目的是提高钢的耐磨性和抗胶合性。

3.4.6　金属零件的表面处理

钢铁的表面处理是指对成品的钢铁零件表面进行的涂镀处理。与化学热处理的不同之处在于表面处理不是通过改变零件原表面的化学成分使零件表面改性，而是在零件原表面上增加一层或多层涂层。涂层与零件表面之间有足够的结合强度，两者成为一体。涂层成为零件的新表层，使零件表面具有所涂涂层的性能，以达到防腐、改善性能及装饰的作用。

金属零件的表面处理通常分为电镀、化学处理和涂漆三种。

1. 电镀

将零件浸入待镀金属盐的电解溶液中并接负电极，加一定的直流电压，使零件表面形成一层所需金属的镀层，这种工艺方法称电镀。工业上常用的电镀方法有镀锌、镀铬、镀铜、镀镍、镀金等。可根据需要来确定电镀镀层的厚度，一般为 $10 \sim 100 \mu m$。

（1）镀铬　镀铬适用于钢件、铜及铜合金件。镀铬层的化学稳定性高，外观颜色好，在潮湿大气中保持外观不变。镀铬层有很高的硬度和耐磨性。镀铬层经抛光后其反射系数可达 70% 左右。铬的深镀能力及扩散能力差，不宜镀形状复杂的零件，并且镀铬的成本较高。

（2）镀镍　镀镍适用于钢、铜及铜合金、铝合金零件。镍具有较高的硬度（略低于铬）和良好的导电性。镀镍层呈黄白色，容易抛光，有抵抗空气腐蚀的作用，也有抵抗碱和弱酸的作用。但是镀镍层易出现微孔，镍容易具有磁性，不适合于防磁零件。镀镍主要用于装饰和某些导电元件的防腐。

（3）镀锌　镀锌适用于钢、铜及铜合金，是一种应用最为广泛的电镀方法。镀锌层具有中等硬度，在大气条件下具有很高的防护性能，但在湿热性地带、海洋及蒸汽地区，镀锌层的防腐性能比镀铬层低。镀锌的成本比镀铬、镀镍低。

2. 化学处理

金属零件表面化学处理主要有氧化和磷化。氧化是使零件表面形成该金属的氧化膜，以保护金属不受侵蚀，并起到美化作用。磷化是使金属表面生成一层不溶于水的磷酸盐薄膜，可以保护金属。

（1）黑色金属的氧化与磷化　黑色金属的氧化是将钢铁零件浸入氢氧化钠和亚硝酸钠水溶液中，在一定温度下使零件表面生成一层致密的 Fe_3O_4 薄膜，厚度为 $0.6 \sim 0.8 \mu m$。该薄膜黑里透蓝，故称发蓝或发黑，发蓝的主要目的是提高零件的耐蚀性。氧化多用于碳钢和低合金钢。磷化是将钢铁材料浸入磷酸盐水溶液中，在一定温度下使其表面获得一层不溶于水的磷酸盐薄膜的工艺过程。磷化薄膜厚度为 $2 \sim 4 \mu m$，色泽均匀，呈黑灰色，膜层与基体结合牢固，耐磨性强，所以黑色磷化薄膜层的保护能力比氧化膜层的保护能力强。氧化与磷化都不影响零件的尺寸精度。

（2）铝及铝合金的阳极氧化　铝的氧化膜的化学性能十分稳定，膜层与基体结合牢固，提高了铝及铝合金的耐磨性及硬度，也提高了耐蚀性。铝及铝合金的阳极氧化还能染成不同的颜色，纯铝可以染成任何颜色，而硅铝合金只能染成灰黑色。

（3）铜及铜合金的氧化　铜的氧化膜层为黑色，在大气条件下容易变色。膜层不影响尺寸精度及表面粗糙度，它的耐磨能力较弱。黄铜用氨液氧化后能获得良好的氧化膜层，膜层很薄，其表面不易附着灰尘。电解氧化层可得到较厚的膜层，性能比较稳定，但易附着灰尘。

3. 涂漆

涂漆是在零件或制品的表面涂上油漆，使零件或制品表面与外界环境中的有害作用介质机械地隔开，并对零件、制品起装饰作用，有时还可以起绝缘作用。

3.5　机械零件的选材

机械零件所用的材料是多种多样的，常用的材料有钢、铸铁、有色金属和非金属材料等。从各种各样的材料中选择出合适的材料和热处理方式是机械设计加工中一个重要问题，也是受到多方面因素制约的问题。

3.5.1　选材的一般原则

选材合理与否直接影响到产品的质量、寿命和生产成本，选材的依据是零件的使用性能和失效分析结果。选材的一般原则是首先保证使用性能，同时兼顾工艺性和经济性。

所谓使用性能是指零件在工作时应具备的力学、物理和化学性能。不同零件所要求的使用性能不同，因此，选材的首要任务是准确判断零件所要求的使用性能，然后确定所选材料应具备的主要性能指标及具体数值并进行选材。

1. 分析零件的工作条件，确定使用性能

工作条件包括：

1）零件的受力情况，包括受力形式，例如载荷形式（拉伸、压缩、弯曲和扭转等）、载荷性质（如静载荷、动载荷、交变载荷）及摩擦的状态。

2）环境状况，如工作温度、介质等。

3）特殊要求，如导热性、导电性、导磁性等。

在工作条件分析的基础上确定使用性能。如重要传动齿轮，受交变弯曲应力、接触应力，冲击载荷及摩擦等，应把疲劳强度、接触疲劳强度、硬度作为主要使用性能。

2. 进行失效分析，确定使用性能

失效分析就是要找出产生失效的主要因素，为较准确地确定零件主要使用性能提供经过实践的可靠依据。如长期以来，人们认为发动机曲轴的主要使用性能是高的抗冲击能力和耐磨性，应选择优质的碳素钢或合金钢制造，但通过失效分析发现，曲轴的失效形式主要为疲劳断裂，其主要使用性能为疲劳强度。因此，以疲劳强度为主要使用性能指标设计、制造的曲轴，不仅质量和寿命显著提高，而且可以选用价格相对低廉的球墨铸铁制造。

3. 从零件使用性能要求提出对材料性能的要求

明确了零件的使用性能后，并不能马上按此进行选材，还要把使用性能的要求，通过分析、计算量化成具体数值，再按这些数值从相关手册的材料性能数据大致应用范围内选材。常规的力学性能指标有硬度、屈服极限、强度极限等。对于非常规力学性能指标可通过模拟试验或查找有关资料相应的数据进行选材。除了力学性能指标，对高温和腐蚀介质中工作的零件，还要求有良好的抗氧化性和耐蚀性；对特殊性能要求的零件，如电性能、磁性能、热性能等，则要依据材料的物理性能和化学性能选材。

3.5.2 工艺性原则

材料工艺性能的好坏与零件加工的难易程度、生产率、生产成本有很大关系，因此有必要从满足使用性能的材料中按材料工艺性进一步选择。材料的工艺性通常指以下几方面。

1. 铸造性能

铸造性能包括流动性、收缩性、偏析和吸气性等。由于接近共晶成分的合金铸造性能良好，因此铸造合金的成分一般选在共晶成分附近。

2. 压力加工性能

压力加工性能包括冷压力加工（如冲压、冷轧、冷挤压等）和热压力加工（如锻造、热轧、热挤压等）时材料的塑性和变形抗力及可热加工的温度范围、抗氧化性和加热、冷却要求等。变形铝合金、铜合金、低碳钢的压力加工性能好，而高碳钢的较差。

3. 焊接性能

焊接性能是指焊缝处形成冷裂或热裂及形成气孔的倾向。低碳钢的焊接性能好，高碳钢及铸铁的焊接性能差。

4. 切削加工性能

切削加工性能是指零件所用材料的切削加工性、磨削加工性等，一般用切削抗力、零件的表面粗糙度值的大小、刀具磨损和切屑排除的难易程度来衡量其好坏。

5. 热处理工艺性能

热处理工艺性能包括淬透性、淬硬性、回火稳定性、氧化脱碳倾向、变形开裂倾向等。碳素钢的淬透性差，强度较低。合金钢比碳素钢的热处理工艺性好，故结构复杂或尺寸较大且强度要求较高的零件要选用合金钢。

3.5.3 经济性原则

在满足使用性能和工艺性能的前提下，选用的材料要价格便宜、成本低廉。除考虑材料本身的价格外，还要考虑包括加工费用和管理费用。

1. 材料的价格

材料成本占零件总成本的 30% ~ 70%。国内常用金属材料的相对价格见表 3-2，从表中的相对价格可以看出，碳素钢和铸铁的价格是比较低廉的。

表 3-2　国内常用金属材料的相对价格

材料	相对价格	材料	相对价格
普通碳素结构钢	1	铬不锈钢	5
普通低合金结构钢	1.25	铬镍不锈钢	15
优质碳素结构钢	1.3 ~ 1.5	普通黄铜	13 ~ 17
易切钢	1.7	锡青铜、铝青铜	19
合金结构钢（Cr-Ni 钢除外）	1.7 ~ 2.5	灰铸铁	约 1.4
镍铬合金结构钢（中合金钢）	5	球墨铸铁	约 1.8
滚动轴承钢	3	可锻铸铁	2 ~ 2.2
非合金工模具钢	1.6	碳素铸铁	2.5 ~ 3
低合金工模具钢	3 ~ 4	铸铝合金、铜合金	8 ~ 10
高速钢	16 ~ 20	铸造锡基轴承合金	23
硬质合金	150 ~ 200	铸造铅基轴承合金	10

注：普通碳素结构钢价格为基数 1。

2. 材料的加工费用

材料的加工费用占零件总成本的 30% 左右，生产批量越小，加工费用所占比例越高。常用热处理方法的相对加工费用见表 3-3。

表 3-3　常用热处理方法的相对加工费用

热处理方法		相对加工费用	热处理方法		相对加工费用
退火（电炉）		1	调质处理		2.5
球化退火		1.8	盐浴炉淬火及回火	刀具、模具	6 ~ 7.5
正火（电炉）		1		结构零件	3
渗碳淬火-回火		6	冷处理		3
渗氮		约 38	高频感应淬火		按淬火时间计算，一般比渗碳淬火价廉
液体碳氮共渗		10			

注：热处理加工费用以每千克质量计算，并以退火（电炉）每千克加工费为基数 1。

3.5.4 选材的一般步骤和应注意的问题

1. 选材的一般步骤

1）分析零件的工作条件及失效形式，提出关键的性能要求，同时考虑其他性能。

2）与成熟产品中相同型号的零件、通用零件或简单零件类比，可通过经验类比选材。

3）确定零件应具有的主要性能指标。

4）初步选定材料牌号并决定热处理和其他强化方法。

5）对关键零件批量生产前要进行试验，初步确定材料、热处理方法是否合理，以及冷热加工性的好坏。试验满意后方可逐步批量生产。

2. 选材应注意的问题

（1）实际性能和试验数据　常用手册中的性能数据都是小尺寸标准试样的试验结果，要注意材料的尺寸效应。截面越大，实际力学性能越差。

（2）材料的加工工艺及热处理　同种材料，不同的加工工艺，其性能数据也不同，应注意发挥材料的潜力。

（3）注意材料化学成分与热处理工艺参数　由于种种原因，实际使用材料的化学成分与试样的化学成分有一定的偏差，应注意由于化学成分的波动引起性能和相变点的变化。

思考与练习题

3-1　什么是金属材料的力学性能？金属材料的力学性能主要包括哪些指标？

3-2　什么是强度？什么是塑性？衡量这两种性能的指标有哪些？

3-3　什么是硬度？HBW、HRC 各代表用什么方法测出的硬度？

3-4　何谓钢的热处理？试说明热处理同其他工艺过程的关系及其在机械制造中的地位和作用。

3-5　回火的主要目的是什么？生产上常用的回火操作有哪几种？

3-6　正火和退火的主要区别是什么？生产中如何选择正火及退火？

3-7　什么是调质处理？调质处理的目的是什么？

3-8　试比较钢的表面淬火和化学热处理（渗碳、渗氮）的异同点。

3-9　某汽车齿轮选用 20CrMnTi 制作，其工艺路线如下：

下料——→锻造——→正火①——→切削加工——→渗碳②、淬火③、低温回火④——→喷丸——→磨削加工。

请回答上述工艺中①、②、③和④热处理工艺的目的及工艺内容。

第 4 章

机械零部件设计制造的结构工艺性

本章提要

机械零部件的结构设计是机械零部件设计的重要环节之一，它是以多学科理论为基础，将工程知识与实践经验紧密结合，进行优化和创新的一项设计工作。结构设计问题贯穿于毛坯制造、切削加工、热处理及装配等各个阶段。本章从满足机器的整体要求出发，阐述机械零部件结构设计的基本知识、特点及需要注意的问题。

4.1 机械零部件结构设计的任务、特点、内容和过程

4.1.1 机械零部件结构设计的任务和特点

1. 机械零部件结构设计的任务

机械零部件结构设计的任务是在总体设计的基础上，根据所确定的原理方案，将抽象的机构运动简图具体化为零部件的结构图，以实现机器所要求的功能。在结构设计中，不仅要考虑零部件的材料、形状、尺寸、公差、热处理方式和表面状况等，还须考虑其加工工艺、强度、刚度、精度以及与其他零部件相互之间关系等问题。因此，结构设计的直接产物虽是技术图样，但结构设计工作不是简单的机械制图，图样只是表达设计对象的语言，综合技术的具体化才是结构设计的基本内容。

2. 机械零部件结构设计的特点

机械零部件结构设计的主要特点如下。

1）它是集思考、绘图、计算（有时要进行必要的试验）于一体的设计过程，是机械设计中涉及问题最多、最具体、工作量最大的工作阶段，对机械设计的成败起着举足轻重的作用。

2）机械零部件结构设计的问题具有多解性，即满足同一设计要求的机械结构并不是唯一的。因此，创新和优化是获得最优解的唯一途径。

3）机械零部件结构设计阶段是一个很活跃的设计环节，常需反复交叉进行。

4.1.2 机械零部件结构设计的内容和过程

1. 机械零部件结构设计的内容

机械零部件结构设计包括三个方面的内容，即功能设计、质量设计、创新设计和优化设计。

（1）功能设计　它是为满足主要机械功能要求，在技术上的具体化。它将抽象的工作原理图、运动简图具体化为零件图，并进一步确定它们的加工工艺、材料、公差和装配等。

机器的功能主要是靠机械零部件的几何形状及各个零部件之间的相对位置关系实现的。零部件上直接与其他零部件相接触的表面，直接与工作介质或被加工物体相接触的表面称为功能表面。实现功能表面之间连接的表面称为连接工作面。结构设计时首先应确定零部件间的功能表面，构思连接工作面，并在连接工作面之间填充材料，实现功能结构的构型设计。

例如，螺栓连接的结构设计，两个厚度为 δ、接触面为 E 的壁需用螺栓连接，如图 4-1a 所示。显然接触面 E 为功能表面。首先确定螺栓的直径 d，d 由螺栓所承受的载荷，根据计算或经验确定，一般可取 $d = 1.25\delta$，然后确定螺栓中心线距壁外表面的距离 C_1，可由相关手册查得 C_1，如图 4-1b 所示。接着确定法兰厚度 h，这里取 $h = 2\delta$，这样便可按国家标准画出螺栓和螺母，如图 4-1c 所示。根据螺栓头和螺母的大小，由相关手册查得法兰外缘余量 f，也就得到了宽度 C_2。螺栓表面 F 与法兰孔之间要留有间隙，具体数值根据规范确定。这样就确定了所有的功能表面和连接工作面，最后在连接工作面间填充材料，得到螺栓连接结构，如图 4-1d 所示。

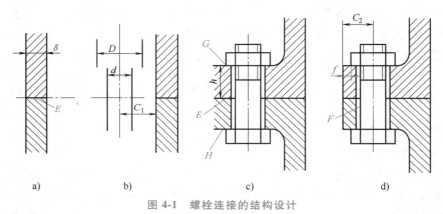

a)　　　　　　b)　　　　　　c)　　　　　　d)

图 4-1　螺栓连接的结构设计

（2）质量设计　它是在功能设计基础上，兼顾各种要求和限制，提高产品的质量和性能价格比的工作过程，所谓的要求和限制包括力学、工艺、材料、装配、实用、美观、成本、安全、环保等众多方面。针对这些要求和限制，规范出机械零部件结构设计准则系统，设计中应遵循这些准则。

现代设计中，质量设计相当重要，往往决定了产品的竞争力，那种只满足主要技术功能要求的机械设计时代已经过去，统筹兼顾各种要求，提高产品的质量，是现代机械设计的关键所在。

（3）创新设计和优化设计　它们贯穿机械零部件结构设计的全过程，涉及结构的功能、加工工艺、强度、刚度、精度、材料的使用、装拆工艺性、结构的宜人性等多个方面。

2. 机械零部件结构设计的过程

机械零部件结构设计的工作过程是分析、绘图、计算三者相结合的过程，该过程的基本步骤及主要内容如下。

1）从满足机器整体的要求出发，明确待设计零部件的要求和空间边界条件。

2）粗略估算零部件的主要尺寸，并按一定比例绘制草图，初定零部件的结构。草图中应表示出零部件的基本形状、主要尺寸、运动构件的极限位置、空间限制、安装尺寸等。同时结构设计中要充分注意标准件、常用件和通用件的应用，以减少设计制造的工作量。

3）对初定结构运用分析与综合的思维法则，构造各种可供选择的结构方案，确定优化的结构方案。

4）结构设计的计算与改进。对受载的零部件进行承载分析，必要时计算其承载强度、刚度、耐磨性等，以确定零部件的重要参数和主要几何尺寸，并通过完善结构使零部件更加合理地承受载荷，提高承载能力及工作精度，同时考虑零部件装拆、材料、加工工艺的要求，对结构进行改进。

5）结构设计完善。按技术、经济和社会指标不断完善，寻找所选方案中的缺陷和薄弱环节，对照各种要求和限制，反复改进。

6）完成结构设计图，制订技术文件。

总之，机械零部件结构设计的过程是从内到外、从重要到次要、从局部到总体、从粗略到精细、权衡利弊、反复检查、逐步改进的过程。绝不能只是单纯考虑某一方面因素，必须精心研究，综合考虑各方面的因素，这才是设计者应有的工作思路，也只有这样才能设计出较完善的零部件的结构。

4.2　机械零部件结构设计的设计准则

机械零部件结构设计的设计准则涉及功能、力学、加工工艺、精度、材料使用、支承、装配、防腐、安全、美观等诸多方面，以下仅为在进行机械零部件结构设计时应着重考虑的设计准则。

4.2.1　实现预期功能的设计准则

设计产品的主要目的是实现预定的功能要求，因此实现预期功能是设计时首先考虑的准则。要满足功能要求，必须做到以下几点。

1. 明确功能

零部件结构设计时应考虑其在机器中的功能以及它与其他零部件相互的连接关系。零部件主要的功能有：承受载荷、传递运动和动力，以及保证或保持与有关零件或部件之间的相对位置或运动轨迹等。设计的结构应能满足从机器整体考虑时对它的功能要求。

2. 功能合理分配

产品设计时，根据具体情况，通常有必要将任务进行合理分配，即将一个功能分解为多个分功能。每个功能都要有确定的结构承担，各部分结构之间应具有合理、协调的联系，以达到总功能的实现。多结构零件承担同一功能可以减轻零件负担，延长使用寿命。

图4-2所示为V带的截面结构，它是任务合理分配的一个实际应用。纤维绳用来承受拉力，橡胶填充层承受带弯曲时的拉伸和压缩，包布层与带轮轮槽接触，产生传动所需的摩擦力。又如，若只靠螺栓预紧产生的摩擦力来承受横向载荷，会使螺栓的尺寸过大，可增加抗剪元件，如销、键和套筒等，以分担横向载荷。

3. 功能集中

为了简化机械产品的结构，降低加工成本，便于安装，在某些情况下，可由一个零件或部件承担多个功能。图 4-3a 所示为实现紧固连接的螺栓组件，通过功能集中，可简化为图 4-3b 所示的一个螺钉结构。但是，功能集中会使零件的形状更加复杂，所以要有度，否则反而会影响加工工艺、增加加工成本，设计时应根据具体情况而定。

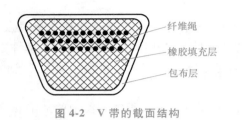

图 4-2　V 带的截面结构

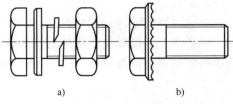

a)　　　　　　　　b)

图 4-3　螺钉集成结构

4.2.2　满足强度要求的设计准则

满足强度要求是确定零部件结构和形状的主要原则，设计时在结构上应采取有效措施，以提高零部件的可靠性。所依据的工作原理应预先考虑到可能出现的各种失效形式，以免出现使载荷、变形或磨损超出允许范围的有害情况。结构设计中应考虑下列准则。

1. 等强度准则

零件截面尺寸的变化应与其内应力变化相适应，使各截面的强度相等。按等强度原理设计的结构，材料可以得到充分的利用，从而减轻重量、降低成本，如悬臂支架、阶梯轴的设计（图 4-4）。

2. 合理力流准则

为了直观表示力在机械结构中传递的状态，将力看作犹如水在构件中的流动，这些力线汇成力流。力流在构件中不会中断，任何一条力线都不会突然消失，必须是从一处传入，从另一处传出。力流的另一个特性是它倾向于沿最短的路线传递，从而在最短路线附近力流密集，形成高应力区，其他部位力流稀疏，甚至没有力流通过，从应力角度上讲，材料未能充分利用。因此，若为了提高构件的刚度，应尽可能按力流最短路线来设计零件的形状，减少承载区域，从而累积变形小，提高了整个构件的刚度，使材料得到充分利用。图 4-5 所示为典型支承结构中的力流结构。图 4-5a 所示力流沿支架的直角路径传递，图 4-5b 所示力流沿支架的斜边路径传递。显然图 4-5b 所示方案的力流传递路线短，构建的刚度和强度高于图 4-5a 所示方案。

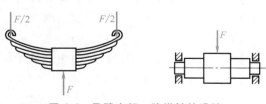

图 4-4　悬臂支架、阶梯轴的设计

a) 不合理结构　　　b) 合理结构

图 4-5　典型支承结构中的力流结构

3. 减小应力集中准则

当力流方向急剧转折时，力流在转折处会过于密集，从而引起应力集中，设计中应在结构上采取措施，使力流转向平缓。应力集中是影响零件疲劳强度的重要因素。结构设计时，应尽量避免或减小应力集中，如增大过渡圆角、采用卸载结构等。卸载结构如图 4-6 所示。

4. 载荷平衡准则

在机器工作时，常产生一些无用的力，如惯性力、斜齿轮轴向力等，这些力不但增加了轴和轴承等零件的载荷，降低了其精度和寿命，同时也降低了机器的传动效率。所谓载荷平衡就是指采取结构措施，部分或全部平衡无用力，以减轻或消除其不良的影响。这些结构措施主要采用平衡元件、对称布置等。图 4-7 所示为行星轮机构，将图 4-7a 中只有一个行星轮的结构改为图 4-7b 中三个行星轮对称布置的结构，可以平衡无用力。

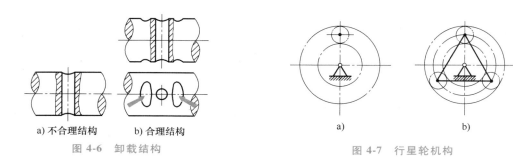

a) 不合理结构   b) 合理结构

图 4-6　卸载结构

a)　　　　　　b)

图 4-7　行星轮机构

4.2.3　满足结构刚度的设计准则

结构刚度是指在外载荷的作用下抵抗自身变形的能力。为保证构件在使用期限内正常地实现其功能，必须使其具有足够的刚度。结构系统的刚度包括构件刚度与构件之间的接触刚度两方面。

1. 用拉、压代替弯曲

杆件受弯矩作用，在中性层处的应力为零，其附近材料不能充分发挥作用。而拉、压载荷在任一截面上所产生的应力则是均匀分布的，使材料得以充分发挥作用。因此，用拉、压代替弯曲可获得较高的刚度。根据此原理，图 4-8 中受横向力的铸造支座，由图 4-8a 所示的结构形式改为图 4-8b 所示的结构形式，辐板便由单纯受弯曲变成部分地受拉、压，从而使刚度提高。

2. 合理设计断面形状

构件的抗弯曲和抗扭转刚度与其截面惯性矩成正比。在截面面积相同时，工字梁的抗弯惯性矩相对值最大，即抗弯曲刚度最大，但抗扭刚度最小；圆形截面的抗扭刚度最大。

3. 用加强筋或隔板增强刚度

平置矩形截面梁的弯曲刚度很低，当必须采用这种结构时，可用筋板加强其刚度，如图 4-9 所示。

4. 增加支承或合理布置支承

增加支承或合理布置支承，对增加弯曲刚度特别有效。如机床主轴附加虚约束支承可以提高主轴系统的刚度。由于悬臂结构的弯曲刚度差，应尽量避免采用悬臂轴之类的结构，或尽量减少其悬臂长度。

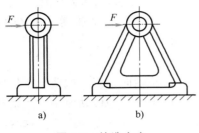

图 4-8　铸造支座

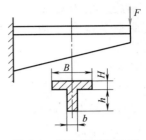

图 4-9　矩形截面梁筋板

5. 提高接触刚度

构件接触表面的接触刚度影响结构体系的整体刚度。影响接触刚度的因素包括：接触表面的表面粗糙度，接触表面的实际接触点数及其均匀分布的程度，构件材料的弹性和塑性等。

4.2.4　考虑加工工艺的设计准则

好的加工工艺是指零部件的结构易于加工制造。任何一种加工方法都有其使用的局限性，或生产成本很高，或质量受到影响。因此，对于设计者，认识各种加工方法的特点非常重要，以便在设计结构时尽可能扬长避短。常见的加工方法有铸造、锻造、焊接、机械切削加工等。

实际应用中，零部件结构工艺性受到诸多因素的制约，如生产批量的大小会影响毛坯件的生产方法，生产设备的条件可能会限制工件的尺寸，此外造型、精度、热处理、成本等方面都有可能对零部件结构的工艺性有制约作用。因此，结构设计中应充分考虑上述因素对工艺性的影响。

4.2.5　考虑装配工艺的设计准则

装配是产品制造过程中的重要工序，零部件的结构对装配的质量、成本有直接的影响。

1. 合理划分装配单元

整机应能分解成若干可单独装配的单元（部件或组件），以实现平行且专业化的装配作业，缩短装配周期，并且便于逐级技术检验和维修。

2. 使零部件得到正确安装

（1）保证零件准确定位　如图 4-10 所示的两法兰盘用普通螺栓连接。图 4-10a 所示结构无径向定位基准，装配时不能保证两孔的同轴度；图 4-10b 所示结构以相配的圆柱面作为定位基准，结构合理。

（2）避免双重配合　如图 4-11a 所示，零件 A 有两个端面与零件 B 配合，由于制造误差，不能保证零件 A 的正确位置；如图 4-11b 所示，两个零件仅采用一个端面配合，其结构合理。

（3）防止装配错误　图 4-12 所示轴承座用两个销钉定位。图 4-12a 所示结构两销钉反向布置，到螺栓的距离相等，装配时很可能将支座旋转 180°安装，导致座孔中心线与轴的中心线位置偏差增大。因此，应将两定位销布置在同一侧（图 4-12b），或使两定位销到螺栓的距离不等（图 4-12c）。

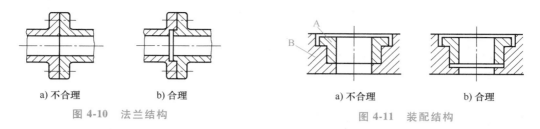

图 4-10　法兰结构　　　　　　　　　图 4-11　装配结构

3. 使零部件便于装配和拆卸

结构设计中，应保证有足够的装配空间，如留有扳手空间，如图 4-13 所示。避免过长配合而增加装配难度，使配合面擦伤，如有些阶梯轴的设计，如图 4-14 所示。为便于拆卸零件，应给出安放拆卸工具的位置，如轴承的拆卸，如图 4-15 所示。

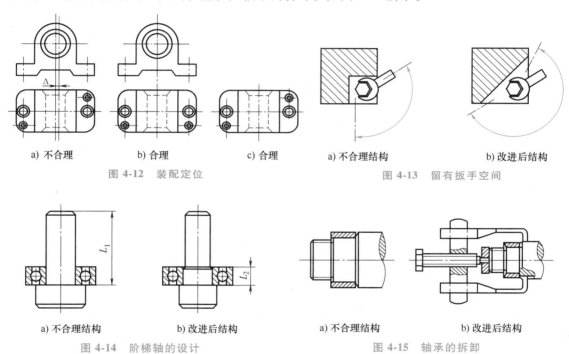

图 4-12　装配定位　　　　　　　　　　　　　　图 4-13　留有扳手空间

图 4-14　阶梯轴的设计　　　　　　　　　　　图 4-15　轴承的拆卸

4.2.6　考虑造型设计的设计准则

产品设计不仅要满足功能要求，而且还应考虑产品造型的美学价值，使之对人产生吸引力。外观设计包括三方面：造型、颜色和表面处理。考虑造型时，应注意以下三个问题。

1. 尺寸比例协调

在结构设计时，应注意保持外形轮廓各部分尺寸之间均匀协调的比例关系，应有意识地应用"黄金分割法"来确定尺寸，使产品造型更具美感。

2. 形状简单统一

机械产品的外形通常由各种基本的几何形体（长方体、圆柱体、球体、锥体等）组合而成。在结构设计时，应使这些形体配合适当，基本形状应在视角上平衡，否则接近对称又不完全对称的外形易产生倾倒的感觉；尽量减少形状和位置的变化，避免过分凌乱。

3. 色彩、图案的支持和点缀

在机械产品表面涂漆，除具有防止腐蚀的功能外，还可增强视觉效果。恰当的色彩可以降低操作者眼睛的疲劳程度，并能提高对设备显示信息的辨别能力。

单色只适用于小构件。大构件特别是运动构件如果只用一种颜色就会显得单调无层次，一个小小的附加色块会使整个色调活跃起来。在多个颜色并存的情况下，应有一个起主导作用的底色，与底色相对应的颜色为对比色。但在一个产品上，不同色调的数量不宜过多，太多的色彩会给人一种华而不实的感觉。

舒服的色彩大约位于浅黄色、绿黄色到棕色的区域。正黄色、正绿色往往显得不舒服；强烈的灰色调显得压抑。对于冷环境应用暖色，如黄色、橙黄色和红色；对于热环境应用冷色，如浅蓝色；所有颜色都应淡化，另外，通过一定的色彩配置可使产品显得安全、稳定。将形状变化小的、面积较大的平面配置浅色，而将运动、活跃轮廓的元件配置深色；深色应安置于机械的下部，浅色置于上部。

4.3 机械零部件的结构工艺性

4.3.1 零件热处理的结构工艺性

在设计零件时，不能只注意到如何使零件的结构形状适合整体机构的需要，而忽视了零件的热处理结构工艺性，使零件淬火时出现严重变形和开裂。因此在设计需要热处理的零件的结构形状时，应考虑以下几方面的问题。

1. 避免厚薄悬殊的截面

截面厚薄悬殊的零件，在淬火冷却时，由于冷却不均匀而造成的变形、开裂倾向较大，设计时应采取适当的措施，如加厚零件太薄的部分、开工艺孔、合理安排孔洞的位置、变不通孔为通孔。避免厚薄悬殊的截面设计如图 4-16 所示。

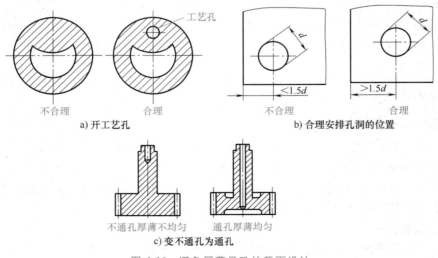

a) 开工艺孔　　　　　　　　　　　　　　b) 合理安排孔洞的位置

c) 变不通孔为通孔

图 4-16　避免厚薄悬殊的截面设计

2. 避免尖角或棱角

零件的尖角、棱角部分是淬火应力最为集中的地方，易产生淬火裂纹。因此，在设计时应尽量采用圆角或倒角形式，如图 4-17 所示。

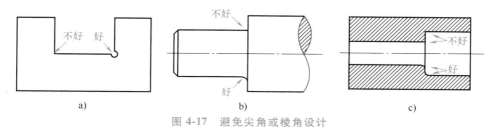

图 4-17　避免尖角或棱角设计

3. 采用对称结构

零件形状不对称，热处理时应力分布不均匀，易引起变形。如图 4-18 所示的镗杆截面示意图，原设计在镗杆一侧开槽，热处理时变形较大；后修改设计，在镗杆另一侧对称部位也开槽，形成对称结构，结果减小了镗杆在热处理时的变形量。

4. 采用组合结构

某些有脆裂倾向而各部分工作条件要求不同的零件或形状复杂的零件，在可能条件下，可采用组合结构或镶拼结构，如图 4-19 所示。对大型模具，采用分离镶拼结构后，可以化大为小，有利于冷、热加工，有效地减小变形和开裂，提高产品合格率。

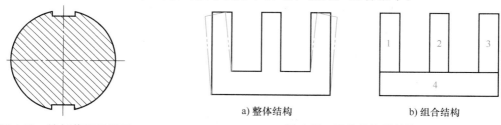

图 4-18　镗杆截面示意图　　　　图 4-19　零件的镶拼结构

在零部件设计时注意以上结构要求，就能大大减少热处理操作的复杂性，提高产品合格率。但当改进零件的结构形状仍不能满足上述要求时，可采用合理安排工艺路线，改变淬火操作方法，根据变形规律调整公差，预留加工余量，改选为淬火变形小的材料，修改技术条件等方法来解决。

4.3.2　铸件的结构工艺性

进行铸件设计时，不仅要保证其力学性能和工件性能要求，还必须考虑铸造工艺和合金铸造性能对结构的要求。铸件的结构是否合理，即其结构工艺性是否良好，对铸件的质量、生产率及其成本有很大的影响。当产品是大批量生产时，则应使所设计的铸件结构便于采用机器造型；当产品是单件、小批量生产时，则应尽可能在现有条件下生产出来。当某些铸件需要采用金属型铸造、压力铸造或熔模铸造等特种铸造方法时，还必须考虑这些方法对铸件结构的特殊要求。本小节主要介绍砂型铸造对结构设计的主要要求。

1. 壁厚尽可能均匀

设计铸件时，铸件的最小壁厚应满足液态金属的流动性要求，铸件各部分的壁厚应均匀，且不宜过厚。若铸件各部分的壁厚差别过大，则厚壁处形成金属聚集的热节，致使厚壁处易于产生缩孔、缩松等缺陷。同时由于各部分的冷却速度差别较大，还将形成热应力，这种热应力可使铸件薄厚变化较大处产生裂纹。铸件壁厚问题举例如图4-20所示。

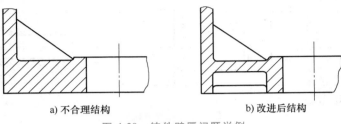

a) 不合理结构　　　　　　　　b) 改进后结构

图 4-20　铸件壁厚问题举例

2. 起模斜度

铸件中凡垂直于分型面的立壁必须具有一定倾斜度，此倾斜度称为起模斜度。起模斜度的大小取决于立壁的高度、造型方法、模型材料等因素，通常为 $15' \sim 3°$。立壁越高，起模斜度越小；机器造型应比手工造型的起模斜度小，而木模应比金属模的起模斜度大。内壁的起模斜度应比外壁大，通常为 $3° \sim 10°$。铸件起模斜度问题举例如图4-21所示。

a) 改进前　　　　　　　　b) 改进后

图 4-21　铸件起模斜度问题举例

3. 尽量减少分型面

如图4-22所示，铸件在起模方向存有外部侧凹，不便于起模。图4-22a中存在上、下法兰，通常要用三箱造型；图4-22b去掉了上部法兰，对结构进行了简化，改为两箱造型。

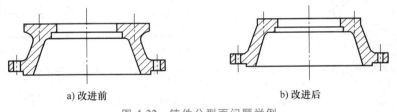

a) 改进前　　　　　　　　　　b) 改进后

图 4-22　铸件分型面问题举例

4. 尽量不用型芯

在不影响强度和刚度的条件下，改进铸件结构，免去型芯，则铸件的工艺性可以得到改善，如图4-23所示的零件，原设计（图4-23a）有矩形空腔，必须用型芯，改为工字型剖面结构（图4-23b），可省去型芯。

5. 注意筋板的受力

铸铁件的加强筋板应承受压力，因为铸铁的抗压强度比抗拉强度高得多。筋板承受拉力时，其结构不合理，应改变结构使铸铁筋板受压力。筋板受力问题举例如图4-24所示。

4.3.3　锻件的结构工艺性

利用冲击力或压力使金属在砧铁或锻模中变形，从而获得所需形状和尺寸的锻件，这类工艺方法称为锻造。锻造是金属零件的重要成形方法之一，它能保证金属零件具有较好的力学性能，以满足使用要求。

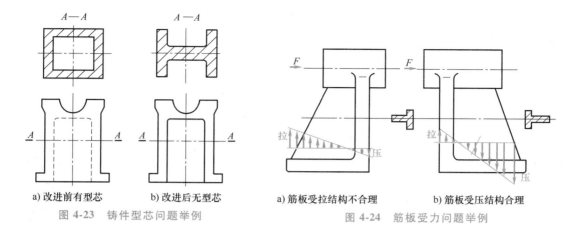

a) 改进前有型芯　　　b) 改进后无型芯

图 4-23　铸件型芯问题举例

a) 筋板受拉结构不合理　　　b) 筋板受压结构合理

图 4-24　筋板受力问题举例

设计锻造成形的零件时，除应满足使用性能要求外，还必须考虑锻造工艺的特点，即锻造成形的零件结构要具有良好的工艺性。这样可使锻造成形方便，节约金属，保证质量和提高生产率。

1. 自由锻的结构工艺性

在轴类锻件结构中，自由锻锻件若有锥体或斜面结构，如图 4-25a 所示，将使锻造工艺复杂，操作不方便，降低设备的使用效率，应改进结构，取消锥体或斜面结构，如图 4-25b 所示。

杆类锻件结构若由数个简单几何形体构成，几何形体间的交接处不应形成空间曲线。如图 4-26a 所示的结构，采用自由锻方法极难成形，应改成平面与圆柱、平面与平面相接的结构，如图 4-26b 所示。

a) 工艺性差的结构　　　b) 工艺性好的结构

图 4-25　轴类锻件结构

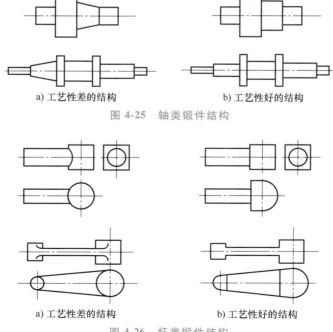

a) 工艺性差的结构　　　b) 工艺性好的结构

图 4-26　杆类锻件结构

在盘类锻件结构中，自由锻锻件上不应设计出加强筋、凸台或空间曲线表面，如图 4-27a 所示的结构，应将锻件结构改成图 4-27b 所示的结构。

在复杂锻件结构中，自由锻锻件的横截面若有急剧变化或形状较复杂，如图 4-28a 所示结构，应设计成由几个简单件构成的组合体。每个简单件锻制成形后，再用焊接或机械连接方式构成整体件，如图 4-28b 所示。

2. 模锻件的结构工艺性

模锻件上必须具有一个合理的分模面，以保证模锻成形后，容易从锻模中取出，并且应使敷料最少，锻模容易制造。由于模锻件的尺寸精度较高、表面粗糙度值较小，因此零件上只有与其他机件配合的表面才需进行机械加工，

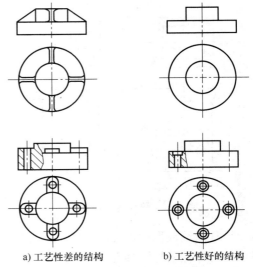

a) 工艺性差的结构　　b) 工艺性好的结构

图 4-27　盘类锻件结构

其他表面均应设计为非加工表面。模锻件上与分模面垂直的非加工表面，应设计模锻斜度。模锻件的结构工艺性如图 4-29 和图 4-30 所示。

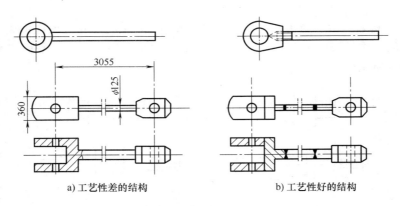

a) 工艺性差的结构　　　　　　b) 工艺性好的结构

图 4-28　复杂锻件结构

为了使金属容易充满模膛和减少工序，模锻件外形应力求简单、平直和对称。

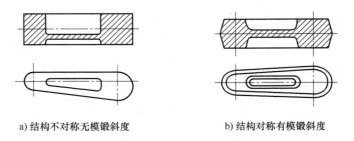

a) 结构不对称无模锻斜度　　　　b) 结构对称有模锻斜度

图 4-29　模锻件的结构工艺性

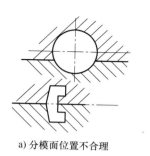

a) 分模面位置不合理

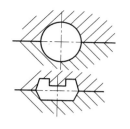

b) 分模面位置合理

图 4-30 锻件分模面位置的确定

4.3.4 焊接件的结构工艺性

设计焊接结构时，设计者既要很好地了解产品使用性能的要求，如载荷大小、载荷性质、使用温度、使用环境以及有关产品结构的国家标准与规程，又要考虑焊接结构的工艺性，如焊接工件材料的选择、焊接方法的选择、焊接接头的工艺设计等，同时还要考虑到制造单位的质量管理水平、产品检验技术等有关问题，才能设计出容易生产、质量优良、成本低廉的焊接结构。

1. 焊缝的布置

合理的焊缝位置是焊接结构设计的关键，与产品质量、生产率、成本及劳动条件密切相关，其一般工艺设计原则如下。

1）焊缝布置应尽量分散。焊缝密集或交叉，会造成金属过热，加大热影响区，使组织恶化，因此两条焊缝的间距一般要大于 3 倍板厚，且不小于 100mm。焊缝分散布置的设计如图 4-31 所示，图 4-31a 所示的结构形式应改为图 4-31b 所示的结构形式。

2）焊缝的位置应尽可能对称布置。如图 4-32a 所示的焊件，焊缝位置偏离截面中心，并在同一侧。焊缝的收缩会造成较大的弯曲变形。而如图 4-32b 所示的焊缝位置对称，焊后不会发生明显的变形。

3）焊缝应尽量避开最大应力断面和应力集中位置。对于受力较大、结构较复杂的焊接构件，在最大应力断面和应力集中位置不应布置焊缝。

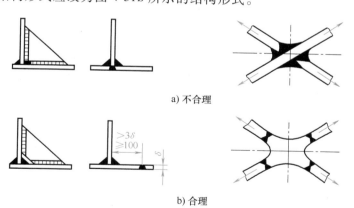

a) 不合理

b) 合理

图 4-31 焊缝分散布置的设计

例如：大跨度的焊接钢梁、板坯的拼接焊缝应避免放在梁的中间，图 4-33a 所示结构应改为图 4-33d 所示结构；压力容器的封头应有一直壁段，图 4-33b 所示结构应改为图 4-33e 所示结构，使焊缝避开应力集中的转角位置；在构件截面有急剧变化的位置或尖锐棱角部位，易产生应力集中，应避免布置焊缝，图 4-33c 所示结构应改为图 4-33f 所示结构。

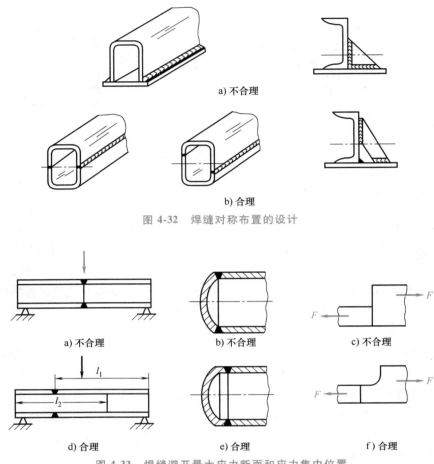

a) 不合理

b) 合理

图 4-32　焊缝对称布置的设计

a) 不合理　　　　　b) 不合理　　　　　c) 不合理

d) 合理　　　　　e) 合理　　　　　f) 合理

图 4-33　焊缝避开最大应力断面和应力集中位置

4）焊缝应尽量避开机械加工表面。有些焊接结构是一些零件，需要进行机械加工，如焊接轮毂、配管件、焊接支架等，其焊缝位置的设计应尽可能距离已加工表面远一些，图 4-34a 所示结构应改为图 4-34b 所示结构。

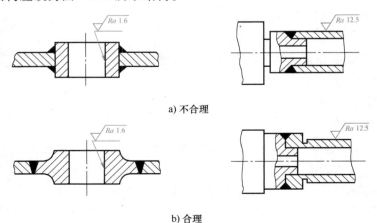

a) 不合理

b) 合理

图 4-34　焊缝远离机械加工表面的设计

2. 接头形式的选择

接头形式应根据焊件的结构形状、受力、强度要求、工件厚度、焊后变形大小、坡口加工难易程度、焊接方法等因素综合考虑决定。图 4-35a、c 所示结构应改为图 4-35b、d 所示结构。图 4-35b 所示结构不开坡口，工艺简单；图 4-35d 所示结构未焊的一侧不受拉应力，焊缝受力状态好。

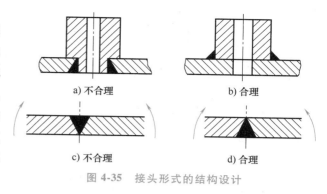

图 4-35 接头形式的结构设计

4.3.5 零件切削加工的结构工艺性

大部分机械零件都要经过机械加工才能装在机械上使用，机械加工常是装配前的最后工序，因此，机械加工的质量和成本对机械零件以至整个机器的质量和成本有极大的影响。此外，机械加工工艺复杂，所用的机床、刀具、夹具、量具形式很多，它们的性能、特点、加工精度、生产率各异。有些热处理工艺还要穿插在机械加工过程中进行。因此设计机械零件时，必须仔细考虑机械加工工艺问题。

1. 钻削禁忌一侧受力，一侧空载

钻头进口端避免与斜面或弧面接触，图 4-36a 所示结构应改为图 4-36b 所示结构。

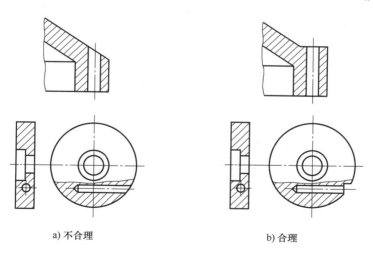

图 4-36 钻头的进口端结构

2. 定位可靠，夹紧简便

机械零件在加工时（如车削）必须夹持在机床上，因此机械零件上必须有便于夹持的部位。另外，夹持零件必须有足够大的夹持力，以保证在切削力作用下，零件不会晃动。零件应有足够的刚度，以免产生夹持变形。图 4-37a 所示夹持方法应改为图 4-37b 所示夹持方法，因圆柱面易于定位夹紧。图 4-38a 所示工件结构在刨削上表面时，无法夹持，须增加凸缘或开夹紧工艺孔，如图 4-38b 所示。

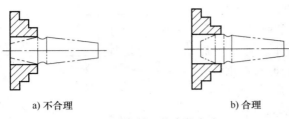

a) 不合理   b) 合理

图 4-37 车削工件夹紧方式

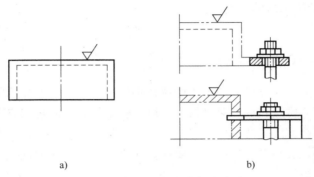

a)   b)

图 4-38 刨削工件夹紧方式

3. 减少结构要素的种类和规格

在同一工件上相同功能结构要素尽可能尺寸一致，以减少换刀次数。图 4-39a 所示的阶梯轴，不同轴段的过渡圆角和不同轴段的键槽宽度应改为图 4-39b 所示结构。

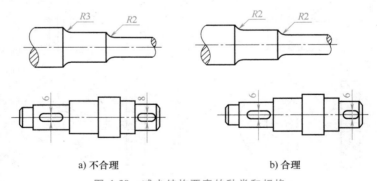

a) 不合理   b) 合理

图 4-39 减少结构要素的种类和规格

4. 减少走刀次数和行程

在同一工件上具有两个不同高度待加工的凸台，需两次走刀。图 4-40a 所示结构应改为图 4-40b 所示结构，这样一来只需一次走刀。

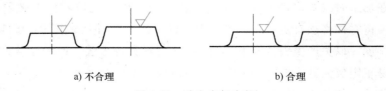

a) 不合理   b) 合理

图 4-40 减少走刀次数

若两工件配合长度较长，便会增加走刀的行程，没有必要，且不利于装配。图 4-41a 所示为轴与套筒的配合，应改为图 4-41b 所示结构。

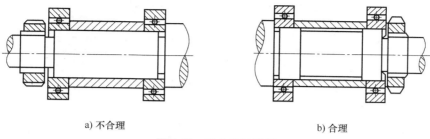

a) 不合理　　　　　　　　　　　　　　b) 合理

图 4-41　减少走刀行程

5. 减少装夹次数

在同一轴线，不同方向加工有不同直径或相同直径的不通孔，需装夹两次。图 4-42a 所示结构应改为图 4-42b 所示结构，这样一来一次装夹就可完成，并易保证孔的同轴度要求。

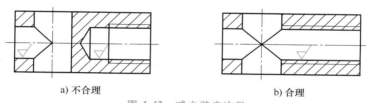

a) 不合理　　　　　　　　　　　　　　b) 合理

图 4-42　减少装夹次数

4.3.6　零部件装配的结构工艺性

零部件的装配工艺性将直接影响装配工作的效率和质量。产品及零部件的装配工艺性在产品的组成零件加工结束后就基本确定了，因此零部件的装配工艺性应当在产品设计阶段充分考虑。

1. 有足够的紧固件装拆空间

图 4-43a 所示的螺栓连接，由于 $L_1 < L_2$，螺栓无法装入，应改为图 4-43b 所示结构，$L_1 > L_2$，可使螺栓装入或拆卸。

2. 具有位置精度要求的零件应有定位基准面

有同轴度要求的零件相连接时应有装配定位基准面。图 4-44a 所示结构，靠螺纹定位不易保证同轴度，应改为图 4-44b 所示结构，借助装配基准圆柱面保证同轴度要求。

3. 连接件要易于装拆

图 4-45a 所示结构，轴承座连接螺钉安装在箱体内部，装拆时需用专用工具，并且不方便，应改为图 4-45b 所示结构，螺钉布置在箱体外部，便于装拆。

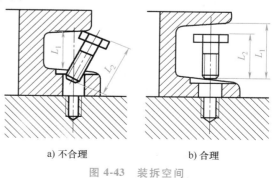

a) 不合理　　　　　　b) 合理

图 4-43　装拆空间

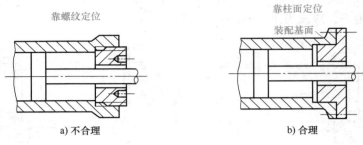

a) 不合理　　　　　　　　　　　　　　b) 合理

图 4-44　定位基准面

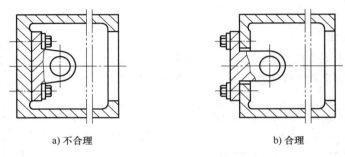

a) 不合理　　　　　　　　　　　　　　b) 合理

图 4-45　连接件要易于装拆

🔧 思考与练习题

4-1　机械零件在进行结构设计时，主要从哪些方面去考虑和改善它的结构工艺性？

4-2　图 4-46 所示为四种轴承座的结构简图，试指出哪几种设计不合理。

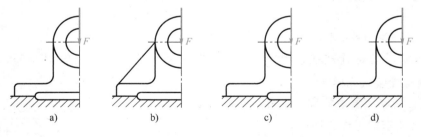

a)　　　　　　　　b)　　　　　　　　c)　　　　　　　　d)

图 4-46　题 4-2 图

4-3　图 4-47 所示为生产量较大的同尺寸齿轮，若设计成图 4-47b 所示形状，要比设计成图 4-47a 所示形状合理，主要原因是什么？

4-4　图 4-48 所示为一高压缸与顶盖的接合，图 4-48a、b 两图中哪一种设计较合理？为什么？

4-5　图 4-49 所示的齿轮与轴通过过盈配合相连接，图 4-49a、b 两图中哪一种设计较合理？为什么？

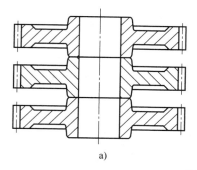

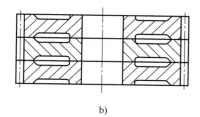

a)　　　　　　　　　　　　　b)

图 4-47　题 4-3 图

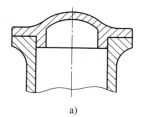

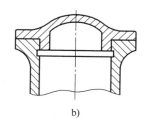

a)　　　　　　　　　　　　　b)

图 4-48　题 4-4 图

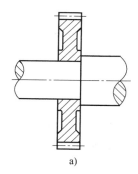

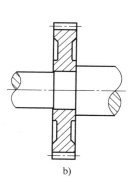

a)　　　　　　　　　　　　　b)

图 4-49　题 4-5 图

第5章

机械精度设计基础

本章提要

　　机械精度设计是根据机械的功能要求，正确地对机械零件的尺寸精度、几何精度以及表面精度要求进行设计，并将它们正确地标注在零件图以及装配图上。本章简要地介绍机械精度设计中重要的基本概念和基本原理，并以常见的典型零件为例，阐述机械精度设计的一般过程和标注方法。

5.1　概述

5.1.1　互换性的含义

　　互换性是指某一产品（包括零件、部件）与另一产品在尺寸、功能上能够彼此互相替换的性能。例如，一辆汽车由一万多个零件装配而成，其中相当多的零件是数百家专业工厂生产的，不需要经过任何修配，就可以装到汽车上；手表中的摆轮坏了，只要换上一个同一种机芯的新摆轮，手表就能恢复正常工作。不同工厂生产的零件之所以能够协调地装在一台机器上正常工作，是因为这些零件具有互换性。

　　若从同一规格的一批零件中任取一件，不经任何修配就能装到部件或机器上，而且能满足规定的性能要求，则这种互换性称为完全互换。若把一批两种互相配合的零件分别按尺寸、大小分为若干组，在一个组内零件才具有互换性；或者虽不分组，但需做少量修配和调配工作，才具有互换性，这种互换性称为不完全互换。

　　从广义上讲，互换性不仅包括零部件的几何参数，而且还包括力学性能、物理性能、化学性能等因素。特别是近年来，互换性生产已发展到一个新阶段，它已经超越了机械工业的范畴，扩大到微电子等许多行业。例如，电子元件中的芯片，其插脚和插座之间也存在互换性的问题。但是，本书所指的互换性，仅限于几何参数（零件的尺寸、形状、方向、位置等）的互换性。

5.1.2　互换性的作用

　　1）有利于组合专业化生产。例如，专门的齿轮厂、活塞厂分别生产各种型号的齿轮、活塞，就可以采用先进的专用设备和工艺方法，有利于实现加工和装配过程的机械化、自动化，取得高效率、高质量、低成本的综合效果。

2）产品设计时可采用标准的零部件、通用件，简化了设计和计算，缩短了设计周期。

3）设备修理时由于能迅速更换配件，因此减少了修理时间和费用，同时也能保证设备原有的性能。

5.1.3　误差与公差

1. 误差与精度的概念

要把零件制造成绝对准确是不可能的，也是不必要的。要满足零件互换性的要求，只要对其几何参数加以限制，允许它在一定范围内变化就可以了。

零件加工后的几何参数与理想零件几何参数相符合的程度，称为加工精度（简称精度），它们之间的差值称为误差。误差是零件加工过程中产生的。加工误差的大小反映了加工精度的高低，故精度可用误差大小来表示。

2. 零件几何参数误差的种类

（1）尺寸误差　零件实际尺寸与理想尺寸之差。

（2）几何形状误差　零件几何要素的实际形状与理想形状之差。

（3）几何位置误差　零件几何要素的实际位置与理想位置之差。

3. 公差

公差是零件几何参数允许的变动范围。尺寸公差就是零件尺寸允许的变动范围；形状公差、位置公差分别是零件几何要素的形状和位置允许的变动范围。公差是产品设计时给定的。

5.2　尺寸公差与配合

5.2.1　公差与技术配合的术语和定义

1. 尺寸

（1）公称尺寸　设计时给定的尺寸称为公称尺寸，如图5-1所示。它应该符合长度标准、直径标准。孔和轴的公称尺寸分别用 D 和 d 表示。

（2）实际尺寸　通过测量获得的尺寸称为实际尺寸。由于测量时存在误差，所以实际尺寸并非尺寸的真值。此外，因为工件加工时有形状误差（如轴或孔呈椭圆形），所以在不同部位测量时，其实际尺寸也不相同。

（3）极限尺寸　极限尺寸是指允许变动的两个界限值，以公称尺寸为基数来确定。两个界限值中较大的一个称为上极限尺寸，较小的一个称为下极限尺寸。孔的上极限尺寸和下极限尺寸分别用 D_{max} 和 D_{min} 表示，轴的上极限尺寸和下极限尺寸分别用 d_{max} 和 d_{min} 表示，如图5-1所示。

2. 偏差与尺寸公差

（1）偏差　某一尺寸减其公称尺寸所得的代数差，称为偏差。上极限尺寸与其公称尺

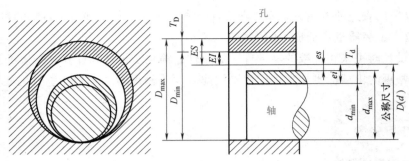

图 5-1 公差与配合示意图

寸的代数差称为上极限偏差，下极限尺寸与其公称尺寸的代数差称为下极限偏差。上极限偏差和下极限偏差统称为极限偏差。实际尺寸与公称尺寸的代数差称为实际偏差。偏差可以为正值、负值或零。合格零件的实际偏差不应超出规定的极限偏差范围。有关偏差的表示符号：ES 为孔的上极限偏差，EI 为孔的下极限偏差；es 为轴的上极限偏差，ei 为轴的下极限偏差。

综上所述，各参数之间的关系为

$$ES = D_{max} - D \tag{5-1}$$

$$EI = D_{min} - D \tag{5-2}$$

$$es = d_{max} - d \tag{5-3}$$

$$ei = d_{min} - d \tag{5-4}$$

（2）尺寸公差　允许尺寸的变动量称为尺寸公差，即上极限尺寸与下极限尺寸的代数差的绝对值，也等于上极限偏差与下极限偏差的代数差的绝对值。孔的公差用 T_D 表示，轴的公差用 T_d 表示。以上关系可用下列表达式表述。

$$T_D = |D_{max} - D_{min}| = |D_{min} - D_{max}| \tag{5-5}$$

$$T_D = |ES - EI| = |EI - ES| \tag{5-6}$$

$$T_d = |d_{max} - d_{min}| = |d_{min} - d_{max}| \tag{5-7}$$

$$T_d = |es - ei| = |ei - es| \tag{5-8}$$

（3）公差带　在公差带图（图 5-2）中，由代表上、下极限偏差的两条直线所限定的一个区域，称为尺寸公差带（简称公差带）。

3. 配合

配合是指公称尺寸相同、相互结合的孔和轴公差带之间的关系。

配合的有关概念、术语、定义等，不仅适用于圆截面的孔和轴，而且也适用于其他内、外包容面与被包容面，例如键槽与键的配合。

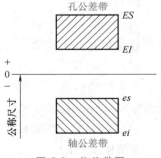

图 5-2 公差带图

在机器中，不同孔与轴的配合有不同的松紧要求。松紧的程度是用间隙和过盈的大小表示的。所谓间隙与过盈，就是孔的尺寸与轴的尺寸的代数差，此差值为正时是间隙，为负时是过盈。

国家标准将配合分为下列三大类。

（1）间隙配合　具有间隙（包括最小间隙等于零）的配合。其特点是孔的公差带在轴的公差带之上，如图 5-3 所示。

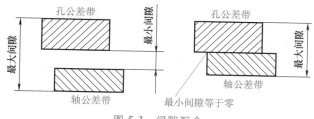

图 5-3　间隙配合

1）最大间隙（$X_{\max}$）：孔的上极限尺寸与轴的下极限尺寸的代数差，即

$$X_{\max} = D_{\max} - d_{\min}$$

（5-9）

2）最小间隙（$X_{\min}$）：孔的下极限尺寸与轴的上极限尺寸的代数差，即

$$X_{\min} = D_{\min} - d_{\max}$$

（5-10）

（2）过盈配合　具有过盈（包括最小过盈等于零）的配合。其特点是孔的公差带在轴的公差带之下，如图 5-4 所示。

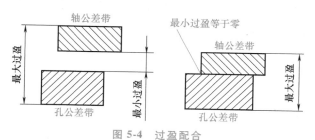

图 5-4　过盈配合

1）最大过盈（$Y_{\max}$）：孔的下极限尺寸与轴的上极限尺寸的代数差，即

$$Y_{\max} = D_{\min} - d_{\max}$$

（5-11）

2）最小过盈（$Y_{\min}$）：孔的上极限尺寸与轴的下极限尺寸的代数差，即

$$Y_{\min} = D_{\max} - d_{\min}$$

（5-12）

（3）过渡配合　可能具有间隙或过盈的配合。此时，孔的公差带与轴的公差带相互交叠，如图 5-5 所示。

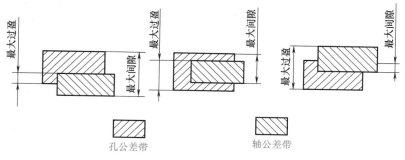

图 5-5　过渡配合

（4）配合公差　允许间隙或过盈的变动量称为配合公差，用 T_f 表示。对于间隙配合，它等于最大间隙与最小间隙代数差的绝对值；对于过盈配合，它等于最小过盈与最大过盈代数差的绝对值；对于过渡配合，它等于最大间隙与最大过盈代数差的绝对值。上述关系可用下列公式表示。

$$T_f = |X_{max} - X_{min}| = |X_{min} - X_{max}| \tag{5-13}$$

$$T_f = |Y_{min} - Y_{max}| = |Y_{max} - Y_{min}| \tag{5-14}$$

$$T_f = |X_{max} - Y_{max}| = |Y_{max} - X_{max}| \tag{5-15}$$

配合公差也等于孔公差与轴公差之和，即

$$T_f = T_D + T_d \tag{5-16}$$

5.2.2 标准公差与基本偏差

1. 标准公差

标准公差是指公差大小已标准化了的公差数值，具体见表 5-1，它用于确定公差带大小的任一公差值。

表 5-1　公称尺寸至 3150mm 的标准公差数值

公称尺寸/mm		标准公差等级																		
		IT01	IT0	IT1	IT2	IT3	IT4	IT5	IT6	IT7	IT8	IT9	IT10	IT11	IT12	IT13	IT14	IT15	IT16	IT17	IT18
大于	至	标准公差数值																		
		μm												mm						
—	3	0.3	0.5	0.8	1.2	2	3	4	6	10	14	25	40	60	0.1	0.14	0.25	0.4	0.6	1	1.4
3	6	0.4	0.6	1	1.5	2.5	4	5	8	12	18	30	48	75	0.12	0.18	0.3	0.48	0.75	1.2	1.8
6	10	0.4	0.6	1	1.5	2.5	4	6	9	15	22	36	58	90	0.15	0.22	0.36	0.58	0.9	1.5	2.2
10	18	0.5	0.8	1.2	2	3	5	8	11	18	27	43	70	110	0.18	0.27	0.43	0.7	1.1	1.8	2.7
18	30	0.6	1	1.5	2.5	4	6	9	13	21	33	52	84	130	0.21	0.33	0.52	0.84	1.3	2.1	3.3
30	50	0.6	1	1.5	2.5	4	7	11	16	25	39	62	100	160	0.25	0.39	0.62	1	1.6	2.5	3.9
50	80	0.8	1.2	2	3	5	8	13	19	30	46	74	120	190	0.3	0.46	0.74	1.2	1.9	3	4.6
80	120	1	1.5	2.5	4	6	10	15	22	35	54	87	140	220	0.35	0.54	0.87	1.4	2.2	3.5	5.4
120	180	1.2	2	3.5	5	8	12	18	25	40	63	100	160	250	0.4	0.63	1	1.6	2.5	4	6.3
180	250	2	3	4.5	7	10	14	20	29	46	72	115	185	290	0.46	0.72	1.15	1.85	2.9	4.6	7.2
250	315	2.5	4	6	8	12	16	23	32	52	81	130	210	320	0.52	0.81	1.3	2.1	3.2	5.2	8.1
315	400	3	5	7	9	13	18	25	36	57	89	140	230	360	0.57	0.89	1.4	2.3	3.6	5.7	8.9
400	500	4	6	8	10	15	20	27	40	63	97	155	250	400	0.63	0.97	1.55	2.5	4	6.3	9.7
500	630			9	11	16	22	32	44	70	110	175	280	440	0.7	1.1	1.75	2.8	4.4	7	11
630	800			10	13	18	25	36	50	80	125	200	320	500	0.8	1.25	2	3.2	5	8	12.5
800	1000			11	15	21	28	40	56	90	140	230	360	560	0.9	1.4	2.3	3.6	5.6	9	14
1000	1250			13	18	24	33	47	66	105	165	260	420	660	1.05	1.65	2.6	4.2	6.6	10.5	16.5
1250	1600			15	21	29	39	55	78	125	195	310	500	780	1.25	1.95	3.1	5	7.8	12.5	19.5
1600	2000			18	25	35	46	65	92	150	230	370	600	920	1.5	2.3	3.7	6	9.2	15	23
2000	2500			22	30	41	55	78	110	175	280	440	700	1100	1.75	2.8	4.4	7	11	17.5	28
2500	3150			26	36	50	68	96	135	210	330	540	860	1350	2.1	3.3	5.4	8.6	13.5	21	33

由表 5-1 可知，标准公差数值取决于公称尺寸和标准公差等级两个因素。例如，直径同样为 $\phi50$mm 的两根轴，标准公差等级分别为 IT6 和 IT8 时，其标准公差分别为 16μm 和 39μm。若两轴标准公差等级均为 IT7，但其直径分别为 $\phi50$mm 和 $\phi180$mm，则它们的标准公差分别为 25μm 和 40μm。

（1）标准公差等级 GB/T 1800.1—2020 在公称尺寸至 3150mm 内将标准公差分为 20 个等级，即 IT01、IT0、IT1、……、IT17、IT18。IT 表示标准公差，其中 IT01 公差等级最高，IT0 次之，依此类推，IT18 等级最低。标准公差数值沿着 IT01→IT18 的方向依次增大。

IT01、IT0、IT1 是用于量块的尺寸公差。IT1～IT7 是用于量规的尺寸公差，其中 IT2～IT5 也可用于特别精密零件的配合。IT5～IT12 用于配合尺寸公差，其中 IT5、IT6 用于高精度的配合，IT7、IT8 用于精度次高的配合，IT9、IT10 用于精度要求不高的配合，IT11、IT12 用于不重要的配合。IT12～IT18 用于非配合尺寸和未注公差的尺寸。

（2）公称尺寸段 公称尺寸分为若干尺寸段。在每一个尺寸段内，是按各个尺寸的几何平均值来规定公差的。同一公差等级在同一尺寸段内，不论孔或轴，也不论何种配合，其标准公差值仅有一个。属于同一公差等级，对于不同的公称尺寸段，虽然标准公差数值不同，但被认为具有同等的精度。

2. 基准制

基准制是以两个相配零件中的一个零件为基准件，并选定标准公差带，然后按使用要求的最小间隙（或最小过盈）确定非基准件的公差带位置，从而形成各种配合的一个制度。国家标准规定了两种等效的基准制，即基孔制和基轴制，并规定应优先选用基孔制。

（1）基孔制 基孔制是将孔的公差带位置固定不变，而变动轴的公差带位置，以得到松紧程度不同的配合，如图 5-6 所示。

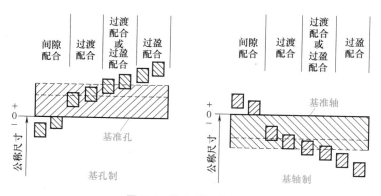

图 5-6 基孔制和基轴制

基孔制的孔称为基准孔，是配合中的基准件。国家标准规定基准孔的公差带在公称尺寸的位置之上，其下极限偏差为零，以"H"表示基准孔的代号。

（2）基轴制 基轴制是将轴的公差带位置固定不变，而变动孔的公差带位置，以得到松紧程度不同的配合，如图 5-6 所示。

基轴制的轴称为基准轴，是配合中的基准件。国家标准规定基准轴的公差带在公称尺寸的位置之下，其上极限偏差为零，以"h"表示基准轴的代号。

（3）基孔制与基轴制的选用 用基孔制或基轴制都可以得到松紧程度不同的配合，但工作量的大小和经济效果是不同的。若采用基轴制来实现，则以轴为基准件，然后得出若干公称尺寸相同而极限尺寸不同的孔与基准轴配合。但是，孔比轴要难加工得多，尤其是精密孔的加工，需要多种公称尺寸相同而极限尺寸不同的刀具（如铰刀、拉刀等）和塞规。这样不仅非常麻烦，而且制造成本很高，所以一般情况下应优先选用基孔制。

少数情况下采用基轴制是有利的。图5-7所示为活塞、连杆套与活塞销配合的情况。设计上要求销的两端1和3与活塞销孔之间为过渡配合；销的中部2与连杆套孔之间为间隙配合。若采用基孔制，则活塞销的形状必须呈两头大中间小的哑铃形，这将给装配带来困难。而改用基轴制，问题就迎刃而解了。

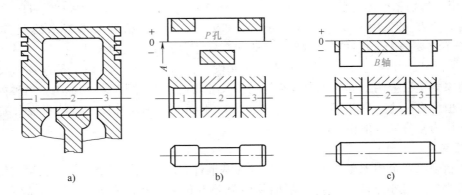

图 5-7　活塞、连杆套与活塞销配合的情况

在下列情况下可选用基轴制。

1）同一公称尺寸的某一段轴，必须与几个不同配合的孔结合。

2）用于某些等直径长轴的配合。这类轴可用冷轧棒料不经切削直接与孔配合，这时采用基轴制有明显的经济效益。

3）用于某些特殊零部件的配合，如滚动轴承外圈与基座孔的配合、键与键槽的配合等。

3. 基本偏差

（1）基本偏差的概念　公差带图上的公差带是由公差带的大小和公差带的位置两个要素组成的，前者由标准公差确定，后者由基本偏差确定。

基本偏差用于确定公差带相对公称尺寸位置的上极限偏差或下极限偏差，一般为靠近公称尺寸的那个偏差。当公差带位于公称尺寸上方时，其基本偏差为下极限偏差；当公差带位于公称尺寸下方时，其基本偏差为上极限偏差；公差带相对于公称尺寸的位置，按基本偏差的大小和正负号确定，原则上与公差等级无关。例如，三根直径为$\phi10$mm的轴，公差等级均为IT6，标准公差为9μm，图5-8表示了三种不同的公差带位置。

（2）基本偏差的代号　基本偏差系列的代号用拉丁字母及其顺序表示。孔用大写字母表示；轴用小写字母表示。在26个拉丁字母中

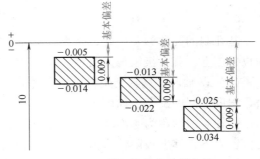

图 5-8　三种不同的公差带位置

只用了 21 个，其中 I、L、O、Q、W（i、l、o、q、w）五个字母因为容易与其他符号混淆而舍弃不用。此外，另增加 7 个由双字母表示的代号，即 CD、EF、FG、JS、ZA、ZB、ZC（cd、ef、fg、js、za、zb、zc），共计 28 个基本代号。它们在公差带图上的位置分布如图 5-9 所示。

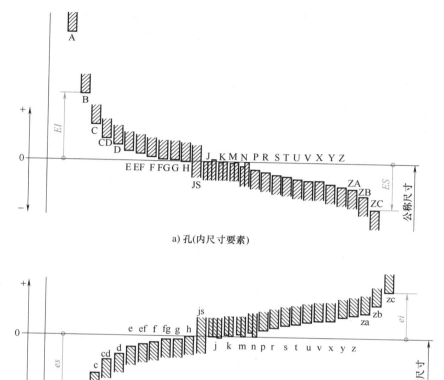

a) 孔(内尺寸要素)

b) 轴(外尺寸要素)

图 5-9　基本偏差系列（摘自 GB/T 1800.1—2020）

（3）公差带中另一极限偏差的确定　基本偏差仅确定了公差带靠近公称尺寸位置的那一个极限偏差，另一个极限偏差则由公差等级决定。如果公差带在公称尺寸位置上方，则基本偏差仅确定了孔或轴的下极限偏差（EI 或 ei），而上极限偏差（ES 或 es）则由下列公式求出。

$$ES = EI + IT \tag{5-17}$$
$$es = ei + IT \tag{5-18}$$

式中　IT——标准公差数值，单位为 μm。

如果公差带在公称尺寸位置下方，则基本偏差仅确定了孔或轴的上极限偏差（ES 或 es），下极限偏差（EI 或 ei）则由下列公式求出。

$$EI = ES - IT \qquad (5-19)$$

$$ei = es - IT \qquad (5-20)$$

由此可见，基本偏差与公差等级原则上无关，但是另一极限偏差则与公差等级有关。例如，三根直径为 $\phi10mm$ 的轴，其基本偏差均相同（$es = -5\mu m$），由于三者公差等级不同，分别为 g5、g6、g7，则标准公差分别为 $6\mu m$、$9\mu m$、$15\mu m$，所以其下极限偏差的数值分别为 $11\mu m$、$14\mu m$、$20\mu m$，如图 5-10 所示。

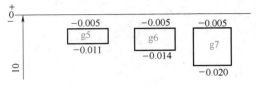

图 5-10　不同公差等级轴的公差带

5.2.3　公差与配合在图上的标注

如图 5-11a 中的"$\phi60^{+0.046}_{0}$"，其含义为直径的公称尺寸为 60mm 的孔，上极限偏差为 +0.046mm，下极限偏差为 0。图 5-11b 中的"$\phi60^{-0.030}_{-0.060}$"，其含义为直径的公称尺寸为 60mm 的轴，上极限偏差为 -0.030mm，下极限偏差为 -0.060mm。带有基本偏差和公差等级的标注时，H8、f7 分别表示 8 级基准孔和 7 级 f 配合的轴。

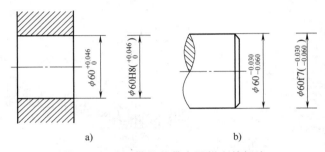

图 5-11　孔、轴公差带在图样上的标注

在装配图上，公差和配合则需按图 5-12 所示标注。H8/f7 表示 8 级基准孔与 7 级 f 配合的轴相配合。

5.2.4　公差与配合的选用

1. 公差等级的选用

合理地选用公差等级，是保证机器工作性能和寿命的重要因素，同时也对生产成本和生产率有重要影响。由图 5-13 可知，如果把公差等级从 IT7 提高到 IT5，相对成本会提高近一倍。

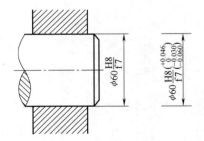

图 5-12　公差与配合在图样上的标注

2. 配合的选用

配合选择得合理与否，对保证机器的工作性能至关重要。例如对液压换向阀，既要求密封性好，又要求相对移动灵活。如果间隙过大，满足了后者，则不能保证前者；如果间隙过小，则出现相反的情况。因此，选择相对合理的配合，经常是设计中的关键问题。

配合的选择一般采用类比法，即参照以往的经验来选用，也称经验法。表 5-2 所示为常用配合形式的分类和组合（孔与轴的结合），可从中了解其应用特点。

对于特别重要的配合，要通过试验来确定。例如，在矿山、土建工程中应用非常广泛的风镐，其锤体与筒壁间的间隙对工作性能有决定性的影响。通过试验得出：耗风量最小，锤体每分钟冲击次数最多，而功率最大的最佳间隙为 0.03～0.09mm。设计时考虑到使用后因磨损而使间隙扩大等因素，故制造时应采用较小的间隙，按国家标准选取 ϕ38H7/g6。这种配合的最小间隙为 0.009mm，最大间隙为 0.05mm。其他如制冷压缩机中的重要配合，都是通过试验确定的。从表 5-2 中可简化出在一般的减速器主要零件的推荐选用配合，见表 5-3。

图 5-14 所示为一级圆柱齿轮减速器主要零件的配合标注。因滚动轴承为标准件，外圈与壳体孔只需标注孔的配合，如 ϕ72H7；内圈与轴只需标注轴的配合，如 ϕ35k6。

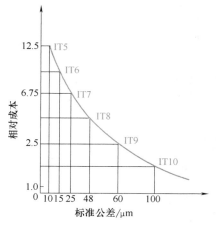

图 5-13 公差等级与相对成本的关系

表 5-2 常用配合形式的分类和组合

分类		孔				摘要
		H6	H7	H8	H11	
间隙配合	轴 a					间隙很大，一般极少用
	轴 b					
	轴 c		c8	c9	c11	大间隙特别松的转动配合
	轴 d		d8	d8/d10	d11	松转动配合
	轴 e	e7	e8	e8/e9		易运转配合
	轴 f	f6	f7	f8		转动配合
	轴 g	g5	g6	g7		紧转动配合
	轴 h	h5	h6	h7/h8	h11	滑合
过渡配合	轴 j	j5	j6	j7		推合
	轴 k	k5	k6	k7		用木锤轻击连接
	轴 m	m5	m6	m7		用铜锤打入
	轴 n	n5	n6	n7		用轻压力连接
			p7			
			r7			
过盈配合	轴 p	p5	p6			轻压入
	轴 r	r5	r6			压入
	轴 s	s5	s6	s7		重压入
	轴 t	t5	t6	t7		
	轴 u	u5	u6	u7		重压入或热装
	轴 v					
	轴 x					过盈量依次增大，一般不推荐
	轴 y					
	轴 z					

表 5-3 减速器主要零件的推荐选用配合

配合零件		推荐配合	装拆方法
一般齿轮、蜗轮、带轮联 轴器与轴	一般情况	$\dfrac{H7}{r6}$	用压力机装拆
	较少装拆	$\dfrac{H7}{n6}$	用压力机装拆
	小锥齿轮及经常装拆	$\dfrac{H7}{m6}$、$\dfrac{H7}{k6}$	用锤子装拆
滚动轴承内圈与轴	轻负荷（$P \leqslant 0.07C$）	j6、k6	用温差法或压力机装拆
	正常负荷（$0.07C < P \leqslant 0.15C$）	k5、m6、m6、n6	
滚动轴承外圈与箱体轴承座孔		H7	用木锤或徒手装拆
轴承盖与箱体轴承座孔		$\dfrac{H7}{d11}$、$\dfrac{H7}{h8}$、$\dfrac{H7}{f9}$	徒手装拆
轴承套杯与箱体轴承座孔		$\dfrac{H7}{js6}$、$\dfrac{H7}{h6}$	
套筒、挡油盘与轴		$\dfrac{H7}{h6}$、$\dfrac{D11}{k6}$	徒手装拆

注：表中 P 为当量径向载荷，C 为额定动载荷。

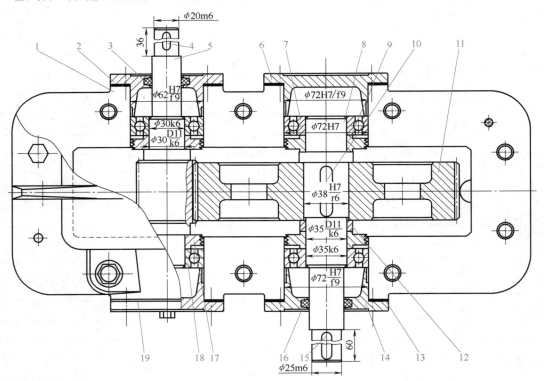

图 5-14 一级圆柱齿轮减速器主要零件的配合标注

1—减速器箱体 2—轴承端盖 3—油封毡圈 4—键 5—齿轮轴 6—轴承端盖 7—轴承
8—轴 9—挡油环 10—键 11—大齿轮 12—套筒 13—调整垫片 14—轴承端盖
15—键 16—油封毡圈 17—挡油环 18—轴承 19—轴承端盖

设计时，可依据表 5-3 选择配合并标注在装配图上。绘制零件工作图时，可依据选定的配合和该处的公称尺寸，查有关设计手册得到允许的尺寸偏差。

5.3 表面粗糙度

5.3.1 表面粗糙度的概念

零件表面加工后，无论其加工方法如何精密，由于切削过程中各种几何、物理因素的影响，其几何形状在微观上总是呈现"峰""谷"相间的起伏不平。若以 S 表示波距（峰与峰之间或谷与谷之间的距离），H 表示波高（峰与谷之间的高度），则把 $S/H<40$ 的这种微观几何形状偏差，称为表面粗糙度。表面越粗糙，则表面粗糙度越大。

5.3.2 表面粗糙度的评定

1. 评定基准

（1）取样长度 取样长度是指测量或评定表面粗糙度时所规定的一段基准线长度，它至少包含 5 个以上轮廓峰和轮廓谷，如图 5-15 所示，取样长度 l 的方向与轮廓走向一致。一般表面越粗糙，取样长度就越大。

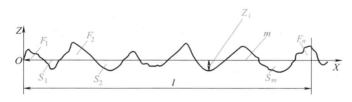

图 5-15 轮廓的算数平均偏差值 Ra 的评定

（2）轮廓算术平均中线 轮廓算术平均中线是指在取样长度内，划分实际轮廓为上、下两部分，且使上下两部分面积相等的线，即 $F_1+F_2+\cdots+F_n=S_1+S_2+\cdots+S_n$，如图 5-15 所示。

在轮廓图形上确定最小二乘中线的位置比较困难，可用轮廓算术平均中线。通常用目测估计确定轮廓算术平均中线。

2. 评定参数

（1）轮廓算术平均偏差 Ra 在取样长度内轮廓偏距绝对值的算术平均值为轮廓算术平均偏差，如图 5-15 所示，用 Ra 表示，即

$$Ra = \frac{1}{n}\sum_{i=1}^{n}|Z_i| \tag{5-21}$$

测得的 Ra 值越大，则表面越粗糙。Ra 能客观地反映表面微观几何形状误差，但因受到计量器具功能的限制，不宜作为过于粗糙或太光滑表面的评定参数。

（2）轮廓最大高度 Rz 在一个取样长度内，最大的轮廓峰高 Zp 与最大的轮廓谷深 Zv 之和，称为轮廓最大高度，如图 5-16 所示，用 Rz 表示，即

$$Rz = |Zp| + |Zv| \tag{5-22}$$

Rz 值越大，则表面越粗糙。Rz 只能反映轮廓的峰高和谷深，不能反映峰顶和谷底的尖锐或平钝的几何特性。

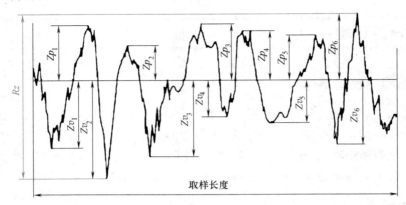

图 5-16　轮廓最大高度（以粗糙度轮廓为例）

5.3.3　表面粗糙度的选用与标注

1. 评定参数类型的选择

表面粗糙度的评定参数 Ra、Rz 无须同时使用，只要选择其中的一个即可。究竟选择哪一个，要根据零件表面的性能要求和检验方便与否来确定。

在常用范围内，即 $Ra = 0.025 \sim 6.3 \mu m$，$Rz = 0.1 \sim 25 \mu m$，应优先选用 Ra，因为在该范围内，能用轮廓仪方便地测量 Ra 的值。

在粗糙度很大或很小时，用干涉显微镜等光学仪器测量 Rz 的值比较方便，所以在 $Ra = 6.3 \sim 100 \mu m$ 及 $Ra = 0.008 \sim 0.020 \mu m$ 范围内，多采用 Rz。

Ra、Rz 的数值要按国家标准规定的系列选取，不能随意确定。

2. 评定参数值的选用

表面粗糙度参数的选用原则首先是满足零件的工作性能。在此前提下，尽量把参数取大些，这样可降低加工的难度和成本。

评定参数值的选用，目前采用类比法，主要根据零件表面工作时的重要性和特点，参照获得该表面所应用的加工方法进行选用。表面粗糙度的表面状况、加工方法及适用范围见表 5-4，可供选用时参考。

3. 表面结构标注用图形符号及其标注

表面结构标注用图形符号有以下几种。

$\sqrt{}$ ——基本图形符号，表示表面可用任何方法获得，当不加注表面粗糙度参数或有关说明（如表面处理、局部热处理情况等）时，仅适用于简化代号标注。

——基本图形符号上加一短横，表示指定表面是用去除材料的方法获得的，如车、铣、磨、钻、剪切、抛光、腐蚀、电火花加工、气割等。

——基本图形符号上加一个圆圈，表示指定表面是用不去除材料的方法获得的，如铸、锻、冲压变形、热轧、冷轧、粉末冶金等，或者是用于保持原供应状况的表面。

在表面结构标注用图形符号的周围标注有关的参考值或代号，如图 5-17 所示，其中各代号的内容如下。

a——注写表面结构的单一要求。标注表面结构参数代号、极限值和传输带或取样长度。

b——如果需要，在位置 b 注写第二个表面结构要求。

c——注写加工方法。

d——注写表面纹理和方向。

e——加工余量（需要时可注上，一般不注），单位为 mm。

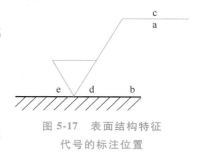

图 5-17 表面结构特征
代号的标注位置

4. 表面粗糙度参数值的选用及标注举例

图 5-18 所示为减速器输出轴表面粗糙度的标注，轴颈 $\phi55k6$（两处）是安装滚动轴承的部位，$\phi56r6$ 和 $\phi45m6$ 为安装齿轮和带轮的部位。由于上述表面为配合表面，要求表面粗糙度数值较小，分别选 $Ra \leqslant 0.8\mu m$ 和 $Ra \leqslant 1.6\mu m$。$\phi62mm$ 处的两轴肩侧面都是止推面，起一定的定位作用，选 $Ra \leqslant 3.2\mu m$。键槽两侧面的配合精度较低，一般为铣削面，选 $Ra \leqslant 3.2\mu m$。轴上其他非配合表面，如端面、键槽底面等处均选 $Ra \leqslant 12.5\mu m$。

表 5-4 表面粗糙度的表面状况、加工方法及适用范围

$Ra/\mu m$	表面状况	加工方法	适用范围
100	除净毛刺	铸造、锻、热轧、冲切	不加工的平滑表面，如砂型铸造、冷铸、压力铸造、轧材、锻压、热压及各种模锻的表面
50、25	可用手触及刀痕	粗车、镗、刨、钻	工序间加工时所得到的粗糙表面，即预先经过机械加工，如粗车、粗铣等的零件表面
12.5	可见刀痕	粗车、镗、刨、钻	
6.3	微见加工刀痕	车、镗、刨、钻、铣、挫、磨、粗铰、铣齿	不重要零件的非配合表面，如支柱、轴、外壳、衬套、盖等的表面；紧固零件的自由表面，不要求定心及配合特性的表面，如用钻头钻的螺栓孔等的表面；固定支承表面，如与螺栓头相接触的表面，键的非接触表面
3.2	看不清加工刀痕	车、镗、刨、铣、铰、刮（1~2 点/cm²）、拉磨、挫、滚压、铣齿	和其他零件连接而又不是配合表面，如外壳凸耳、扳手等的支承表面，要求有定心及配合特性的固定支承表面，如定心的轴肩、槽等的表面；不重要的紧固螺纹表面
1.6	可见加工刀痕方向	车、镗、刨、铣、铰、拉、磨、滚压、刮（1~2 点/cm²）	要求不精确的定心及配合特性的固定支承表面，如衬套、轴承和定位销的压入孔；不要求定心及配合特性的活动支承面，如活动关节、花键连接、传动螺纹工作面等；重要零件的配合表面，如导向件等
0.8	微见加工痕迹的方向	车、镗、拉、磨、立铣、刮（3~10 点/cm²）、滚压	要求保证定心及配合特征的表面，如锥形销和圆柱销表面、安装滚动轴承的孔、滚动轴承的轴颈等；不要求保证定心及配合特征的活动支承表面，如高精度活动球接头表面、支承垫圈、磨削的轮齿
0.4	微辨加工痕迹的方向	铰、磨、镗、拉、刮（3~10 点/cm²）、滚压	要求能长期保持所规定配合特征的轴和孔的配合表面，如导柱、导套的工作表面；要求保证定心及配合特征的表面，如精密球轴承的压入座、轴瓦的工作表面、机床顶尖表面等；工作时承受反复应力的重要零件表面；在不破坏配合特性下工作要保证其耐久性和疲劳强度所要求的表面，如圆锥定心表面、曲轴和凸轮轴的工作表面

（续）

$Ra/\mu m$	表面状况	加工方法	适用范围
0.2	不可辨加工痕迹的方向	布轮磨、研磨、超级加工	工作时承受反复应力的重要零件表面,保证零件的疲劳强度、耐蚀性和耐久性,并在工作时不破坏配合特性的表面,如轴颈表面、活塞和柱塞表面;公差等级为IT5、IT6配合的表面;圆锥定心表面;摩擦表面
0.1	暗光泽面	超级加工	工作时承受较大反复应力的重要零件表面,保证零件的疲劳强度、耐蚀性及在活动接头工作中的耐久性的表面,如活塞销表面、液压传动用的孔表面;保证精确定心的圆锥表面
0.05	亮光泽面		
0.025	镜状光泽面	超级加工	精密仪器及附件的摩擦面,量具工作面
0.012	雾状镜面		

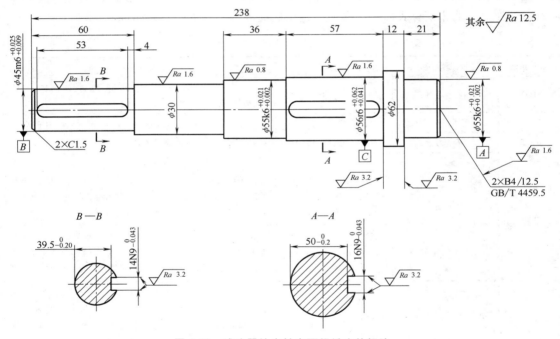

图 5-18　减速器输出轴表面粗糙度的标注

5.4　几何公差

5.4.1　概述

1. 几何误差对零件和产品功能的影响

在机械零件中,对几何要素规定合理的形状、方向、位置和跳动等精度（称几何精度）要求,用以限制其形状、方向、位置和跳动误差（称几何误差）,从而保证零件的装配要求和保证产品的工作性能。

在机械图样中，其给出的零件都是没有误差的理想几何体，但是在加工过程中，工件、刀具，夹具和机床所组成的工艺系统本身存在各种误差，以及加工过程中出现受力变形、振动、磨损等各种干扰，致使加工后的零件的实际形状、方向和位置，与理想几何体的规定形状、方向和线、面相互位置存在差异，这种形状上的差异就是形状误差，方向上的差异就是方向误差，而相互位置的差异就是位置误差。

图 5-19a 所示为一阶梯轴，要求 ϕd_1 表面为理想圆柱面，ϕd_1 轴线应与 ϕd_2 左端面相垂直。

图 5-19b 所示为加工完后的实际零件，ϕd_1 表面的圆柱度不够理想，ϕd_1 轴线应与 ϕd_2 左端面也不垂直，前者称为形状误差，后者称为方向误差。

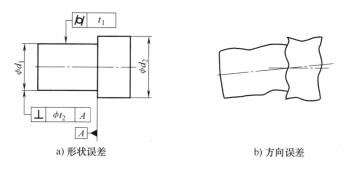

a) 形状误差　　　　　　　　　b) 方向误差

图 5-19　零件的形状误差和方向误差

零件的几何误差对零件使用性能的影响主要有以下三方面。

（1）影响零件的功能要求　如机床导轨表面的直线度、平面度不好，将影响机床刀架的运动精度。齿轮箱上各轴承孔的位置误差，将影响齿轮传动的齿面接触精度和齿侧隙。

（2）影响零件的配合性质　如圆柱结合的间隙配合，圆柱表面的形状误差会使间隙大小分布不均，当配合件有相对转动时，磨损加快，降低零件的工作寿命和运动精度。

（3）影响零件的自由装配性　如轴承端盖螺钉孔的位置不正确，在螺栓往机座上紧固时，就可能影响其自由装配。

总之，零件的几何误差对其使用性能的影响不容忽视，它是衡量机器装置质量的重要指标之一。

2. 几何要素及分类

任何机械零件都是由点、线、面组合而成的，这些构成零件几何特征的点、线、面称为几何要素。图 5-20 所示的零件就是由多种几何要素组成的。为了便于研究几何公差和几何误差，要素可以按不同的角度进行分类。

（1）按结构特征分类

1）组成要素（轮廓要素）。组成要素是指零件表面或表面上的线，例如图 5-20 中的球面、圆锥面、平面和圆柱面及素线。

组成要素中按存在的状态又可分为公称组

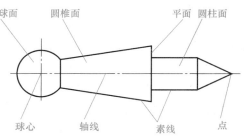

图 5-20　零件的几何要素

成要素和实际（组成）要素。

公称组成要素是指由技术制图或其他方法确定的理论正确组成要素，例如图 5-21a 中的公称组成要素；实际（组成）要素是指由接近实际（组成）要素所限定的工件实际表面（实际存在并将整个工件与周围介质分隔的一组要素）的组成要素部分，例如图 5-21b 中的实际（组成）要素。

在评定几何误差时，通常以提取组成要素代替实际（组成）要素。提取组成要素是指按规定的方法，由实际（组成）要素提取有限数目的点所形成的实际（组成）的近似替代，例如图 5-21c 中的提取组成要素。

2）导出要素（中心要素）。导出要素是指一个或几个组成要素得到的中心点、中心线或中心面，例如图 5-20 中的球心，它是由组成要素球面得到的导出要素（中心点），轴线是由组成要素圆柱面和圆锥面得到的导出要素（中心线）。

导出要素中按存在状态又分为公称导出要素和提取导出要素。公称导出要素是指由一个或几个公称组成要素导出的中心点、轴线或中心平面，例如 5-21a 中的公称导出要素；提取导出要素是指由一个或几个提取组成要素得到的中心点、中心线或中心面，例如 5-21c 中的提取中心要素。

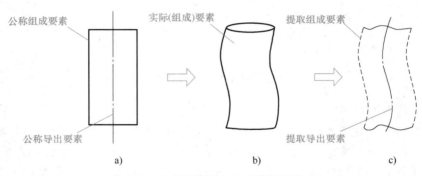

图 5-21　几何要素定义之间的相互关系

（2）按检测关系分类

1）被测要素。被测要素是指图样上给出了几何公差要求的要素，也就是需要研究和测量的要素，例如图 5-19a 中的 ϕd_1 表面及其轴线为被测要素。

被测要素按其功能要求又可分为单一要素和关联要素。单一要素是指对要素本身提出形状公差要求的被测要素，例如图 5-19a 中的 ϕd_1 表面为单一要素；关联要素是指相对基准要素有方向或（和）位置功能要求而给出方向公差和位置公差要求的被测要素，例如图 5-19a 中的 ϕd_1 轴线为关联要素。

2）基准要素。基准要素是指图样上规定用来确定被测要素的方向或位置的要素。理想的基准要素称为基准，例如图 5-19a 中的 ϕd_2 的左端面为基准要素。

基准要素按本身功能要求可以是单一要素或关联要素。

3. 几何公差带

几何公差是实际被测要素对理想形状、理想方向和理想位置的允许变动量。

1）形状公差是指实际单一要素所允许变动量。

2）方向公差、位置公差是指实际关联要素相对于基准（或基准和理论正确尺寸）的方向或位置所允许的变动量。

几何公差带是指由一个或几个理想的几何线要素或面要素所限定的、由线公差值表示其大小的区域，它是限制实际被测要素变动的区域。这个区域的形状、大小和方位取决于被测要素和设计要求，并以此评定几何误差。若被测实际要素全部位于公差带内，则零件合格，反之则不合格。几何公差带具有形状、大小、方向和位置四个特征，这四个特征将在图样标注中体现出来。公差带形状是由被测要素的几何形状、几何特征项目和标注形式决定的。

5.4.2　几何公差项目及其选用原则

1. 几何公差的项目及其符号

几何公差分为形状公差、方向公差、位置公差和跳动公差四种类型。其中形状公差是对单一要素提出的几何特征，无基准要求。方向公差、位置公差和跳动公差是对关联要素提出的几何特征，在多数情况下都有基准要求。几何公差的类型、几何特征及符号见表5-5。

表 5-5　几何公差的类型、几何特征及符号

几何公差类型	几何特征	符号	有无基准	几何公差类型	几何特征	符号	有无基准
形状公差	直线度	——	无	位置公差	对称度	⚌	有
	平面度	▱	无		线轮廓度	⌒	有
	圆度	○	无		面轮廓度	◠	有
	圆柱度	⌭	无	方向公差	平行度	//	有
	线轮廓度	⌒	无		垂直度	⊥	有
	面轮廓度	◠	无		倾斜度	∠	有
位置公差	位置度	⊕	有或无		线轮廓度	⌒	有
	同心度（用于中心点）	◎	有		面轮廓度	◠	有
	同轴度（用于轴线）	◎	有	跳动公差	圆跳动	↗	有
					全跳动	⌰	有

2. 几何公差的选用原则

几何公差的大小，主要根据零件的功能要求、结构特征、工艺上的可能性等因素综合考虑。此外还应考虑下列情况：

1）在同一要素上给出的形状公差值应小于位置公差值。

2）圆柱零件的形状公差值（轴线的直线度除外）一般情况下应小于其尺寸公差值。

3）平行度公差值应小于其相应的距离尺寸公差值。

3. 几何公差的标注实例

图5-22所示为减速器输出轴几何公差的标注示例，根据对该轴的功能要求给出了有关

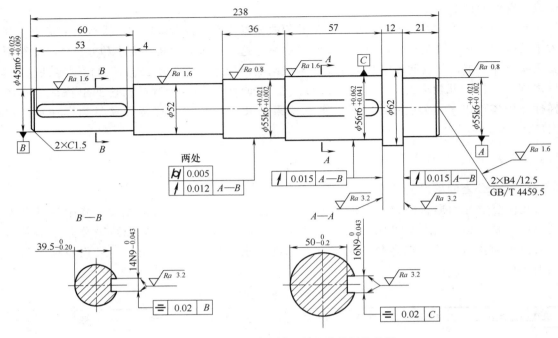

图 5-22　减速器输出轴几何公差的标注示例

的几何公差。两个 $\phi55k6$ 的轴颈，因与滚动轴承的内圈相配合，为了保证配合性质，对轴颈表面提出了圆柱度公差为 $0.005mm$ 的要求。$\phi62mm$ 处的两轴肩都是止推面，起一定的定位作用，故按规定给出相对基准轴线 $A—B$ 的端面圆跳动公差为 $0.015mm$。对于 $\phi56r6$，为了保证齿轮的运动精度还提出了对基准 $A—B$ 的径向圆跳动公差为 $0.015mm$ 的要求。对于 $\phi56r6$ 和 $\phi45m6$ 轴颈上的键槽宽 $14N9$ 和 $16N9$，为了保证在铣键槽时键槽的中心平面尽可能地与通过轴颈轴线的平面重合，故提出了对称度公差为 $0.02mm$ 的要求，其基准为轴颈的轴线。

图 5-23 所示为减速器上齿轮几何公差的标注示例。齿轮的两个端面中的一个需要与轴肩贴紧，且为切齿时的工艺基准，另一个轴面作为轴套的安装基准，为了保证齿轮精度和安装时定位的准确性，按规定，对两个端面相对

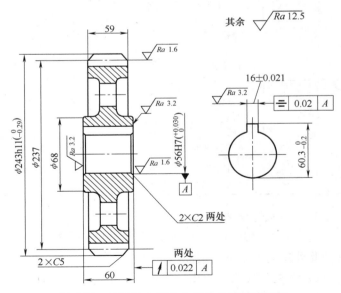

图 5-23　减速器上齿轮几何公差的标注示例

于基准轴线 A 给出了端面圆跳动公差值 $0.022mm$。为了保证加工内孔上的键槽的加工精度，对键槽给出了对称度公差值 $0.02mm$，其基准为内孔轴线。

思考与练习题

5-1　基孔制优先配合为 $\dfrac{H11}{b11}$、$\dfrac{H11}{c11}$、$\dfrac{H9}{e8}$、$\dfrac{H8}{e8}$、$\dfrac{H8}{f7}$、$\dfrac{H8}{h7}$、$\dfrac{H7}{g6}$、$\dfrac{H7}{h6}$、$\dfrac{H7}{k6}$、$\dfrac{H7}{n6}$、$\dfrac{H7}{p6}$、$\dfrac{H7}{s6}$、$\dfrac{H7}{r6}$，试以公称尺寸为 50mm 绘制其公差带。

5-2　图 5-24 所示为一传动轴系的结构图，试标注图中各轴段直径 d、d_1、d_2、d_3、d_4、d_5、d_6 的配合。

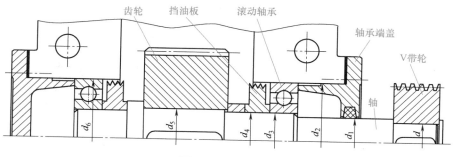

图 5-24　题 5-2 图

5-3　将下列几何公差要求分别标注在图 5-25a、b 上。

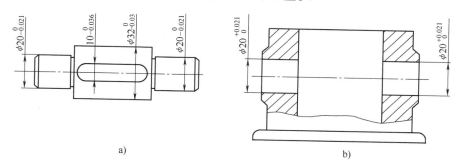

a)　　　　　　　　　　　　　　　　b)

图 5-25　题 5-3 图

1）标注在图 5-25a 上的几何公差要求：

① $\phi32_{-0.03}^{\ 0}$mm 圆柱面对两个 $\phi20_{-0.021}^{\ 0}$mm 公共轴线的圆跳动公差为 0.015mm。

② 两个 $\phi20_{-0.021}^{\ 0}$mm 轴颈的圆度公差为 0.01mm。

③ $\phi32_{-0.03}^{\ 0}$mm 左右两端面对面 $\phi20_{-0.021}^{\ 0}$mm 公共轴线的轴向圆跳动公差为 0.02mm。

④ 键槽 $10_{-0.036}^{\ 0}$mm 中心平面对 $\phi32_{-0.03}^{\ 0}$mm 轴线的对称度公差为 0.015mm。

2）标注在图 5-25b 上的几何公差要求：

① 底面的平面度公差为 0.012mm。

② $\phi20_{0}^{+0.021}$mm 两孔的轴线分别对它们的公共轴线的同轴度公差为 0.015mm。

③ $\phi20_{0}^{+0.021}$mm 孔的公共轴线对底面的平行度公差为 0.01mm。

第6章

机构的组成及平面连杆机构

本章提要

由第1章可知，机构是一个构件系统，为了传递运动和动力，组成机构的各构件之间应具有确定的相对运动。任意拼凑起来的构件系统，构件间不一定能发生相对运动，即使能够运动，也不一定具有确定的相对运动。研究在什么条件下，构件间才具有确定的相对运动，对于分析研究现有的机构和设计新机构都是十分重要的。

组成机构的所有构件都在一个或几个相互平行的平面中运动的机构称平面机构，否则称为空间机构。工程中常见的机构一般都是平面机构。

6.1 机构的组成和平面机构的运动简图

6.1.1 机构的组成

1. 运动副和构件自由度

为传递运动和动力，当构件组成机构时，需要以一定的方式把各个构件彼此连接起来。被连接的两构件间又必须能产生一定的相对运动。两构件间的这种直接接触又能产生一定相对运动的连接称为运动副。例如轴颈和轴承、活塞与气缸、相啮合的两齿轮的轮齿间的接触都构成了运动副。

如图6-1所示，一个做平面运动的自由构件有三种独立运动，即构件沿 x 轴和 y 轴的移动及在 Oxy 平面内的转动。构件所具有的独立运动的数目，称为构件的自由度。显然，一个做平面运动的自由构件有三个自由度。

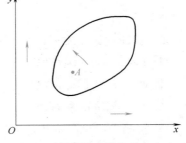

图6-1 平面运动刚体的自由度

当构件用运动副连接后，它们之间的某些独立运动将受到限制，自由度随之减少。两构件间组成运动副，其接触不外乎点、线、面。按照接触方式不同，通常将运动副分为低副和高副两大类。

（1）低副 两构件通过面接触组成的运动副称为低副，包括转动副和移动副两种。

1）转动副。若运动副只允许两构件做相对的回转，则称这种运动副为转动副或铰链，如图6-2a所示。

2）移动副。若运动副只允许两构件沿某一方向做相对移动，则称这种运动副为移动副，如图 6-2b 所示。

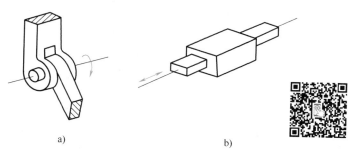

图 6-2　低副

（2）高副　两构件通过点或线接触组成的运动副称为高副。图 6-3a 所示的凸轮 1 与从动件 2、图 6-3b 所示的齿轮 3 与齿轮 4，分别在 A 点接触处组成高副。形成高副后，两构件间彼此的相对运动是沿接触处切线 $t—t$ 方向的相对移动和在平面内的相对转动。

2. 运动链

若干个构件通过运动副连接而成的构件系统称为运动链，如图 6-4 所示。若运动链中各构件首尾封闭，则称为闭式链，如图 6-4a 所示；否则称为开式链，如图 6-4b 所示。多数通用机械中一般采用闭式链，而开式链在机器人机构中应用广泛。

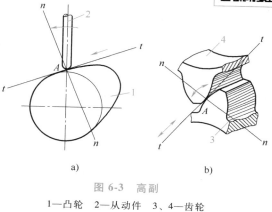

图 6-3　高副

1—凸轮　2—从动件　3、4—齿轮

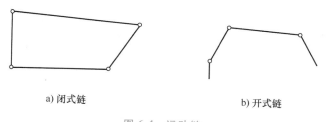

a) 闭式链　　　　　　　　　　　　b) 开式链

图 6-4　运动链

3. 机构

若将运动链中的一个构件固定作为参考坐标系，而让另一个（或几个）构件按给定运动规律相对于该固定构件运动，若运动链中其余各构件都能得到确定的相对运动，则这种运动链称为机构。

机构中作为参考坐标系的构件又称为机架，机架可以相对于地面固定不动，也可以是运动的。按给定已知运动规律运动的构件为主动件，其余构件称为从动件。

6.1.2　平面机构的运动简图

在设计新机构或对现有机构进行运动分析时，常常忽略那些与运动无关的因素（如构件的外形、组成构件的零件的数目、运动副的具体构造等），仅用简单的线条和符号来代表构件和运动副，并按一定比例确定各运动副的相对位置。这种表示机构中各构件间相对运动关系的简单图形，称为机构运动简图。若只是为了表明机械的结构，而不按严格比例绘制的机构简图称为机构示意图。

机构运动简图中，平面运动副的表示方法如图 6-5 所示。图中画斜线的构件代表固定构件。

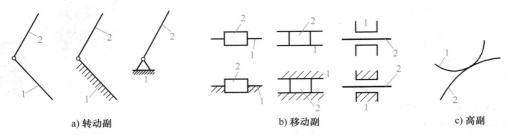

a) 转动副　　　　　　　b) 移动副　　　　　　c) 高副

图 6-5　平面运动副的表示方法

构件的表示方法如图 6-6 所示。图 6-6a 所示为参与组成机构的具有两个运动副的构件，图 6-6b 所示为参与组成机构的具有三个运动副的构件。

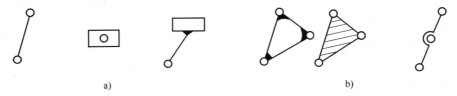

a)　　　　　　　　　　　　　b)

图 6-6　构件的表示方法

绘制机构运动简图时，需要搞清楚机械的实际构造和运动情况。首先确定机构的主动件和执行构件，确定两者之间的传动构件，分析构件间运动副的类型，最后用规定的符号和线条画出机构的运动简图。下面通过实例说明机构运动简图的绘制步骤。

例 6-1　绘制图 6-7a 所示活塞泵的机构运动简图。

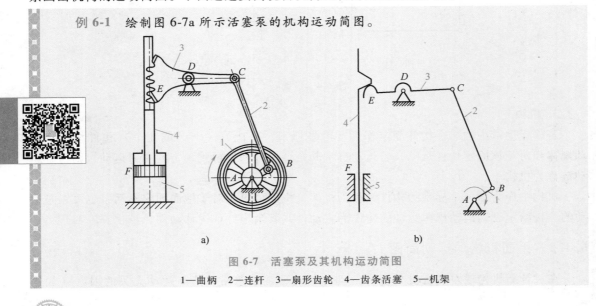

a)　　　　　　　　　　　　　b)

图 6-7　活塞泵及其机构运动简图

1—曲柄　2—连杆　3—扇形齿轮　4—齿条活塞　5—机架

解：1）分析机构组成和运动情况，找出固定件、主动件和从动件。机构由曲柄1、连杆2、扇形齿轮3、齿条活塞4和机架5组成。构件1为主动件，绕A轴转动，构件2、3、4为从动件。当主动件1回转时，活塞在气缸中做往复直线运动。

2）确定运动副的类型和数目。根据各构件的相对运动关系可知，构件1与5、1与2、3与2、3和5分别构成转动副A、B、C、D而构件3（扇形轮齿）和构件4（齿条活塞）构成平面高副E，构件4和5则构成移动副F。

3）在合适的视图平面上选定一个恰当的主动件的位置，以便此时最能清楚地表达构件间的相互关系。因活塞泵是平面机构，故选构件运动平面为视图平面。

4）选择适当的比例尺，依照运动的传递顺序，定出各运动副的相对位置；用构件和运动副的规定符号绘制出机构运动简图，如图6-7b所示。

需要说明的是，绘制机构的运动简图时，主动件的位置选择不同，所绘制机构的运动简图也不同。

6.2 平面机构的自由度计算

机构的自由度是指机构具有确定运动时所需外界输入的独立运动的数目。机构要进行运动变换和力的传递就必须具有确定的相对运动，其运动确定的条件就是机构的主动件数目应等于机构的自由度数目。当机构的主动件数目小于机构的自由度数目时，机构的运动不确定；当机构的主动件数目大于机构的自由度数目时，机构将在强度最薄弱处发生破坏。因此，在分析现有机器或设计新机器时，必须考虑其机构是否满足机构具有确定运动的条件。

6.2.1 平面机构自由度的计算公式

如前所述，一个做平面运动的构件具有3个自由度，当构件与构件用运动副连接后，构件之间的某些运动将受到限制或约束，自由度将减少。每个低副引入2个约束，即失去2个自由度；每个高副引入1个约束，即失去1个自由度。因此，若一个平面机构中有n个活动构件，在未用运动副连接之前，应有$3n$个自由度；当用P_L个低副和P_H个高副连接成机构后，共引入（$2P_L+P_H$）个约束，即减少了（$2P_L+P_H$）个自由度。如果用F表示机构的自由度数目，则平面机构自由度的计算公式为

$$F=3n-2P_L-P_H \tag{6-1}$$

下面举例说明机构自由度的计算。

例6-2 计算图6-7所示活塞泵的自由度。

解： 该机构的活动构件数$n=4$，低副数$P_L=5$，高副数$P_H=1$，代入式（6-1）得

$$F=3n-2P_L-P_H=3\times4-2\times5-1=1$$

机构的自由度数目与主动件（曲柄1）数目是相等的，即该机构具有确定的运动。

机构的主动件的独立运动是外界给定的。所谓机构的自由度，实质上就是机构具有确定位置时所必须给定的独立运动数目。机构的自由度数目和机构主动件数目有着以下关系。

1）机构的主动件数目小于机构的自由度数目，则机构的运动不确定。如图6-8a所示，当只给主动件1位置角φ_1时，从动件2、3、4的位置不能确定。

2）机构的主动件数目大于机构的自由度数目，如图 6-8b 所示，则各构件间不能实现确定的相对运动或构件产生破坏。

3）机构的自由度数目等于零的构件组合，如图 6-8c 所示，则各构件间不可能产生相对运动，机构不能运动。

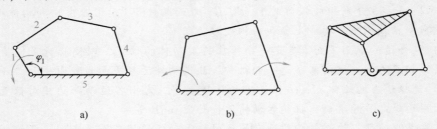

图 6-8　主动件数目与自由度数目的关系

因此，机构具有确定相对运动的条件是：机构的自由度数目应大于零，且机构的自由度数目应等于机构的主动件数目。

6.2.2　计算平面机构自由度时应注意的几个问题

1. 复合铰链

如图 6-9a 所示，有三个构件在 A 处交汇组成转动副，其实际连接情况如图 6-9b 所示，它是由构件 1 分别与构件 2、构件 3 组成的两个转动副。这种由三个或三个以上的构件在一处组成的轴线重合的多个转动副称为复合铰链。由 K 个构件用复合铰链相连接时，构成的转动副数目应为 $K-1$ 个。

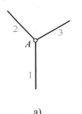

2. 局部自由度

如图 6-10a 所示，滚子 3 可以绕 B 点做相对转动，但是，该构件的转动对整个机构的运动不产生影响。这种不影响整个机构运动的局部的独立运动，称为局部自由度。计算机构自由度时，可以设想滚子 3 与杆 2 固结成一体，如图 6-10b 所示。计算机构自由度时应将局部自由度除去不计。图 6-10a 所示的局部自由度经上述处理后，则机构自由度为

图 6-9　复合铰链

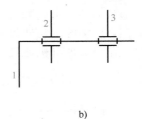

$$F = 3n - 2P_L - P_H = 3 \times 2 - 2 \times 2 - 1 = 1$$

计算结果与实际相符，机构自由度数目等于主动件数目，此时机构具有确定的运动。

3. 虚约束

在实际机构中，与其他约束重复而不起限制运动作用的约束称为虚约束。计算机构自由度时应将虚约束除去不计。

在平面机构中，虚约束常出现于以下情况。

1）两构件之间形成多个导路平行的移动副，只有一个移动副起作用，其余都是虚约

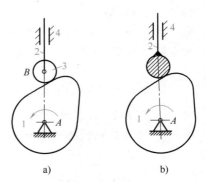

图 6-10　局部自由度

束，应去掉，如图 6-11 所示的凸轮机构。

2）两构件之间形成多个轴线重合的转动副，如图 6-12 所示，只有一个转动副起作用，其余都是虚约束，应去掉。

3）机构中对传递运动不起独立作用的对称部分，会形成虚约束。如图 6-13 所示的行星轮系，两个对称布置的行星轮 2 与 2′中只有一个起实际的约束作用，另一个为虚约束。

4）机构中，若转动副连接的两构件上运动轨迹相重合，则该连接将引入虚约束。如图 6-14a 所示的平行四边形机构，连接构件 5 上 E 点的轨迹就与机构中连杆 2 上 E 点的轨迹重合，说明构件 5 和两个转动副 E、F 引入后，并没有起到实际约束连杆 2 上 E 点轨迹的作用，效果与图 6-14b 所示的机构相同，故构件 5 为轨迹重合的虚约束，计算机构自由度时，应除去不计。

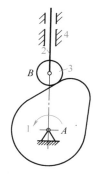

图 6-11　虚约束
（导路平行）

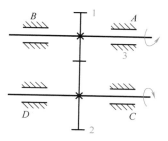

图 6-12　虚约束（轴线重合）

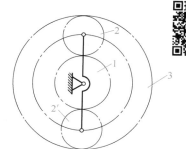

图 6-13　虚约束（对称构件）

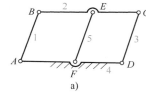 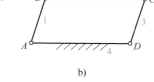

a) b)

图 6-14　虚约束（轨迹重合）

应当指出，机构中的虚约束只有在特定的几何条件下（如轴线重合、导路平行等）才能出现，否则，虚约束将成为实际约束，阻碍机构运动。虚约束虽不影响机构的运动，但却可以增加构件的刚度，改善受力情况，保证传动的可靠性等，因此在机构设计中被广泛采用。

例 6-3 计算图 6-15a 所示大筛机构的自由度。

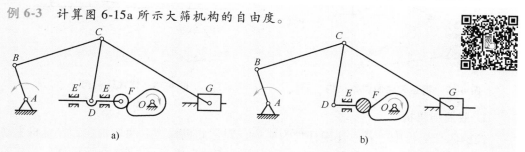

a) b)

图 6-15　大筛机构

解：机构中的滚子具有一个局部自由度，顶杆与机架在 E 和 E' 组成两个导路平行的移动副，其中之一为虚约束，C 处是复合铰链。现将滚子与顶杆焊成一体，去掉移动副 E'，如图6-15b所示，可知 $n=7$，$P_L=9$，$P_H=1$，故由式（6-1）得

$$F = 3n - 2P_L - P_H = 3 \times 7 - 2 \times 9 - 1 = 2$$

此机构的自由度等于2，有两个主动件，分别为曲柄 AB 及凸轮。

6.3 铰链四杆机构的基本形式及其演化

平面连杆机构是由若干个构件用低副（转动副或移动副）连接组成的平面机构。其优点是由于低副是面接触，故传力时压强低，磨损小，寿命长；另外，低副的接触面为平面或圆柱面，便于加工制造和保证精度。但低副中存在间隙，易引起运动误差；而且它的设计比较复杂，不易精确地实现较复杂的运动规律。

6.3.1 铰链四杆机构的基本形式

四个构件全部用转动副相连接的机构称为铰链四杆机构，它是平面四杆机构的基本形式，如图6-16所示，机构中固定不动的构件4称为机架，与机架相连接的构件1、3称为连架杆，其中能做整周回转的连架杆称为曲柄，只能做往复摆动的连架杆称为摇杆，不与机架相连接的构件2称为连杆。

铰链四杆机构中可按两连架杆是否成为曲柄或摇杆分为以下三种基本形式。

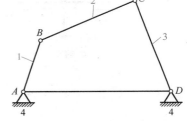

图6-16 铰链四杆机构

1. 曲柄摇杆机构

铰链四杆机构的两连架杆中，若一个为曲柄，另一个为摇杆，则称此机构为曲柄摇杆机构。当曲柄为主动件，摇杆为从动件时，可将曲柄的连续转动转变为摇杆的往复摆动，如图6-17所示的雷达天线的调整机构。

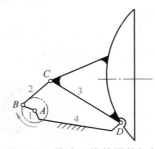

图6-17 雷达天线的调整机构

图6-18 惯性筛机构

2. 双曲柄机构

铰链四杆机构中，若两连架杆均为曲柄，则称此机构为双曲柄机构。它可将主动曲柄的等速转动变换成从动曲柄的等速或变速转动。如图6-18所示的惯性筛机构，当主动曲柄2等速转动时，从动曲柄4做变速转动，从而使筛子做变速移动，以获得筛分材料颗粒所需要

的加速度。

在双曲柄机构中，若相对两杆平行且长度相等，则该机构称为平行四边形机构。平行四边形机构两曲柄以相同的角速度同向转动，连杆做平移运动。图 6-19 所示的机车驱动联动机构就利用了其两曲柄等速同向转动的特点。图 6-20 所示的摄影平台升降机构利用了连杆做平动的特点，保证了其工作台始终与地面平行。

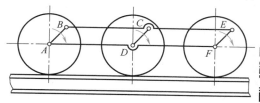

图 6-19　机车驱动联动机构

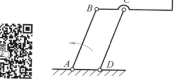

图 6-20　摄影平台升降机构

如图 6-21 所示的双曲柄机构，相对两杆的长度相等，但不平行，则该机构称为反平行四边形机构。反平行四边形机构主动曲柄做等速转动时，从动曲柄做反向变速转动。图 6-22 所示的车门启闭机构就是利用此机构两曲柄转向相反的运动特点，使两扇车门同时开启或关闭的。

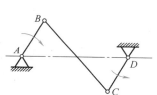

图 6-21　反平行四边形机构

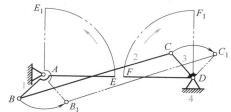

图 6-22　车门启闭机构

3. 双摇杆机构

铰链四杆机构中，若两连架杆均为摇杆，则称该机构为双摇杆机构。图 6-23 所示的港口起重机，利用两摇杆的摆动，使得悬挂在连杆 E 点上的重物能沿近似水平的直线运动；飞机起落架也是利用双摇杆机构完成飞机着陆时推出和起飞后收起着陆轮的工作。

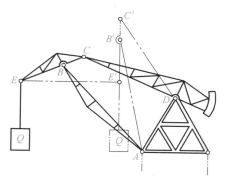

图 6-23　港口起重机

6.3.2　铰链四杆机构的演化

上面介绍了铰链四杆机构的三种基本形式。在实际工程中，常常采用多种不同外形、构造和特性的四杆机构，这些类型的四杆机构可以看成是由铰链四杆机构通过各种方法演化而来的。

1. 改变构件的长度将转动副演化成移动副

如图 6-24a 所示的曲柄摇杆机构，摇杆上 C 点的轨迹是以 D 点为中心，以 CD 为半径的圆弧。若改变构件 3 的长度，使其长度趋于无穷大时，则 C 点的轨迹变成直线，于是该铰链四杆机构演化成含有做直线移动的曲柄滑块机构。

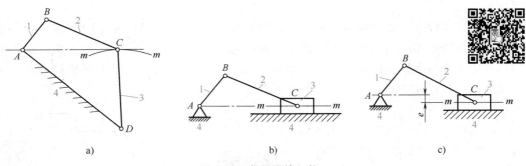

图 6-24　曲柄滑块机构

曲柄滑块机构可分为对心曲柄滑块机构（图 6-24b）和偏置曲柄滑块机构（图 6-24c）两种，其中 e 为偏心距。曲柄滑块机构广泛应用于内燃机、压力机等机器中。

同理，若改变构件 2 的长度，图 6-24b 所示的曲柄滑块机构还可以进一步演化为图 6-25c 所示的双滑块机构。

2. 选用不同构件为机架

在图 6-25a 所示的具有两个移动副的四杆机构中，构件 4 为机架，该机构称为正弦机构。这种机构在印刷机械、机床中应用广泛。如图 6-25b 所示，若取构件 1 为机架，则演化成双转块机构，十字滑块联轴器是其应用实例。如图 6-25c 所示，若取构件 3 为机架，则演化成双滑块机构，常用它制作椭圆仪。

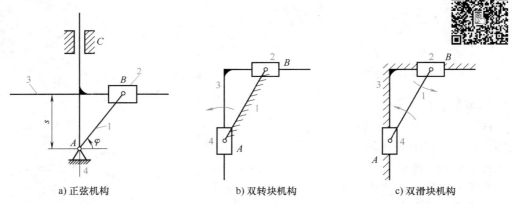

a) 正弦机构　　　　　　b) 双转块机构　　　　　　c) 双滑块机构

图 6-25　选用不同构件为机架

在图 6-26a 所示的对心曲柄滑块机构中，若改取构件 1 为机架，则得到导杆机构（图 6-26b），构件 4 称为导杆。当 $l_1<l_2$ 时，机架是最短构件，它的相邻构件 2 与 4 均能做整周回转，称为转动导杆机构；当 $l_1>l_2$ 时，机架 1 不是最短构件，它的相邻构件 4 只能往复摆动，称为摆动导杆机构。导杆机构常用于牛头刨床、插床等机械中。

在图 6-26a 所示的对心曲柄滑块中，若取构件 2 为机架，则得到摇块机构（图 6-26c）。这种机构广泛用于摆缸式内燃机和液压驱动装置等机械中。如图 6-27 所示的货车车厢的自动翻转卸料机构，卸料时，液压缸 3 中的压力油推动活塞杆运动，使车厢 1 绕 B 点翻转，当达到一定角度时，物料便自动卸下。

在图 6-26a 所示的对心曲柄滑块机构中，若取构件 3 为机架，即可得到定块机构（图

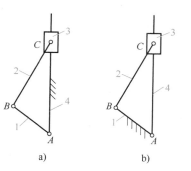
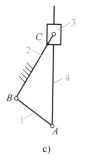
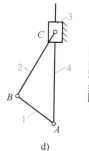

图 6-26　曲柄滑块机构的演化

6-26d）。这种机构常用于抽水唧筒（图 6-28）和抽油泵中。

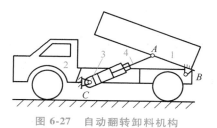

图 6-27　自动翻转卸料机构

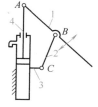

图 6-28　抽水唧筒

3. 扩大转动副半径

在图 6-29a 所示的曲柄滑块机构中，若需曲柄很短，或滑块行程较小时，通常采用扩大转动副半径的办法解决，即把销轴 B 的半径扩大，直到把销轴 A 完全包含在内，如图 6-29b 所示。因圆盘的几何中心与转动中心不重合，也称为偏心轮，几何中心 B 与转动中心 A 之间的距离 e 称为偏心距。很显然，偏心轮是通过扩大转动副 B 半径而形成的。偏心轮机构广泛应用于传力较大的剪床、压力机、颚式破碎机等机械中。

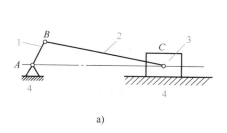
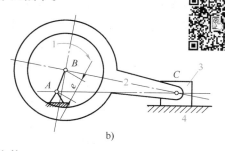

图 6-29　偏心轮

6.4　平面连杆机构曲柄存在的条件和特性

6.4.1　铰链四杆机构曲柄存在的条件

在图 6-30 所示的铰链四杆机构中，设构件 1、2、3、4 的杆长分别为 a、b、c、d，并且 $a<d$。要使 AB 杆能绕 A 点做整周回转，则 AB 杆应能处于图中任何位置，也就是说铰链 B 应

能转过 B_2 点和 B_1 点，此时杆 1 和杆 4 共线。

在 $\triangle B_2C_2D$ 中，有

$$a+d \leqslant c+b$$

在 $\triangle B_1C_1D$ 中，有

$$b \leqslant (d-a)+c \quad 或 \quad c \leqslant (d-a)+b$$

即 $a+b \leqslant c+d$ 或 $a+c \leqslant b+d$。

将上式分别相加可得

$$a \leqslant c,\ a \leqslant b,\ a \leqslant d$$

即 AB 杆为最短杆。

铰链四杆机构曲柄存在的条件：①连架杆或机架必有一杆为最短杆；②最短杆与最长杆长度之和小于或等于其他两杆长度之和。

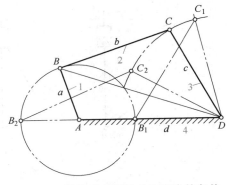

图 6-30　铰链四杆机构曲柄存在的条件

由上述可知，判别铰链四杆机构形式时应先判别机构是否满足杆长条件，若满足，则可按下述方法判别出机构的形式：①若最短杆为连架杆，则得到曲柄摇杆机构；②若最短杆为机架，则得到双曲柄机构；③若最短杆为连杆，则得到双摇杆机构。不满足杆长条件的铰链四杆机构，无论取哪个杆件为机架，都无曲柄存在，则机构只能是双摇杆机构。

6.4.2　急回运动特性

如图 6-31 所示的曲柄摇杆机构，主动件曲柄在转动一周的过程中，两次与连杆共线（即图中的 AB_1C_1、AB_2C_2），此时摇杆 CD 分别处于相应的 C_1D 和 C_2D 两个极限位置，摇杆两极限位置的夹角 ψ 称为摇杆的摆角；当摇杆处在两个极限位置时，对应的曲柄所夹的锐角 θ 称为极位夹角。

当曲柄以等角速度 ω 由位置 AB_1 顺时针转过 $\varphi_1 = 180°+\theta$ 到位置 AB_2 时，此时摇杆由左极限位置 C_1D 摆到右极限位置 C_2D，摇杆摆角 ψ 为工作行程。而当曲柄由位置 AB_2 顺时针转过 $\varphi_2 = 180°-\theta$ 到位置 AB_1 时，摇杆由 C_2D 摆回到位置

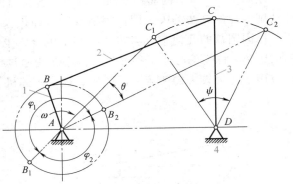

图 6-31　曲柄摇杆机构的急回运动特性

C_1D，称为空回行程，摇杆摆角仍为 ψ。摇杆往复运动的摆角虽均为 ψ，但由于曲柄的转角不等（$\varphi_1 > \varphi_2$），而曲柄是等角速回转，所以对应的时间也不等（$t_1 > t_2$），则摇杆上 C 点往返的平均速度 $v_1 < v_2$，即回程速度快，曲柄摇杆机构的这种运动特性称为急回特性。在往复工作的机械中，常利用机构的急回特性来缩短非生产时间，提高劳动生产率。

机构的急回特性可用行程速度变化系数 K 表示，即

$$K = \frac{v_2}{v_1} = \frac{\psi/t_2}{\psi/t_1} = \frac{t_1}{t_2} = \frac{180°+\theta}{180°-\theta} \tag{6-2}$$

式（6-2）表明，当曲柄摇杆机构有极位夹角 θ 时，则机构便有急回特性；而且 θ 角越大，K 值越大，急回特性也越明显。

将式（6-2）整理后，可得极位夹角的计算公式为

$$\theta = 180° \frac{K-1}{K+1} \tag{6-3}$$

设计机构时，通常根据机构的急回要求先定出 K 值，然后由式（6-3）计算极位夹角 θ。除上述曲柄摇杆机构外，偏置曲柄滑块机构、摆动导杆机构等也具有急回特性。

6.4.3 压力角与传动角

如图 6-32 所示的曲柄摇杆机构，若忽略运动副间的摩擦力、构件的重力和惯性力的影响，则主动曲柄通过连杆作用在摇杆 CD 上的力 F 将沿 BC 方向。从动摇杆上 C 点速度 v_C 的方向与 C 点所受力 F 的方向之间所夹的锐角 α，称为机构在该位置的压力角。机构位置变化，压力角 α 也随着变化。力 F 可分解为沿 v_C 方向的分力 F_t 和沿 CD 方向的分力 F_n。F_n 将使运动副产生径向压力，只能增大运动副的摩擦和磨损，而 F_t 则是推动摇杆运动的有效分力。由图 6-32 可知：$F_t = F\cos\alpha$，很明显，α 越小，则有效分力 F_t 越大，机构传力性能越好。

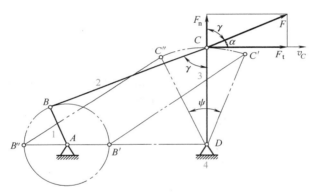

图 6-32 曲柄摇杆机构的压力角与传动角

在实际应用中，为了方便度量，也常用压力角的余角 γ 来判断机构的传力性能，γ 称为传动角，$\gamma = 90° - \alpha$。在机构运动过程中，传动角的大小是变化的。γ 越大，对机构传动越有利，所以应限制传动角的最小值，通常取 $\gamma_{min} \geqslant 40° \sim 50°$。

可以证明，对于曲柄摇杆机构，当主动曲柄与机架处于两个共线位置时，出现最小传动角（$\angle BCD$ 为锐角时，$\gamma = \angle BCD$；$\angle BCD$ 为钝角时，$\gamma = 180° - \angle BCD$）。如图 6-32 所示，比较两个位置的传动角，其中较小者即为该机构的 γ_{min}。

对于曲柄滑块机构，当主动曲柄垂直滑块导路时，出现 α_{max}（或 γ_{min}）。对于摆动导杆机构，主动曲柄通过滑块作用于从动导杆的力 F 始终垂直于导杆并与作用点的速度方向一致，传动角恒等于 $90°$，说明导杆机构具有很好的传力性能。

6.4.4 死点位置

如图 6-33 所示的曲柄摇杆机构，设以摇杆为主动件，在从动曲柄与连杆共线位置时，传动角 $\gamma = 0°$，此时主动摇杆通过连杆作用在曲柄上的力恰好通过曲柄回转中心 A，所以出现了不能使曲柄转动的"顶死"现象，该位置称为机构的死点位置。

为使机构能顺利通过死点而正常运转，必须采取相应的措施，通常在从动曲柄轴上安装飞轮，利用飞轮的惯性使机构通过死点，也可采用多组机构错位排列的办法，避开死点。

另外，在工程上有时还利用死点性质实现特定的工作要求。如图 6-34 所示的工件夹紧机构，当工件被夹紧后，BCD 成一直线，机构在工件的反力 F_n 作用下处于死点位置。这样，即使此反力很大，也可保证工件处于夹紧状态，而不松脱。

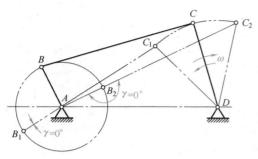

图 6-33　曲柄摇杆机构的死点位置

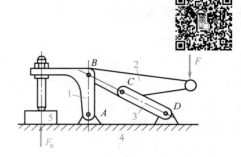

图 6-34　工件夹紧机构

6.5　平面连杆机构的设计

平面四杆机构设计的任务，主要是根据给定运动条件选择合适的机构型式，并确定机构中各构件尺寸参数。四杆机构的设计方法有图解法和解析法。图解法原理简单且直观，解析法精确。下面以图解法为主介绍其具体的应用。

6.5.1　按给定的行程速度变化系数设计四杆机构

对有急回运动特性的四杆机构，设计时应满足行程速度变化系数 K 的要求。

1. 曲柄摇杆机构

已知条件：行程速度变化系数 K，摇杆长度 l_{CD} 及其摆角 ψ。试设计四杆机构。

要想确定其他各杆的尺寸 l_{AB}、l_{BC} 和 l_{AD}，关键是要确定出曲柄的回转中心 A 的位置。其设计步骤如下。

1）根据式（6-3）按给定的行程速度变化系数 K 求出极位夹角 θ。

2）如图 6-35 所示，任选固定铰链 D 的位置，由摇杆长度 l_{CD} 及摆角 ψ 作出摇杆的两极限位置 C_1D 和 C_2D。

3）连接 C_1 和 C_2，作 C_1M 垂直于 C_1C_2；然后作 $\angle C_1C_2N = 90°-\theta$，$C_1M$ 与 C_2N 相交于 P 点，则 $\angle C_1PC_2 = \theta$。

4）作直角 $\triangle PC_1C_2$ 的外接圆，在该圆上任取一点 A（考虑运动的连续性，弧 $\overset{\frown}{C_1C_2}$ 和弧 $\overset{\frown}{EF}$ 除外）作为曲柄的回转中心。连接 AC_1、AC_2，则 $\angle C_1AC_2 = \angle C_1PC_2 = \theta$。

5）因极限位置 AC_1、AC_2 分别为曲柄与连杆共线的位置，即 $l_{AB}+l_{BC} = \overline{AC_2}$，$l_{BC}-l_{AB} = \overline{AC_1}$，则曲柄和连杆的长度分别为

$$l_{AB} = (\overline{AC_2} - \overline{AC_1})/2$$

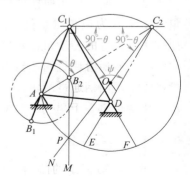

图 6-35　按 K 值设计曲柄摇杆机构

$$l_{BC} = (\overline{AC_2} + \overline{AC_1})/2$$

机架长度由图 6-35 可得 $l_{AD} = \overline{AD}$。

设计时应注意，由于 A 点是在外接圆上任选的一点，因此有无穷多解，需要给定其他辅助条件，如机架长、曲柄长或最小传动角等，才能具体确定 A 点的位置。

当给定行程速度变化系数 K 和滑块的行程 H 时，可用同样的方法设计出曲柄滑块机构。

2. 摆动导杆机构

已知条件：机架长度 l_{AC} 和行程速度变化系数 K，试设计四杆机构。

如图 6-36 所示的摆动导杆机构，由于其导杆的极位夹角 θ 与导杆的摆角 ψ 相等，因此很容易确定机构的尺寸：

$$l_{AB} = l_{AC} \sin \frac{\theta}{2}$$

6.5.2　按给定的连杆位置设计四杆机构

在生产实际中，常常根据给定连杆的两个位置或三个位置来设计四杆机构，设计时，应满足连杆给定位置的要求。如图 6-37 所示，已知连杆长度 l_{BC} 及连杆的三个给定位置 B_1C_1、B_2C_2 和 B_3C_3，试设计四杆机构。

为了求出其他三杆的长度，设计的关键是要确定出固定铰链 A 和 D 的位置。由于连杆上 B、C 两点的轨迹分别在以 A 和 D 为中心的圆弧上，所以连接 B_1 和 B_2、B_2 和 B_3、C_1 和 C_2、C_2 和 C_3，并分别作它们的垂直平分线得 b_{12}、b_{23}、c_{12}、c_{23}；则 b_{12} 与 b_{23}、c_{12} 与 c_{23} 的交点即为固定铰链 A、D 的位置。

由上述过程可知，给定连杆 BC 的三个位置时，只有一个解。如果给定连杆的两个位置，那么 A 点和 D 点可分别在 B_1B_2 和 C_1C_2 的垂直平分线上任意选择，因此有无穷多解。若给出其他辅助条件（如机架长度 l_{AD} 及其位置等）就可得出唯一解。

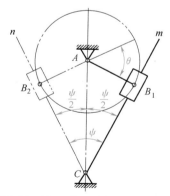

图 6-36　按 K 值设计摆动导杆机构

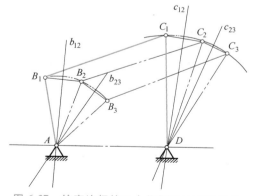

图 6-37　给定连杆的三个位置设计四杆机构

🔧 **思考与练习题**

6-1　试绘制图 6-38 所示机构的运动简图，并计算机构自由度。

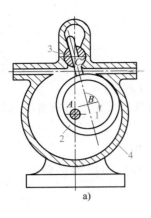

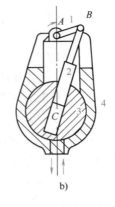

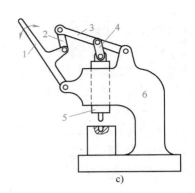

a)　　　　　　　　　　b)　　　　　　　　　　c)

图 6-38　题 6-1 图

6-2　指出图 6-39 所示机构运动简图的复合铰链、局部自由度和虚约束，并计算各机构的自由度。

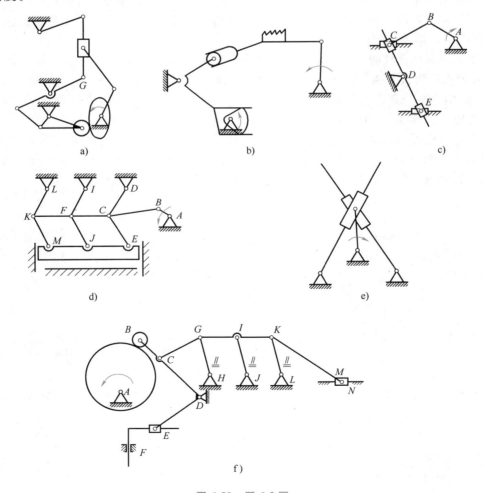

图 6-39　题 6-2 图

6-3　图 6-40 所示为一偏置曲柄滑块机构。已知 $a = 20\text{mm}$，$b = 40\text{mm}$，$e = 10\text{mm}$，用作图法确定此机构的极位夹角 θ、行程速度变化系数 K、滑块行程 H，并标出图示位置的压力角。

6-4　图 6-41 所示为脚踏轧棉机的曲柄摇杆机构。要求踏板 CD 在水平位置上下各摆 $10°$，且 $l_{CD} = 50\text{mm}$、$l_{AD} = 1000\text{mm}$。试用图解法求曲柄 AB 和连杆 BC 的长度。

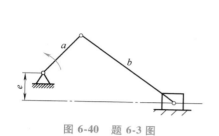

图 6-40　题 6-3 图

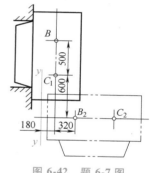

图 6-41　题 6-4 图

6-5　设计一摆动导杆机构。已知机架长度 $l_4 = 100\text{mm}$，行程速度变化系数 $K = 1.4$，求曲柄的长度。

6-6　在曲柄摇杆机构中，曲柄为主动件，转速 $n_1 = 60\text{r/min}$，且已知曲柄长 $l_{AB} = 50\text{mm}$，连杆长 $l_{BC} = 70\text{mm}$，摇杆长 $l_{CD} = 80\text{mm}$，机架长 $l_{AD} = 90\text{mm}$（工作行程平均速度<空回行程速度），试求：

1）行程速度变化系数 K。

2）摇杆一个工作行程所需的时间。

3）最小传动角 $\gamma_{\min}$。

6-7　设计一加热炉炉门的启闭机构，已知炉门上两活动铰链的中心距离为 500mm，炉门打开后，门面水平向上，设固定铰链装在 $y—y$ 线上，相关尺寸如图 6-42 所示。

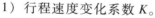

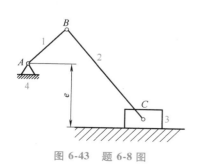

图 6-43　题 6-8 图

6-8　图 6-43 所示为偏置曲柄滑块机构，求 AB 杆为曲柄的条件。

6-9　设计一曲柄摇杆机构，已知摇杆长度 $l_{CD} = 200\text{mm}$，摆角 $\psi = 30°$，摇杆的两极限位置如图 6-44 所示，行程速度变化系数 $K = 1.2$；又已知曲柄的固定铰链中心 A 位于过 D 点的水平线上方 60mm。试用图解法确定曲柄 l_{AB} 和机架 l_{AD} 的长度，并校验其最小传动角 $\gamma_{\min}$。

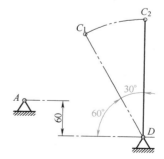

图 6-42　题 6-7 图

图 6-44　题 6-9 图

第 7 章

凸 轮 机 构

本章提要

凸轮机构是由具有曲线轮廓或凹槽的构件，通过高副接触带动从动件实现预期运动规律的传动机构。它广泛应用于各种机械，特别是自动机械、自动控制装置和装配生产线中。本章主要介绍凸轮机构的类型、从动件的常用运动规律以及用图解法设计凸轮机构的原理。

🔖 7.1 凸轮机构的应用和类型

7.1.1 凸轮机构的应用

在各种机械，特别是自动化和半自动化机械中，凸轮机构的应用非常广泛。图 7-1 所示为内燃机配气凸轮机构，主动件凸轮 1 等速回转，其轮廓推动从动件 2 做往复运动，从而使从动件 2 下的阀门按预期的输出特性启闭，同时又具有较小的惯性力。

图 7-2 所示为冷镦机自动送料机构。凸轮 1 等速转动使从动件 2 摆动，从动件 2 通过拉杆 3 使送料器 4 往复移动。凸轮每转一周，送料器推出一个毛坯到冷镦工位。

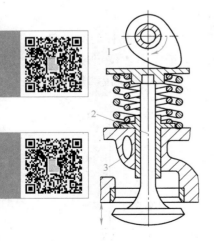

图 7-1　内燃机配气凸轮机构
1—凸轮　2—从动件　3—机架（缸体）

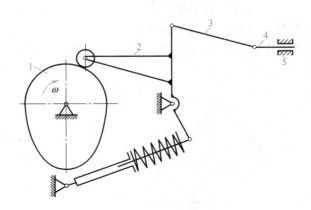

图 7-2　冷镦机自动送料机构
1—凸轮　2—从动件　3—拉杆　4—送料器　5—机架

由以上两个例子可以看出：凸轮机构由凸轮、从动件和机架三个基本构件组成。凸轮是一个具有曲线轮廓或凹槽的构件，当它运转时，通过其上的曲线轮廓与从动件的高副接触，使从动件获得预期的运动。

凸轮机构结构简单、设计方便，其最大的优点是只要适当设计出凸轮的轮廓曲线就可以使推杆或从动件得到各种预期的运动规律，而且响应快速，机构简单紧凑。凸轮机构的缺点是凸轮轮廓线与推杆之间为点、线接触，易磨损，通常用于传力不大的控制机构中。

7.1.2　凸轮机构的类型

凸轮机构的类型很多，常按凸轮的形状和从动件的形状及其运动形式的不同来分类。

1. 按凸轮的形状分类

（1）盘形凸轮　它是凸轮的最基本形式。这种凸轮是一个绕固定轴线转动并且具有变化向径的盘形零件，如图7-1和图7-2所示。

（2）移动凸轮　当盘形凸轮的回转中心趋于无穷远时，凸轮相对机架做直线运动，这种凸轮称为移动凸轮，如图7-3所示。

（3）圆柱凸轮　把移动凸轮卷成圆柱体即成为圆柱凸轮机构，如图7-4所示的自动机床进刀机构。

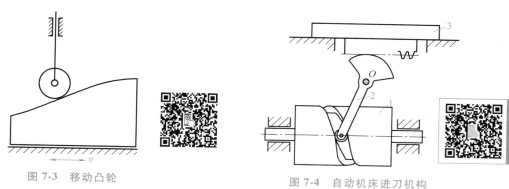

图 7-3　移动凸轮

图 7-4　自动机床进刀机构
1—凸轮　2—推杆　3—刀架

2. 按从动件的形状分类

（1）尖顶从动件　尖顶能与任意曲面形状的凸轮轮廓保持接触，因而能实现任意预期的运动规律，如图7-5a所示。但其与凸轮呈点接触，易磨损，故只适用于传递运动为主、受力不大的场合。

（2）滚子从动件　为克服尖顶从动件的缺点，在尖顶处铰接一个滚子，如图7-5b所示。其改善了从动件与凸轮轮廓之间的接触条件，耐磨损，可承受较大载荷，在工程设计中应用最为广泛。

（3）平底从动件　这种从动件的优点是凸轮与从动件平底的接触面间易形成油膜，润滑较好，如图7-5c所示，常用于高速传动中。

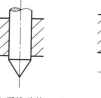

a）尖顶从动件　　b）滚子从动件　　c）平底从动件

图 7-5　从动件的形状

按运动形式不同，以上三种从动件还可以分为直动从动件和摆动从动件。

7.2 从动件的常用运动规律

设计凸轮机构时，首先要根据从动件的工作要求确定其运动规律，再根据这一运动规律设计凸轮的轮廓曲线。图 7-6a 所示为一对心尖顶直动从动件盘形凸轮机构，图 7-6b 所示为从动件的位移线图。以凸轮轮廓的最小向径 r_0 为半径所作的圆称为凸轮的基圆。图示位置为从动件开始上升的最低位置。当凸轮以等角速度 ω 转过 AB 段曲线时，从动件由最低位置 A 被推到最高位置 B'，从动件的这一运动过程称为推程，这时其走过的距离 h 称为从动件的升程，相应的凸轮转角 Φ_0 称为推程运动角；当凸轮转过 BC 段圆弧时，从动件停留在最高位置 B' 处不动，这一静止过程称为远休止，相应的凸轮转角 Φ_s 称为远休止运动角；然后凸轮继续转过 CD 段曲线，从动件由最高位置 B' 回到最低位置，从动件的

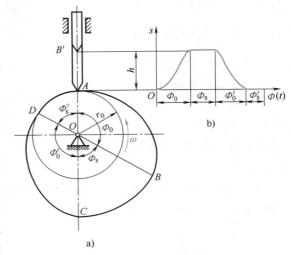

图 7-6　凸轮轮廓与从动件位移线图

这一运动过程为回程，相应的凸轮转角 Φ_0' 为回程运动角；同样当凸轮转过 DA 段圆弧时，从动件停留在最低位置 A 而静止不动，这一静止过程称为近休止，相应的凸轮转角 Φ_s' 称为近休止运动角。

从动件的运动规律是指其运动参数（位移、速度、加速度）随时间的变化规律。因通常凸轮等角速度转动，故从动件的运动规律常表示为从动件的运动参数随凸轮转角的变化规律，即 s-Φ 线图。

下面介绍几种从动件常用的运动规律。

1. 等速运动规律

从动件在推程或回程运动时，保持速度不变。

推程阶段的运动方程式为

$$\begin{cases} s = \dfrac{h}{\Phi_0}\Phi \\[2mm] v = \dfrac{h}{\Phi_0}\omega_1 \\[2mm] a = 0 \end{cases} \tag{7-1}$$

从动件的运动规律如图 7-7 所示。

回程阶段的运动方程式为

$$\begin{cases} s = h\left(1 - \dfrac{\varPhi - \varPhi_0 - \varPhi_s}{\varPhi_0'}\right) \\ v = -\dfrac{h}{\varPhi_0'}\omega_1 \\ a = 0 \end{cases} \qquad (7\text{-}2)$$

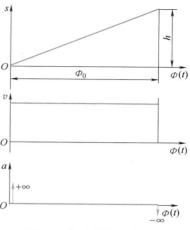

图 7-7 从动件的运动规律

由图 7-7 所示的运动规律可见，位移曲线是斜直线，速度曲线是水平直线。在从动件推程开始和终止的瞬时，从动件的速度有突变，加速度 $a \to \pm\infty$，所产生的惯性力理论上均为无穷大（材料有弹性变形，实际上加速度和惯性力不至于达到无穷大），导致机构产生强烈的冲击。这种惯性力所引起的冲击称为刚性冲击。所以，这种运动规律常用于低速、从动件质量不大或从动件要求做等速运动的凸轮机构中。

2. 等加速等减速运动规律

从动件在一个行程中，前半程做等加速运动，后半程做等减速运动，加速度大小相等但方向相反。此时，从动件在等加速和等减速两个运动阶段的位移也相等，各为 $h/2$。

其推程的前半程等加速运动方程式为

$$\begin{cases} s = \dfrac{2h}{\varPhi_0^2}\varPhi^2 \\ v = \dfrac{4h\omega_1}{\varPhi_0^2}\varPhi \\ a = \dfrac{4h}{\varPhi_0^2}\omega_1^2 \end{cases} \qquad (7\text{-}3)$$

在相应推程的后半段等减速运动方程为

$$\begin{cases} s = h - \dfrac{2h}{\varPhi_0^2}(\varPhi_0 - \varPhi)^2 \\ v = \dfrac{4h\omega_1}{\varPhi_0^2}(\varPhi_0 - \varPhi) \\ a = -\dfrac{4h}{\varPhi_0^2}\omega_1^2 \end{cases} \qquad (7\text{-}4)$$

等加速等减速运动规律如图 7-8 所示。这种运动规律加速度曲线是水平线，速度曲线是斜直线，位移曲线是抛物线，故又称抛物线运动规律。由图 7-8 可见，速度曲线连续，不会出现刚性冲击，但在运动的起点、中点和终点处，加速度存在有限值的突变，会引起惯性力的相应变化，这种有限加速度变化导致的冲击称为柔性冲击。因此，该运动规律只适合于中速运动场合。

3. 简谐运动规律

当从动件按简谐运动规律运动时，其加速度曲线为余弦曲线，故又称余弦加速度运动规律。

推程阶段的运动方程式为

$$\begin{cases} s = \dfrac{h}{2}\left[1 - \cos\left(\dfrac{\pi}{\Phi_0}\Phi\right)\right] \\[3mm] v = \dfrac{\pi h \omega_1}{2\Phi_0}\sin\left(\dfrac{\pi}{\Phi_0}\Phi\right) \\[3mm] a = \dfrac{\pi^2 h \omega_1^2}{2\Phi_0^2}\cos\left(\dfrac{\pi}{\Phi_0}\Phi\right) \end{cases} \tag{7-5}$$

回程阶段的运动方程式为

$$\begin{cases} s = \dfrac{h}{2}\left[1 + \cos\dfrac{\pi}{\Phi_0'}\left[\Phi - \Phi_0 - \Phi_s\right]\right] \\[3mm] v = -\dfrac{\pi h \omega_1}{2\Phi_0'}\sin\dfrac{\pi}{\Phi_0'}\left[\Phi - \Phi_0 - \Phi_s\right] \\[3mm] a = -\dfrac{\pi^2 h \omega_1^2}{2\Phi_0'^2}\cos\dfrac{\pi}{\Phi_0'}\left[\Phi - \Phi_0 - \Phi_s\right] \end{cases} \tag{7-6}$$

简谐运动规律如图 7-9 所示。由于加速度在全过程范围内光滑连续，在开始、终止两处具有有限的突变，因此也会引起柔性冲击，故不适合于高速机构。

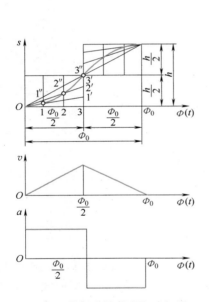

图 7-8　等加速等减速运动规律

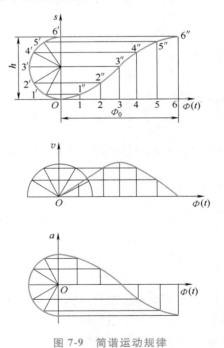

图 7-9　简谐运动规律

4. 摆线运动规律

当从动件按摆线运动规律运动时，其加速度曲线为正弦曲线，故又称正弦加速度运动规律。

推程阶段的运动方程式为

$$\begin{cases} s = h\left[\dfrac{\varPhi}{\varPhi_0} - \dfrac{1}{2\pi}\sin\left(\dfrac{2\pi}{\varPhi_0}\varPhi\right)\right] \\[2mm] v = \dfrac{h\omega_1}{\varPhi_{0'}}\left[1 - \cos\left(\dfrac{2\pi}{\varPhi_0}\varPhi\right)\right] \\[2mm] a = \dfrac{2\pi h}{\varPhi_0^2}\omega_1^2\sin\left(\dfrac{2\pi}{\varPhi_0}\varPhi\right) \end{cases} \tag{7-7}$$

回程阶段的运动方程式为

$$\begin{cases} s = h\left[1 - \dfrac{T}{\varPhi_0'} + \dfrac{1}{2\pi}\sin\left(\dfrac{2\pi}{\varPhi_0'}T\right)\right] \\[2mm] v = -\dfrac{h\omega_1}{\varPhi_0'}\left[1 - \cos\left(\dfrac{2\pi}{\varPhi_0'}T\right)\right] \\[2mm] a = -\dfrac{2\pi h}{\varPhi_0'^2}\omega_1^2\sin\left(\dfrac{2\pi}{\varPhi_0'}T\right) \end{cases} \tag{7-8}$$

式中，$T = \varPhi - \varPhi_0 - \varPhi_s$。

摆线运动规律如图 7-10 所示。由图 7-10 可知，从动件在行程的始点和终点处加速度皆为零，且加速度曲线无突变，在运动中既无刚性冲击，又无柔性冲击，所以噪声、振动、磨损比较小，适合于高速的凸轮机构。

为了使加速度始终保持连续变化，工程上还应用高次多项式或几种曲线组合的运动规律。在工程实际中，选择从动件的运动规律时，除考虑刚性冲击和柔性冲击

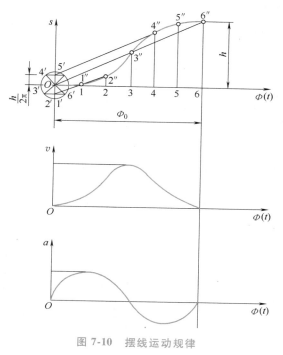

图 7-10 摆线运动规律

外，还应使最大速度 $v_{\max}$ 和最大加速度 $a_{\max}$ 的值尽可能的小。

7.3 凸轮机构的压力角

如第 6 章所述，压力角是指作用在从动件上的驱动力与该力作用点绝对速度之间所夹的锐角。在不计摩擦时，对于高副机构，压力角是指凸轮对从动件作用力的方向线与从动件速度方向之间所夹的锐角，它是衡量凸轮机构传力特性的一个重要参数。设计凸轮机构时，除了要求从动件能实现预期的运动规律外，还希望机构有较好的受力情况和较小的尺寸，为此，需要讨论压力角对机构的受力情况及尺寸的影响。

7.3.1 凸轮机构的压力角及其许用值

图 7-11 所示为一偏置尖顶直动从动件盘形凸轮机构，不计凸轮与从动件之间的摩擦时，凸轮给从动件的作用力 F 是沿法线 n—n 方向的，从动件运动方向与力 F 之间的锐角 α 即是其压力角。压力角随凸轮轮廓线上不同的点而变化，是影响凸轮机构受力情况的重要参数之

一。由图 7-11 可见，法向作用力 F 可分解为沿从动件运动方向的分力 F_y 和垂直运动方向的分力 F_x。F_y 推动从动件运动，是有效分力，F_x 导致导路对从动件的运动产生摩擦阻力 F_f，其大小分别为 $F_y = F\cos\alpha$ 和 $F_x = F\sin\alpha$。

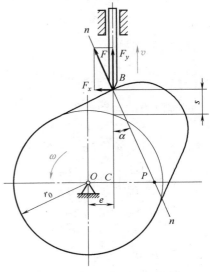

图 7-11　凸轮机构的压力角

当 F 一定时，α 越小，有效分力 F_y 越大，机构传力性能越好；反之，α 越大，由 F_x 产生的从动件导路中的摩擦阻力 F_f 越大，有效分力 F_y 越小。当 α 增加到一定值时，有可能出现推动从动件运动的有效分力 F_y 等于或小于摩擦阻力 F_f，此时，不论 F 有多大，都无法推动从动件运动，导致机构发生自锁现象。另外，实践证明，即使机构尚未发生自锁，也会导致驱动力急剧增大，接触处轮廓严重磨损，效率迅速下降。因此，为保证凸轮机构的传力性能，必须控制压力角 α 不能大于许用压力角 $[\alpha]$，即满足最大压力角 $\alpha_{max} \le [\alpha]$。通常，对于直动从动件凸轮机构，建议取 $[\alpha] = 30 \sim 40°$；对于摆动从动件凸轮机构，建议取 $[\alpha] = 40° \sim 50°$。常见的依靠外力使从动件与凸轮维持高副接触的凸轮机构，其从动件是在弹簧或重力作用下返回的，回程不会出现自锁，因此，对于这类凸轮机构，通常只需校核推程压力角。

7.3.2　凸轮机构的压力角与其尺寸的关系

设计凸轮机构时，从机构受力情况来考虑，压力角越小对传动越有利，而凸轮机构的压力角与凸轮基圆半径有直接关系。

图 7-11 所示为偏置尖顶直动从动件盘形凸轮机构推程的一个任意位置。过凸轮与从动件的接触点 B 作公法线 $n—n$ 与过轴心 O 且垂直于从动件导路的直线相交于点 P，点 P 就是凸轮和从动件的相对速度瞬心。因此，可得到直动从动件盘形凸轮机构的压力角计算公式为

$$\tan\alpha = \frac{\dfrac{\mathrm{d}s}{\mathrm{d}\varPhi} - e}{s + \sqrt{r_0^2 - e^2}} \tag{7-9}$$

式中　s——从动件对应于凸轮转角 $\varPhi$ 的位移。

由式（7-9）可知，在从动件运动规律确定后，凸轮基圆半径 r_0 越小，压力角 α 越大。欲使机构的尺寸紧凑，应使凸轮的基圆半径尽可能小，但基圆半径减小会导致机构的压力角增大，可能超过许用值，从而使机构效率太低，甚至发生自锁。所以，设计时在满足 $\alpha_{max} \le [\alpha]$ 的前提条件下，考虑选择小的基圆半径 r_0。

在式（7-9）中，e 为从动件导路偏离凸轮回转中心的距离，称为偏距。为了改善其传力性能或减小凸轮尺寸，对于直动从动件盘形凸轮机构常采用偏置式凸轮机构。为了达到上述目的，其偏置必须根据凸轮转向的不同而确定，即应使偏置与推程时的相对速度瞬心 P 位于凸轮轴心 O 的同一侧。凸轮顺时针转动时，从动件导路应偏置于凸轮轴心的左侧；凸轮逆时针转动时，从动件导路应偏置于凸轮轴心的右侧。

7.4 图解法设计凸轮轮廓曲线

当根据工作要求和结构条件，合理地选择了从动件的运动规律、凸轮的基本尺寸、凸轮的转向后，就可以进行凸轮轮廓的设计了。凸轮轮廓的设计方法有图解法和解析法，但基本原理都是相同的，本书主要介绍图解法。

7.4.1 凸轮轮廓设计的基本原理

图解法是建立在"反转法"的基础上的。下面以对心尖顶直动从动件盘形凸轮机构为例来说明反转法的原理。如图 7-12 所示，凸轮以等角速度 ω 绕轴 O 转动时，推动从动件按预定的运动规律运动。假设给整个凸轮机构在运动的同时再以一个公共角速度（$-\omega$）一起绕 O 点转动，根据相对运动原理，此时凸轮静止不动，而从动件则一方面在导路中做相对滑动，同时随导路一起以角速度（$-\omega$）转动。由于从动件尖顶在运动过程中始终与凸轮轮廓保持接触，因此从动件尖顶的复合运动轨迹即为凸轮的轮廓曲线。这种方法即所谓的反转法，它适用于各种凸轮轮廓曲线的设计。

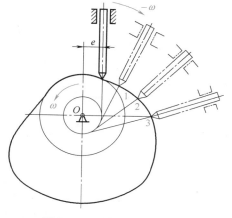

图 7-12　反转法的基本原理

7.4.2 用图解法设计凸轮轮廓线

1. 偏置尖顶直动从动件盘形凸轮机构

图 7-13a 所示为偏置尖顶直动从动件盘形凸轮机构。已知从动件位移线图如图 7-13b 所示，凸轮的基圆半径为 r_0，偏心距为 e，凸轮以等角速度 ω 沿顺时针方向转动，试设计此凸轮轮廓。

根据反转法原理设计凸轮轮廓线，作图步骤如下。

1）将位移曲线的推程运动角和回程运动角分别分成若干等份。得到各个等分点的位移 $11'$、$22'\cdots$。

2）选取与位移线图相同的比例尺，以 O 为圆心，以 r_0 为半径作凸轮的基圆，以 e 为半径作偏心距圆，与从动件导路切于 k 点，并选定推杆的偏置方向画出推杆的导路位置线，它与基圆的交点 C_0（B_0）是推杆尖顶的初始（最低）位置。

3）在基圆上，自 OC_0 开始，沿 $-\omega$ 方向量取推程运动角 $\Phi_0 = 180°$、远休止角 $\Phi_s = 30°$、回程运动角 $\Phi_0' = 90°$、近休止角 $\Phi_s' = 60°$，并将推程运动角和回程运动角分成与位移线图相应的等份，得到基圆上的各个等分点 C_1、C_2、C_3 和 C_6、C_7、C_8 各点。

4）过 C_1、C_2、C_3……作偏心距圆的切线（当 $e = 0$ 时，直接将各个等分点与基圆圆心 O 相连），这些切线（或连线）即是推杆在反转过程中的导路位置线。

5）在偏心距圆的切线（$e = 0$ 时为连线）上，从基圆起向外截取线段，使其分别等于位移曲线中相应的等分点位移，即 $C_1B_1 = 11'$、$C_2B_2 = 22'$、$C_3B_3 = 33'$……，得反转后尖顶的一系列位置点 B_1、B_2、B_3……。

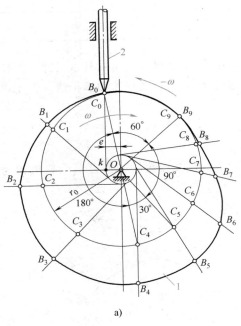

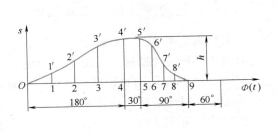

a)

b)

图 7-13　偏置尖顶直动从动件盘形凸轮机构及其从动件位移线图

6）将点 B_0、B_1、B_2、B_3……连成光滑的曲线，即得所求的凸轮在推程部分的轮廓曲线。

2. 滚子直动从动件盘形凸轮机构

1）如图 7-14 所示，将滚子中心 A 作为尖顶推杆的尖顶，按照上述方法作出反转过程中滚子中心 A 的运动轨迹，称它为凸轮的理论廓线 β。

2）在理论廓线上取一系列的点为圆心，以滚子半径 r_K 为半径作一系列圆，再作这些圆的内包络线，它就是使用滚子从动件时凸轮的实际廓线 β'。

实际廓线 β' 和理论廓线 β 是法向等距曲线，其法向距离为滚子半径；在滚子直动从动盘形凸轮机构的设计中，其基圆半径 r_0 和压力角 α 是对理论廓线而言的。

需要指出，滚子半径的大小对凸轮实际廓线有很大的影响，应注意凸轮理论廓线 β 的曲率半径 ρ 和滚子半径 r_K 的关系，如图 7-15 所示。当凸轮理论廓线 β 为内凹曲线时，如图 7-15a 所示，其实际轮廓曲线的曲率半径 ρ' 为 ρ 与 r_K 之和，即 $\rho' = \rho + r_K$，故 r_K 的大小不受 ρ 的限制。当凸轮理论廓线 β 为外凸曲线时，$\rho' = \rho - r_K$，若凸轮理论轮廓的外凸部分的

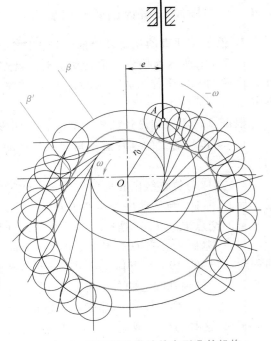

图 7-14　滚子直动从动件盘形凸轮机构

最小曲率半径为 ρ_{min}，可有下列三种情况：

① 若 $r_K < \rho_{min}$、$\rho' > 0$，则所得的凸轮实际轮廓为平滑的正常曲线，如图 7-15b 所示。

② 若 $r_K = \rho_{min}$、$\rho' = 0$，则凸轮实际轮廓上出现了尖点，尖点处极易磨损，磨损后，就改变了凸轮轮廓形状，即改变了从动件原定的运动规律，如图 7-15c 所示。

③ 若 $r_K > \rho_{min}$、$\rho' < 0$，则凸轮的实际轮廓已相交，如图 7-15d 所示，交点以外的轮廓曲线在加工时将被切去，导致从动件不能按预定的运动规律运动，产生失真现象。为了使凸轮轮廓线在任意位置不变尖，并且不自交，滚子半径必须小于理论廓线外凸部分的最小曲率半径。可采取的办法有减小滚子半径或增大凸轮的基圆半径。

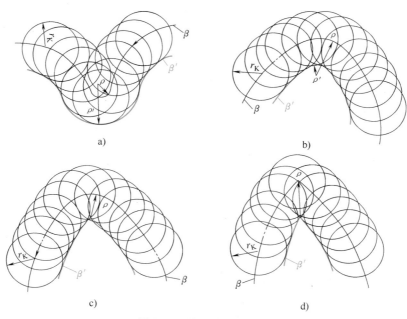

图 7-15 滚子半径的选择

3. 平底直动从动件盘形凸轮机构

从动件的端部是平底，如图 7-16 所示。该机构的设计方法与前面凸轮机构轮廓线的设计类似。具体设计步骤如下。

1）将平底与导路中线的交点 A 作为尖顶从动件的尖顶，按照尖顶直动从动件盘形凸轮的设计方法，求出尖顶反转过程中的一系列位置 1′、2′……。

2）过 1′、2′……各点，作出各点处代表平底的直线，这一直线族就是从动件在反转过程中平底依次占据的位置。

3）作该直线族的包络线，即可得到凸轮的实际轮廓线。

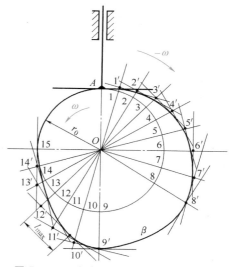

图 7-16 平底直动从动件盘形凸轮机构

思考与练习题

7-1 某偏置直动滚子从动件盘形凸轮机构。已知凸轮沿逆时针方向等速转动，凸轮基圆半径为 45mm，偏心距为 12mm，从动件的行程为 35mm，滚子半径为 10mm，$\Phi_0 = 140°$，$\Phi_s = 40°$，$\Phi'_0 = 130°$，$\Phi'_s = 50°$，从动件在推程等加速等减速运动，回程采用简谐运动规律，试选定推杆的偏置方向，并设计凸轮的轮廓线。

7-2 根据图 7-17 所示从动件偏置的位置，试确定凸轮的合理转向，并说明理由。

7-3 试标出图 7-18 所示各个凸轮机构的压力角。

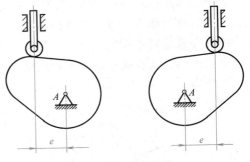

图 7-17 题 7-2 图

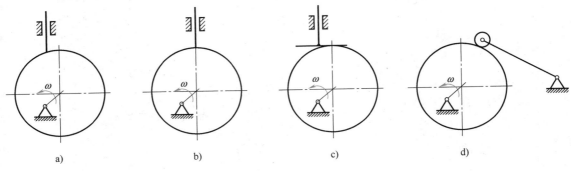

图 7-18 题 7-3 图

7-4 图 7-19 所示三个凸轮机构，已知 $R = 40mm$，$a = 20mm$，$e = 15mm$，$r_K = 20mm$。试用图解法（反转法）求出从动件的位移曲线图 s-Φ，并分别比较（用同样的比例尺和等分数画在同一坐标系上，都以从动件最低位置为起始点）。

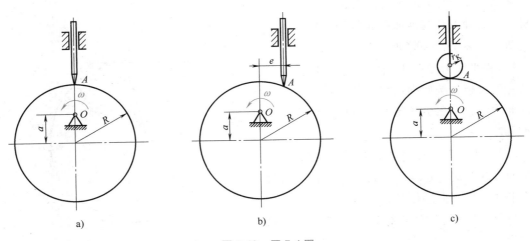

图 7-19 题 7-4 图

7-5 图 7-20 所示凸轮机构中凸轮以等角速度绕 A 点转动，凸轮的实际廓线为一圆，圆心在 O 点。

1）在图中标注该凸轮机构的合理转向。

2）标出 B 点的压力角 α。

3）画出凸轮机构的基圆和理论廓线。

4）画出从动件的行程 h。

5）在图中标出从升程到图示位置从动件的位移 s，相对应的凸轮转角。

7-6 图 7-21 所示为一偏置直动从动件盘形凸轮机构，已知 AB 段为凸轮的推程轮廓，试在图上标注推程运动角 Φ_0。

7-7 图 7-22 所示为一偏置直动从动件盘形凸轮机构，已知凸轮是一个以 C 为圆心的圆盘，试求轮廓上 D 点与尖顶接触时的压力角，作图表示。

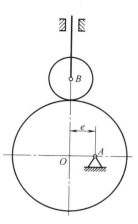

图 7-20 题 7-5 图

7-8 在图 7-23 所示的偏置直动滚子从动件盘形凸轮机构中，凸轮为一偏心圆盘，其半径 $R = 40mm$，由凸轮转动中心 O 到圆盘几何中心 A 的距离 $OA = 25mm$，滚子半径 $r_K = 10mm$，从动件导路方向线与凸轮转动中心 O 的偏置距离 $e = 10mm$。凸轮逆时针转动，试用图解法求解：

1）凸轮的理论廓线。

2）凸轮的基圆。

3）凸轮转过角度 $\Phi = 90°$ 时，从动件位移量 s_2 及该位置所对应的压力角 α。

4）从动件的最大升程 h。

5）若改变滚子半径，从动件的运动规律有无变化？为什么？

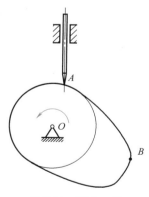

图 7-21 题 7-6 图

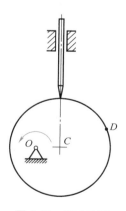

图 7-22 题 7-7 图

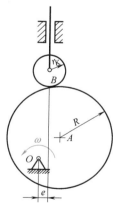

图 7-23 题 7-8 图

第8章

带传动与链传动

本章提要

带传动和链传动都是通过中间挠性件（带或链）传递运动和动力的，适用于两轴中心距较大的场合，具有结构简单、成本低廉的特点。

本章主要介绍 V 带传动的类型、特点、工作原理及其传动设计，同时对链传动的类型、特点及应用做简单介绍。

8.1 带传动的类型和特点

带传动简图如图 8-1 所示，带传动通常由主动轮 1、从动轮 2 和张紧在两轮上的环形带 3 所组成。安装时带被张紧在带轮上，所以带在静止时已受到预拉力，在带与带轮的接触面间产生正压力。当主动轮转动时，依靠带与带轮接触面间的摩擦力拖动从动轮一起回转，从而传递运动和动力。

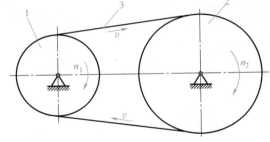

8.1.1 带传动的类型

图 8-1 带传动简图

1—主动轮 2—从动轮 3—环形带

根据工作原理的不同，带传动分为摩擦型带传动和啮合型带传动。摩擦型传动带，按横截面形状不同可分为平带、V 带和特殊截面带（如多楔带、圆带）。带传动的类型见表 8-1。

带传动适用于中心距较大的传动；带具有良好的弹性，可缓冲、吸振，传动平稳，噪声小；过载时带与带轮间会出现打滑，可防止其他零件损坏，具有过载保护作用；带传动结构简单、成本低廉。但带传动外廓尺寸较大；需要张紧装置，对轴的压力较大；由于带的滑动，不能保证传动比固定不变；带的寿命短；传动效率较低。

通常，带传动用于中小功率电动机与工作机械之间的动力传递。常用的普通 V 带速度 $v = 5 \sim 25\text{m/s}$，传动功率 $P \leqslant 1000\text{kW}$，传动比 $i \leqslant 10$，传动效率 $\eta = 0.90 \sim 0.97$。

表 8-1 带传动的类型

类型		简图	特点	应用
摩擦型带传动	平带传动	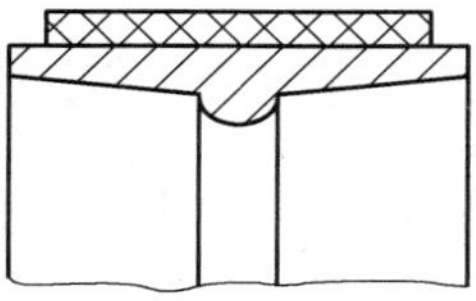	横截面为扁平矩形,其工作面是与轮面相接触的内表面。平带传动结构最简单,带轮也容易制造	在传动中心距较大的情况下应用较多
	V带传动	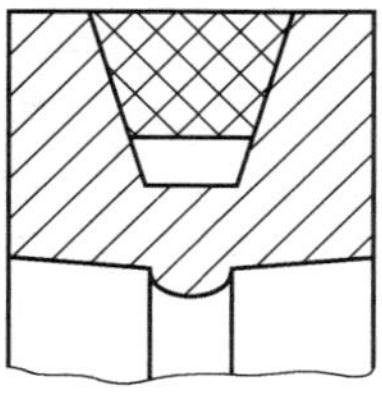	横截面为等腰梯形,其工作面是与轮槽相接触的两侧面,V带与轮槽槽底不接触。由于轮槽的楔形效应,在同样张紧力下,V带传动较平带传动能产生更大的摩擦力。V带传动允许较大的传动比,结构紧凑,已标准化	目前V带传动应用最广
	多楔带传动	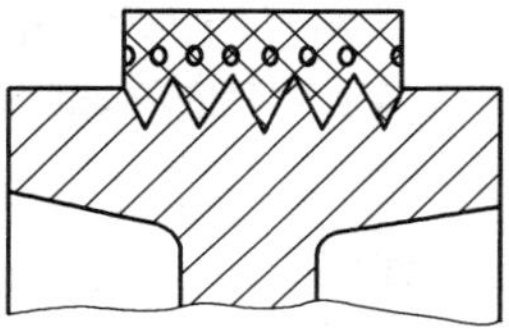	以其扁平部分为基体,下面有几条等距纵向槽,其工作面是带楔的侧面。多楔带兼有平带的弯曲应力小和V带的摩擦力大等优点	常用于传递功率较大而结构要求紧凑的场合
	圆带传动	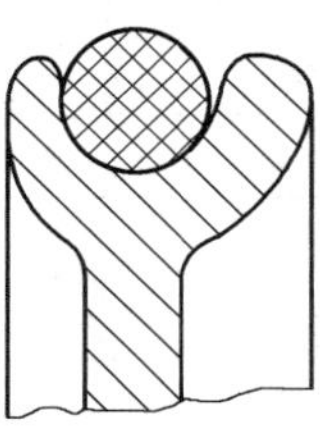	牵引能力小	用于轻、小型机械
啮合型带传动	同步带传动	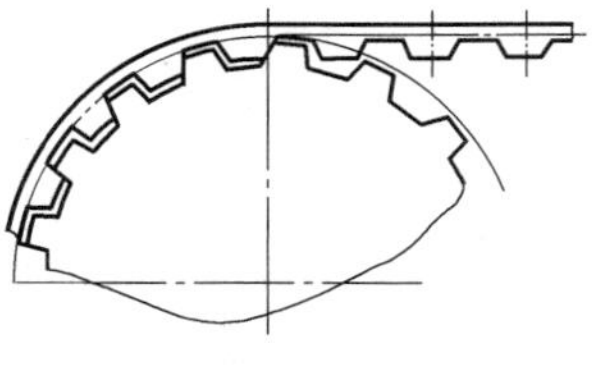	工作面有齿,带轮的轮缘表面也制有相应的齿槽,依靠带与带轮之间的啮合来传递运动和动力,无滑动,能保证恒定的传动比,预紧力小,其强度大,伸长率小	用于要求传动比准确的中、小功率传动中

8.1.2 V带的类型与结构

V带有普通V带、窄V带和宽V带等类型。其中普通V带应用最广,近年来窄V带也逐渐得到应用。

普通V带结构由顶胶1、抗拉体2、底胶3和包布4组成,如图8-2所示。根据抗拉体的结构不同,普通V带分为帘布芯V带(图8-2a)和绳芯V带(图8-2b)。帘布芯V带制造方便;绳芯V带柔韧性较好,适用于转速较高、带轮直径较小的场合。

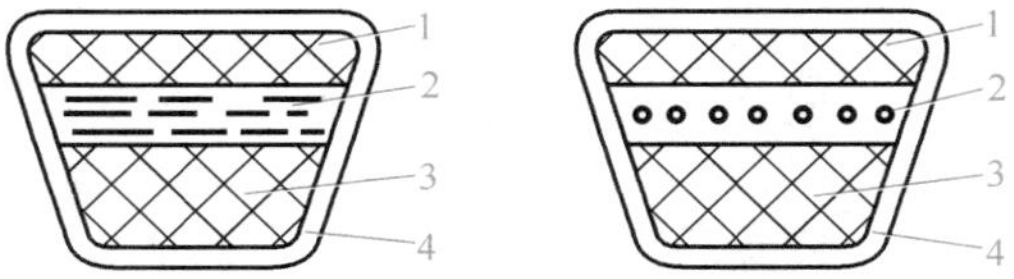

a)帘布芯V带   b)绳芯V带

图 8-2 普通 V带

1—顶胶 2—抗拉体 3—底胶 4—包布

普通 V 带已标准化，根据截面尺寸的不同，普通 V 带分为 Y、Z、A、B、C、D、E 七种型号，各型号的截面尺寸见表 8-2。

表 8-2　普通 V 带的截面尺寸

型号		Y	Z	A	B	C	D	E
顶宽 b/mm		6	10	13	17	22	32	38
节宽 b_p/mm		5.3	8.5	11	14	19	27	32
高度 h/mm		4	6	8	11	14	19	23
楔角 α/(°)		40						
每米带的质量 q/(kg/m)		0.04	0.06	0.105	0.17	0.30	0.63	0.97

V 带受到垂直于其底面的弯曲时，带剖面内长度不变的周线称为节线，由全部节线构成的面称为带的节面，带的节面宽度称为节宽 b_p。V 带轮与配用 V 带节宽相对应的带轮直径称为基准直径。V 带在规定的张紧力下，其截面上与"测量带轮"轮槽基准宽度相重合的宽度处 V 带的周线长度称为基准长度，用 L_d 表示。普通 V 带的基准长度 L_d 系列及带长修正系数 K_L 见表 8-3。

表 8-3　普通 V 带的基准长度 L_d 系列及带长修正系数 K_L

基准长度 L_d/mm	带长修正系数 K_L						
	Y	Z	A	B	C	D	E
1000		1.06	0.89	0.84			
1120		1.08	0.91	0.86			
1250		1.10	0.93	0.88			
1400		1.14	0.96	0.90			
1600		1.16	0.99	0.92	0.83		
1800		1.18	1.01	0.95	0.86		
2000			1.03	0.98	0.88		
2240			1.06	1.00	0.91		
2500			1.09	1.03	0.93		
2800			1.11	1.05	0.95	0.83	
3150			1.13	1.07	0.97	0.86	
3550			1.17	1.09	0.99	0.89	
4000			1.19	1.13	1.02	0.91	

8.1.3　带传动的几何关系

带传动的主要几何参数有：中心距 a，带长 L，带轮直径 d_1、d_2，小轮包角 α_1。如图 8-3 所示，当带处于规定的张紧力时，两带轮轴线间的距离称为中心距 a。带与带轮接触弧所对的中心角称为包角 α；相同条件下，包角越大，带的摩擦力和能传递的功率也越大，它是带传动的一个重要参数。小轮的包角计算公式为

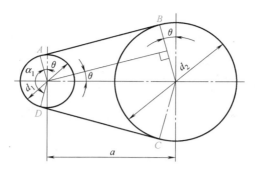

图 8-3 带传动的几何关系

$$\alpha_1 = 180° - \frac{d_2 - d_1}{a} \times 57.3° \qquad (8-1)$$

设计时，为保证传动时有较大的工作能力，要求带传动的 $\alpha_1 \geqslant 120°$。

8.2 带传动的工作情况分析

8.2.1 带传动的受力分析

工作前，带必须以一定的张紧力 F_0 张紧在两带轮上。静止时，带两边的拉力都等于张紧力 F_0，如图 8-4a 所示。

工作时，设主动轮以转速 n_1 顺时针方向转动，由于带与轮面间摩擦力的作用，带两边的拉力就不再相等，即将绕进主动轮的一边，拉力由 F_0 增到 F_1，称为紧边；而另一边带的拉力由 F_0 减为 F_2，称为松边，如图 8-4b 所示。

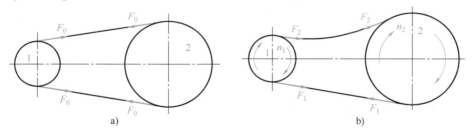

图 8-4 带传动的受力分析

紧边与松边的拉力之差称为带传动的有效拉力，也就是带所传递的圆周力 F，即

$$F = F_1 - F_2 \qquad (8-2)$$

传动中，带的有效拉力并不是作用于某固定点的集中力，而是带和带轮接触面上各点摩擦力的总和。设环形带的总长度不变，则紧边拉力的增加量应等于松边拉力的减少量，即

$$\begin{cases} F_1 - F_0 = F_0 - F_2 \\ F_1 + F_2 = 2F_0 \end{cases} \qquad (8-3)$$

设带传动的速度为 v（m/s），则圆周力 F（N）、带速 v（m/s）和传递功率 P（kW）之间的关系为

$$P = \frac{Fv}{1000} \tag{8-4}$$

当带速 v 不变时，传递功率 P 取决于圆周力 F。若带所传递的圆周力超过带与轮面间的极限摩擦力总和时，带与带轮将发生显著的相对滑动，这种现象称为打滑。打滑使带的磨损加剧、传动效率降低，使传动失效。

带传动中，当带即将打滑而尚未打滑时，摩擦力达到最大值，即带传动的有效拉力达到最大值，这时可得紧边和松边的拉力比为

$$\frac{F_1}{F_2} = e^{f\alpha} \tag{8-5}$$

式中　f——带与带轮面间的摩擦系数；

　　　α——带轮的包角，单位为 rad；

　　　e——自然对数的底，$e \approx 2.718$。

联解式（8-2）和式（8-5）可得

$$\begin{cases} F_1 = F \dfrac{e^{f\alpha}}{e^{f\alpha}-1} \\[2mm] F_2 = F \dfrac{1}{e^{f\alpha}-1} \\[2mm] F = 2F_0 \dfrac{e^{f\alpha}-1}{e^{f\alpha}+1} \end{cases} \tag{8-6}$$

由此可知：增大包角 α、张紧力 F_0 或增大摩擦系数 f，都可提高带传动所能传递的圆周力。

8.2.2　带传动的应力分析

带传动工作中，带中的应力由以下三部分组成。

1. 弯曲应力

带绕过带轮时，因弯曲而产生弯曲应力。弯曲应力 σ_b 的大小为

$$\sigma_b = \frac{2yE}{d} \tag{8-7}$$

式中　y——带的中性层至最外层的距离，单位为 mm；

　　　E——带的弹性模量，单位为 $N \cdot mm^2$；

　　　d——带轮的基准直径，单位为 mm。

当大、小两带轮基准直径不相等时，带绕在小带轮上时的弯曲应力 σ_{b1} 大于绕在大带轮上时的弯曲应力 σ_{b2}。为了避免弯曲应力过大，带轮基准直径 d 就不能过小。V 带轮的最小基准直径见表 8-4。

2. 松、紧边拉应力

紧边拉应力 σ_1 和松边拉应力 σ_2 为

$$\begin{cases} \sigma_1 = F_1/A \\ \sigma_2 = F_2/A \end{cases} \tag{8-8}$$

式中　A——带的横截面面积，单位为 mm^2。

表 8-4　V 带轮的最小基准直径

（单位：mm）

带的型号	Y	Z	A	B	C	D	E
d_{min}	20	50	75	125	200	355	500
V 带轮基准直径系列	20　22.4　25　28　31.5　40　45　50　56　63　71　75　80　85　90　95　100　106 112　118　125　132　140　150　160　170　180　200　212　224　236　250　265　280 300　315　355　375　400　425　450　475　500　530　560　600　630　670　710　750 800　900　1000　…						

σ_1 和 σ_2 的值不相等，带绕过主动轮时，拉力产生的应力由 σ_1 逐渐降为 σ_2；绕过从动轮时，又由 σ_2 逐渐增大到 σ_1。

3. 离心应力

当带以线速度 v 沿带轮轮缘做圆周运动时，带本身的质量将引起离心力。由于离心力的作用，带中产生的离心拉力在带的横截面上就要产生离心应力。离心应力 σ_c 的大小为

$$\sigma_c = \frac{qv^2}{A} \tag{8-9}$$

式中　q——带每单位长的质量，单位为 kg/m，其值见表 8-2；

　　　v——带速，单位为 m/s；

　　　A——带的横截面面积，单位为 mm^2。

离心力虽然只发生在带做圆周运动的部分，但由此引起的拉力却作用于带的全长，故各处的离心应力大小相等。

图 8-5 所示为带传动应力分布示意图。从图中可以看出，带中可能产生的瞬时最大应力发生在带的紧边开始绕上小带轮处，其值为

$$\sigma_{max} = \sigma_1 + \sigma_{b1} + \sigma_c \tag{8-10}$$

显然带在工作过程中，各点所处应力状态总是周期性变化的，当应力循环次数达到一定次数后，带将发生疲劳破坏。

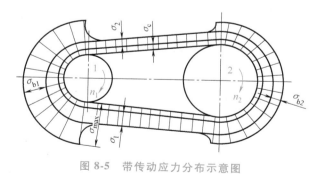

图 8-5　带传动应力分布示意图

8.2.3　带传动的弹性滑动和打滑

带是弹性体，因此带传动在工作时，带受到拉力后要产生弹性变形。由于带传动中紧边和松边拉力不同，所以紧边的弹性伸长量必然大于松边的弹性伸长量。带的弹性滑动如图 8-6 所示，当带自 A 点绕进主动轮时，此时带的速度与带轮速度相等；当带绕过主动轮

时，带的拉力由 F_1 降到 F_2，带的弹性变形也就随之逐渐减小，带沿带轮逐渐缩短并向后收缩，带的速度要落后于带轮边缘线速度，因而两者之间必然发生相对滑动。同理带绕过从动轮时也发生类似的现象，带将逐渐伸长，也要沿带轮边缘滑动，不过在这里是带速度超前于从动轮的圆周速度。这种由于带的两边拉力不等而使带弹性变形量不等，引起带与带轮之间发生局部微小相对滑动称为弹性滑动。弹性滑动引起的后果是从动轮圆周速度低于主动轮，降低了传动效率，引起带的磨损，使带的温度升高。

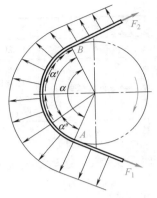

图 8-6　带的弹性滑动

弹性滑动和打滑是两个截然不同的概念。弹性滑动是带传动工作中不可避免的物理现象。选用弹性模量大的带材料，可降低弹性滑动。打滑是指由过载引起的带在带轮上的全面滑动，是可以避免的。

因为弹性滑动的影响，所以从动轮的圆周速度 v_2 总是低于主动轮的圆周速度 v_1。传动中由于带的滑动引起的从动轮圆周速度的相对降低率称为滑动率 ε，其计算公式为

$$\varepsilon = \frac{v_1 - v_2}{v_1} = \frac{\pi n_1 d_1 - \pi n_2 d_2}{\pi n_1 d_1} = 1 - \frac{d_2 n_2}{d_1 n_1} = 1 - \frac{d_2}{d_1} \frac{1}{i} \tag{8-11}$$

式中　i——传动比，$i = n_1 / n_2$。

由此得到从动轮直径 d_2 或转速 n_2 的计算公式为

$$\begin{cases} d_2 = (1 - \varepsilon) \dfrac{d_1 n_1}{n_2} \\[2mm] n_2 = (1 - \varepsilon) \dfrac{d_1 n_1}{d_2} \end{cases} \tag{8-12}$$

带传动的滑动率并不大，一般为 $1\% \sim 2\%$。由于滑动率 ε 值较小，在一般计算中可以不予考虑。

8.2.4　带传动常用的张紧方法

带传动在工作一段时间后会发生塑性伸长而松弛，使张紧力降低。因此，带传动需要有重新张紧的装置，以保持正常工作。常见的张紧装置有以下几种。

1. 定期张紧装置

图 8-7 所示为带传动的定期张紧装置。采用定期改变中心距的方法来调节带的张紧力，使带重新张紧。接近于垂直布置的传动，可采用图 8-7a 所示的摆架式结构；接近于水平布置的传动，可采用图 8-7b 所示的滑道式结构。

2. 自动张紧装置

图 8-8 所示为带传动的自动张紧装置。将装有带轮的电动机安装在浮动的摆架上，利用电动机的自重自动张紧带，使其保持固定不变的拉力。

3. 带有张紧轮的张紧装置

当中心距不能调节时，可采用具有张紧轮的传动，将张紧轮压在带上，以保持带的张紧。如图 8-9 所示，张紧轮一般应放在松边的外侧且靠近小带轮，以免过分影响带在小带轮上的包角。

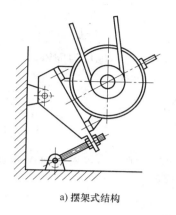

a) 摆架式结构

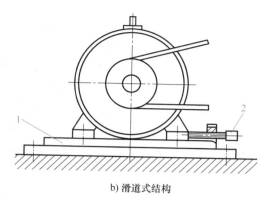

b) 滑道式结构

图 8-7 带传动的定期张紧装置

1—滑轨 2—调节螺钉

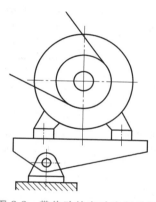

图 8-8 带传动的自动张紧装置

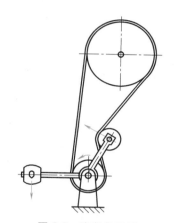

图 8-9 张紧轮装置

8.3 普通 V 带传动的设计计算

8.3.1 带传动承载能力计算

1. 设计准则

由前面的分析可知，带传动的主要失效形式为打滑和疲劳破坏。因此，带传动相应的设计准则为：在保证带传动不打滑的情况下，使其具有一定的疲劳强度和寿命。

2. 单根 V 带所能传递的额定功率

由式（8-10）可知，V 带的疲劳强度条件为

$$\sigma_{\max} = \sigma_1 + \sigma_{b1} + \sigma_c \leqslant [\sigma] \tag{8-13a}$$

或

$$\sigma_1 \leqslant [\sigma] - \sigma_{b1} - \sigma_c \tag{8-13b}$$

由式（8-5）、式（8-6），可推导出带在即将打滑时所受的有效拉力，即最大有效拉力 F_{ec}，因 V 带具有楔角，故对 V 带的摩擦系数用当量摩擦系数 f_v 表示。

$$F_{ec} = F_1\left(1 - \frac{1}{e^{f_v\alpha}}\right) = \sigma_1 A\left(1 - \frac{1}{e^{f_v\alpha}}\right) = ([\sigma] - \sigma_{b1} - \sigma_c)A\left(1 - \frac{1}{e^{f_v\alpha}}\right) \qquad (8\text{-}14)$$

式中　$[\sigma]$——在一定条件下，由带的疲劳强度所决定的许用应力，单位为 MPa。

将式（8-14）代入式（8-4），可得单根 V 带所允许传递的功率为

$$P_0 = \frac{([\sigma] - \sigma_{b1} - \sigma_c)A\left(1 - \dfrac{1}{e^{f_v\alpha}}\right)v}{1000} \qquad (8\text{-}15)$$

在包角 $\alpha_1 = 180°$（即 $i = 1$）、特定带长、载荷平稳条件下，求得的单根普通 V 带所能传递的功率 P_0 称为单根普通 V 带的基本额定功率，其值见表 8-5。

表 8-5　单根普通 V 带的基本额定功率 P_0　　　　　　　（单位：kW）

型号	小带轮基准直径 d_1/mm	基本额定功率 P_0									
		$n_1 = 400$	$n_1 = 730$	$n_1 = 800$	$n_1 = 980$	$n_1 = 1200$	$n_1 = 1460$	$n_1 = 1600$	$n_1 = 2000$	$n_1 = 2400$	$n_1 = 2800$
Y	20	—	—	—	0.02	0.02	0.02	0.03	0.03	0.04	0.04
	31.5	—	0.03	0.04	0.04	0.05	0.06	0.06	0.07	0.09	0.10
	40	—	0.04	0.05	0.06	0.07	0.08	0.09	0.11	0.12	0.14
	50	0.05	0.06	0.07	0.08	0.09	0.11	0.12	0.14	0.16	0.18
Z	50	0.06	0.09	0.10	0.12	0.14	0.16	0.17	0.20	0.22	0.26
	63	0.08	0.13	0.15	0.18	0.22	0.25	0.27	0.32	0.37	0.41
	71	0.09	0.17	0.20	0.23	0.27	0.31	0.33	0.39	0.46	0.50
	80	0.14	0.20	0.22	0.26	0.30	0.36	0.39	0.44	0.50	0.56
	90	0.14	0.22	0.24	0.28	0.33	0.37	0.40	0.48	0.54	0.60
A	75	0.27	0.42	0.45	0.52	0.60	0.68	0.73	0.84	0.92	1.00
	90	0.39	0.63	0.68	0.79	0.93	1.07	1.15	1.34	1.50	1.64
	100	0.47	0.77	0.83	0.97	1.14	1.32	1.42	1.66	1.87	2.05
	125	0.67	1.11	1.19	1.40	1.66	1.93	2.07	2.44	2.74	2.98
	160	0.94	1.56	1.69	2.00	2.36	2.74	2.94	3.42	3.80	4.06
B	125	0.84	1.34	1.44	1.67	1.93	2.20	2.33	2.50	2.64	2.76
	160	1.32	2.16	2.32	2.72	3.17	3.64	3.86	4.15	4.40	4.60
	200	1.85	3.06	3.30	3.86	4.50	5.15	5.46	6.13	6.47	6.43
	250	2.50	4.14	4.46	5.22	6.04	6.85	7.20	7.78	7.89	7.14
	280	2.89	4.77	5.13	5.93	6.90	7.78	8.13	8.60	8.22	6.80
C	200	2.41	3.80	4.07	4.66	5.29	5.86	6.07	6.34	6.26	—
	250	3.62	5.82	6.23	7.18	8.21	9.06	9.38	9.62	9.34	—
	315	5.14	8.34	8.92	10.23	11.53	12.48	12.72	12.14	11.08	—
	400	7.06	11.52	12.10	13.67	15.04	15.51	15.24	11.95	8.75	—
	450	8.20	12.98	13.80	15.39	16.59	16.41	15.57	9.64	4.44	—
D	355	9.24	14.04	14.83	16.30	17.25	16.70	15.63	—	—	—
	450	13.85	21.12	22.25	24.16	24.84	22.42	19.59	—	—	—
	560	18.95	28.28	29.55	31.00	29.67	22.08	15.13	—	—	—
	710	25.45	35.97	36.87	35.58	27.88	—	—	—	—	—
	800	29.08	39.26	39.55	35.26	21.32	—	—	—	—	—
E	500	18.55	26.62	27.57	28.52	25.53	16.25	—	—	—	—
	630	26.95	37.644	38.52	37.14	29.17	—	—	—	—	—
	800	37.05	47.49	47.38	39.08	16.46	—	—	—	—	—
	1000	47.52	52.26	48.19	—	—	—	—	—	—	—

注：n_1 为小带轮转速，单位为 r/min。

当实际工作条件与上述特定条件不同时，应对 P_0 进行修正。实际条件下单根普通 V 带所能传递的功率，称为许用功率 $[P_0]$，修正后的公式为

$$[P_0] = (P_0 + \Delta P_0) K_\alpha K_L \qquad (8\text{-}16)$$

式中　ΔP_0——额定功率的增量，考虑传动比 $i>1$ 时，从动轮直径比主动轮直径大，带在大带轮上的弯曲应力较小，在寿命相同的条件下，传递的功率可以大一些，其值见表 8-6；

　　　　K_α——包角修正系数，考虑 $\alpha_1 \neq 180°$ 时对传动能力的影响，其值见表 8-7；

　　　　K_L——带长修正系数，考虑带长与特定长度不等时对传动能力的影响，普通 V 带的带长修正系数见表 8-3。

表 8-6　单根普通 V 带额定功率的增量 ΔP_0　　　　　　　　　　　（单位：kW）

型号	传动比 i	额定功率的增量 ΔP_0									
		$n_1=400$	$n_1=730$	$n_1=800$	$n_1=980$	$n_1=1200$	$n_1=1460$	$n_1=1600$	$n_1=2000$	$n_1=2400$	$n_1=2800$
Y	1.35~1.51	0.00	0.00	0.00	0.01	0.01	0.01	0.01	0.01	0.01	0.02
	≥2	0.00	0.00	0.00	0.01	0.01	0.01	0.01	0.02	0.02	0.02
Z	1.35~1.51	0.01	0.01	0.01	0.02	0.02	0.02	0.02	0.03	0.03	0.04
	≥2	0.01	0.01	0.02	0.02	0.03	0.03	0.03	0.04	0.04	0.04
A	1.35~1.51	0.04	0.07	0.08	0.08	0.11	0.13	0.15	0.19	0.23	0.26
	≥2	0.05	0.09	0.10	0.11	0.15	0.17	0.19	0.24	0.29	0.34
B	1.35~1.51	0.10	0.17	0.20	0.23	0.30	0.36	0.39	0.24	0.59	0.69
	≥2	0.13	0.22	0.25	0.30	0.38	0.46	0.51	0.63	0.76	0.89
C	1.35~1.51	0.27	0.48	0.55	0.65	0.82	0.99	1.10	1.37	—	—
	≥2	0.35	0.62	0.71	0.83	1.06	1.27	1.41	1.76	—	—
D	1.35~1.51	0.97	1.70	1.95	2.31	2.92	3.52	3.89	—	—	—
	≥2	1.25	2.19	2.50	2.97	3.75	4.53	5.00	—	—	—
E	1.35~1.51	1.93	3.38	3.86	4.58	5.61	6.83	—	—	—	—
	≥2	2.48	4.34	4.96	5.89	7.21	8.78	—	—	—	—

注：n_1 为小带轮转速，单位为 r/min。

表 8-7　包角修正系数 K_α

小带轮包角 $\alpha/(°)$	180	170	160	150	140	130	120	110	100	90	80	70
包角修正系数 K_α	1.00	0.97	0.94	0.92	0.89	0.86	0.82	0.78	0.67	0.62	0.56	0.50

8.3.2　普通 V 带传动的设计计算

1. 已知数据及设计内容

V 带传动设计给定的已知数据：传递的功率 P，带轮转速 n_1、n_2（或传动比 i），外廓尺寸要求及工作条件等。

设计内容包括：确定 V 带的型号、标准长度、根数、传动中心距、带轮直径、材料和结构、张紧力以及对带轮轴的压轴力等。

2. 设计步骤

（1）确定计算功率 P_c　计算功率 P_c

$$P_c = K_A P \qquad (8\text{-}17)$$

式中　P_c——计算功率，单位为 kW；

　　　　P——传递的额定功率，单位为 kW；

　　　　K_A——工作情况系数，其值见表 8-8。

表 8-8　工作情况系数 K_A

工况	应用示例	工作情况系数 K_A					
		I 类原动机每天工作时间/h			II 类原动机每天工作时间/h		
		<10	10~16	>16	<10	10~16	>16
载荷平稳	液体搅拌机；离心式水泵；通风机和鼓风机（≤7.5kW）；离心式压缩机；轻型运输机	1.0	1.1	1.2	1.1	1.2	1.3
载荷变动小	带式运输机（运送沙石、谷物）；通风机（>7.5kW）；发电机；旋转式水泵；金属切削机床；剪床；压力机；印刷机；振动筛	1.1	1.2	1.3	1.2	1.3	1.4
载荷变动较大	螺旋式运输机；斗式提升机；往复式水泵和压缩机；锻锤；磨粉机；锯木机和木工机械；纺织机械	1.2	1.3	1.4	1.4	1.5	1.6
载荷变动很大	破碎机（旋转式、颚式等）；球磨机；棒磨机；起重机；挖掘机；橡胶辊压机	1.3	1.4	1.5	1.5	1.6	1.8

注：1. I 类——直流电动机、Y 系列三相异步电动机、汽轮机、水轮机。

　　2. II 类——交流同步电动机、交流异步集电环电动机、内燃机、蒸汽机。

（2）选择带的型号　根据计算功率 P_c、小带轮转速 n_1，由图 8-10 选定带的型号。

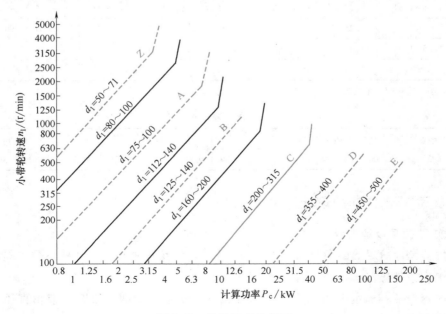

图 8-10　普通 V 带选型图

（3）确定带轮的基准直径 d_1 和 d_2　根据带的型号，选取小带轮直径 d_1 大于或等于表 8-4 中的最小基准直径 $d_{\min}$，大带轮直径一般可按式（8-12）计算，并按表 8-4 取标准值。

（4）验算带速 v　带速 v 可按式（8-18）进行计算：

$$v = \frac{\pi d_1 n_1}{60 \times 1000} \tag{8-18}$$

对于普通 V 带，一般应使带速在 $5 \sim 25\text{m/s}$ 的范围内。如果速度过大，则离心力过大，使带和带轮间的正压力减小而降低传动能力；如果速度过小，将使所需的有效拉力 F 过大，所需带的根数 z 过多，因而带轮的宽度、轴径及轴承的尺寸都将随之增大。带速过高或过低时，可调整 d_1 或 n_1。

（5）确定中心距 a 和带的基准长度 L_d　如果中心距没有给定，可根据 $0.7(d_1+d_2) < a_0 < 2(d_1+d_2)$ 初定中心距 a_0，选定中心距 a_0 后，可按式（8-19）初步计算带长 L：

$$L = 2a_0 + \frac{\pi}{2}(d_1+d_2) + \frac{(d_2-d_1)^2}{4a_0} \tag{8-19}$$

根据初算的 L，由表 8-3 选取接近的基准长度 L_d，然后根据 L_d 计算带传动的实际中心距 a

$$a \approx a_0 + \frac{L_d - L}{2} \tag{8-20}$$

考虑安装调整和补偿张紧力（如由于带伸长而松弛后的张紧）的需要，中心距的变动范围为 $(a-0.015L_d) \sim (a+0.03L_d)$。

（6）验算小带轮上的包角 α_1

$$\alpha_1 \approx 180° - \frac{d_2-d_1}{a} \times 57.3° \tag{8-21}$$

一般 $\alpha_1 \geqslant 120°$，最小不低于 $90°$。

（7）确定 V 带的根数 z

$$z = \frac{P_c}{(P_0 + \Delta P_0)K_\alpha K_L} \tag{8-22}$$

（8）确定单根 V 带的张紧力 F_0　单根 V 带既能保证传动功率，又不出现打滑时最合适的张紧力 F_0 可按式（8-23）计算：

$$F_0 = 500\frac{P_c}{zv}\left(\frac{2.5}{K_\alpha}-1\right) + qv^2 \tag{8-23}$$

（9）计算带轮轴上的压力（简称压轴力）F_Q 为设计安装带轮的轴和轴承，必须先确定带传动作用在轴上的载荷 F_Q。如图 8-11 所示，压轴力 F_Q 可近似的由式（8-24）计算：

$$F_Q \approx 2zF_0 \sin\frac{\alpha_1}{2} \tag{8-24}$$

式中　z——带的根数；

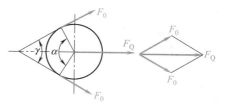

图 8-11　作用在带轮轴上的压轴力计算简图

F_0——单根 V 带的张紧力，单位为 N；

α_1——小带轮上的包角，单位为（°）。

例 8-1 设计一带式运输机用的 V 带传动。原动机采用异步电动机驱动，已知电动机转速 $n_1 = 1460\text{r/min}$，额定功率 $P = 4\text{kW}$，运输机转速 $n_2 = 640\text{r/min}$，两班制工作。传动时的滑动率为 0.02。

解：（1）确定计算功率 P_c。由表 8-8 查得工作情况系数 $K_A = 1.2$，故

$$P_c = K_A P = 1.2 \times 4\text{kW} = 4.8\text{kW}$$

（2）选择带的型号 根据 P_c、n_1，由图 8-10 初步确定选用 A 型带。

（3）确定带轮的基准直径 d_1 和 d_2 由表 8-4，取 $d_1 = 100\text{mm}$，由式（8-12）得

$$d_2 = (1-\varepsilon)\frac{d_1 n_1}{n_2} = (1-0.02) \times 100 \times \frac{1460}{640}\text{mm} = 224\text{mm}$$

（4）验算带速 v

$$v = \frac{\pi d_1 n_1}{60 \times 1000} = \frac{\pi \times 100 \times 1460}{60 \times 1000}\text{m/s} = 7.64\text{m/s}$$

带速在 5~25m/s 范围内，所以带速合适。

（5）确定中心距 a 和带的基准长度 L_d 根据 $0.7(d_1+d_2) < a_0 < 2(d_1+d_2)$ 初选中心距 $a_0 = 400\text{mm}$。

根据式（8-19）计算带长

$$L = 2a_0 + \frac{\pi}{2}(d_1+d_2) + \frac{(d_2-d_1)^2}{4a_0}$$

$$= \left[2 \times 400 + \frac{\pi}{2}(100+224) + \frac{(224-100)^2}{4 \times 400}\right]\text{mm} = 1318.29\text{mm}$$

由表 8-3 选带的基准长度 $L_d = 1400\text{mm}$（也可选 $L_d = 1250\text{mm}$）。

按式（8-20）计算实际中心距 a

$$a \approx a_0 + \frac{L_d - L}{2} = \left(400 + \frac{1400-1318.29}{2}\right)\text{mm} = 440.86\text{mm}$$

（6）小带轮包角 α_1 由式（8-21）得

$$\alpha_1 = 180° - \frac{d_2-d_1}{a} \times 57.3°$$

$$= 180° - \frac{224-100}{440.86} \times 57.3° = 163.88° > 120°$$

合适。

（7）确定带的根数 z 由 $n_1 = 1460\text{r/min}$、$d_1 = 100\text{mm}$，查表 8-5 得 $P_0 = 1.32\text{kW}$。

由式（8-11）得传动比为

$$i = \frac{d_2}{d_1(1-\varepsilon)} = \frac{224}{100 \times (1-0.02)} = 2.29$$

查表 8-6 得

$$\Delta P_0 = 0.17\text{kW}$$

查表 8-7 得 $K_\alpha = 0.945$，查表 8-3 得 $K_L = 0.96$，则由式（8-22）得

$$z = \frac{P_c}{(P_0 + \Delta P_0)K_\alpha K_L} = \frac{4.8}{(1.32 + 0.17) \times 0.945 \times 0.96} = 3.6$$

取 4 根。

（8）确定张紧力 F_0 查表 8-2 得 $q = 0.10\text{kg/m}$，由式（8-23）得

$$F_0 = 500\frac{P_c}{zv}\left(\frac{2.5}{K_\alpha} - 1\right) + qv^2 = \left[500 \times \frac{4.8}{4 \times 7.64} \times \left(\frac{2.5}{0.945} - 1\right) + 0.10 \times 7.64^2\right]\text{N} = 135\text{N}$$

（9）计算压轴力 由式（8-24）知，压轴力

$$F_Q = 2zF_0\sin\frac{\alpha_1}{2} = \left(2 \times 4 \times 135 \times \sin\frac{163.88°}{2}\right)\text{N} = 1069.33\text{N}$$

（10）带轮的结构设计 略。

8.3.3 V 带轮结构设计

V 带轮是带传动重要组成部分，首先应满足强度要求，同时又要重量轻，质量分布均匀，结构工艺性好，轮槽侧面要精细加工，以减小带的磨损。

带轮的材料常用铸铁铸造，铸铁带轮（HT150、HT200）允许的最大圆周速度为 25m/s。速度更高时，可采用铸钢或钢板冲压后焊接。塑料带轮重量轻、摩擦系数大，常用于机床中。

带轮的结构形式主要有以下几种：带轮基准直径 $D \leqslant 2.5d$（d 为轴的直径）时可采用实心式，如图 8-12a 所示；$D \leqslant 300\text{mm}$ 时可采用腹板式，如图 8-12b 所示；当 $D_1 - d_1 \geqslant 100\text{mm}$ 时可采用孔板式，如图 8-12c 所示；$D \geqslant 300\text{mm}$ 时可采用轮辐式，如图 8-12d 所示。图 8-12 中列有经验公式可供带轮结构设计时参考。各种型号 V 带轮的轮缘宽 B、轮毂孔径 d_s 和轮毂长度 L 的尺寸，可查阅机械设计手册。

因为普通 V 带两侧面的夹角均为 40°，考虑到带在带轮上弯曲时要产生横向变形，使带的楔角变小，故带轮轮槽角一般规定为 32°、34°、36°、38°。

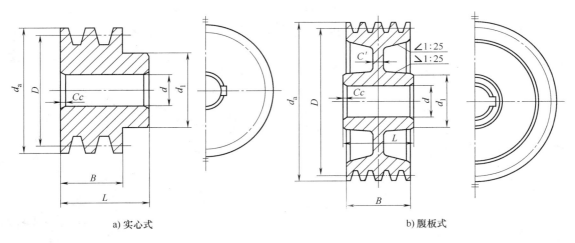

a）实心式　　　　　　　　　　　　　　b）腹板式

图 8-12 带轮的结构

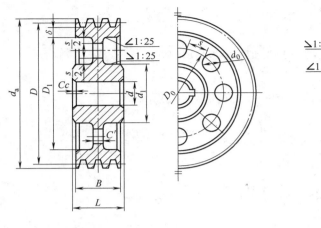

c) 孔板式

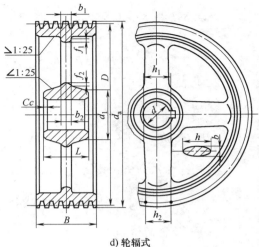

d) 轮辐式

$d_1 = (1.8 \sim 2) d$；$h_2 = 0.8 h_1$；$D_0 = 0.5 (D_1 + d_1)$；$b_1 = 0.4 h_1$；$d_0 = (0.2 \sim 0.3) (D_1 - d_1)$；$b_2 = 0.8 b_1$；$C' = (1/7 \sim 1/4) B$；

$s = C'$；$L = (1.5 \sim 2) d$，当 $B < 1.5d$ 时，$L = B$；$f_1 = 0.2 h_1$；$h_1 = 290 \sqrt[3]{P/(n z_a)}$；$f_2 = 0.2 h_1$。

式中 P——传递的功率，单位为 kW；

       n——带轮的转速，单位为 r/min；

       z_a——轮辐数。

图 8-12 带轮的结构（续）

8.4 链传动

8.4.1 链传动的类型、特点

1. 链传动的组成及主要类型

链传动由主动链轮 1、链条 2 和从动链轮 3 组成，如图 8-13 所示。它是一种挠性啮合传动，靠链轮轮齿与链条的啮合来传递运动和动力。链传动由于经济可靠，故广泛应用于农业、矿山、冶金、起重运输、石油、化工等各种机械中。目前，链传动的传动功率一般小于 100kW，传动速度小于 15m/s，最高链速可达到 40m/s，常用传动比 $i \le 8$，最大传动比可达到 15。链传动的效率 η：闭式 $\eta = 0.95 \sim 0.98$；开式 $\eta = 0.90 \sim 0.93$。

2. 链传动的特点

与带传动相比，链传动的主要优点有：①采用啮合传动，没有弹性滑动及打滑现象，能保证准确的平均传动比，工作可靠；②工况相同时，传动尺寸紧凑；③需要的张紧力小，作用于轴上的力较小；④能在温度较高、湿度较大、多灰尘、有油污、有腐蚀等恶劣环境下工作。与齿轮传动比较，链传动制造和安装精度要求较低，价格便宜，适用于中

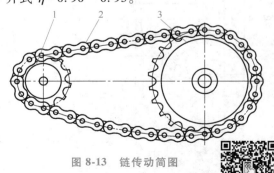

图 8-13 链传动简图

1—主动链轮 2—链条 3—从动链轮

心距较大的场合。链传动的缺点有：①只限于平行轴间的传动；②瞬时链速和瞬时传动比不恒定，传动平稳性较差；③工作时有冲击和噪声，不宜在载荷变化大和急速反向的传动中应用。

按用途不同，链可分为传动链、起重链和输送链。传动链主要用来传递动力，通常在中等速度（$v \leqslant 15\mathrm{m/s}$）下工作。起重链是用于提升重物的起重机械，输送链主要用于驱动输送带的运输机械。

8.4.2　传动链的结构特点

按结构不同，传动链主要有套筒滚子链（简称滚子链）和齿形链。其中，滚子链结构简单，使用最广；齿形链传动平稳，能承受较大冲击，适用于高速，但结构复杂，成本高。本节只简单介绍滚子链和齿形链。

1. 滚子链

如图 8-14 所示，滚子链由外链板 1、内链板 2、销轴 3、套筒 4 和滚子 5 组成。滚子与套筒、套筒与销轴均为间隙配合。套筒与内链板、销轴与外链板均为过盈配合。当链条在链轮上啮入和啮出时，滚子沿链轮轮齿滚动，磨损小。

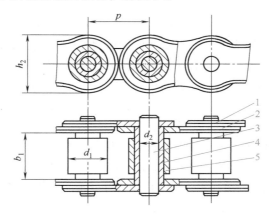

图 8-14　滚子链的结构

1—外链板　2—内链板　3—销轴　4—套筒　5—滚子

链板一般制成"8"字形，以减轻重量并保持链板各个横截面的强度大致相等。

滚子链上相邻两滚子中心的距离称为链的节距，用 p 表示，它是链条的主要参数。节距增大，可传递的功率增大，但链条中各零件的尺寸也相应增大。当传递大功率时，可采用双排链或多排链。多排链承载能力高，但由于精度的影响，各排链载荷分配不易均匀，故实际应用中一般不超过 4 排。

滚子链已标准化，其系列、尺寸、极限拉伸载荷等可查国家标准 GB/T 1243—2006。滚子链的标记为：链号-排号-链节数国家标准号。例如：12A-1-88 GB/T 1243—2006 表示 A 系列、节距为 19.05mm、单排、88 节的滚子链。

2. 齿形链

齿形链又称无声链，是由一组带有两个齿的链板左右交错并列铰接而成的，如图 8-15 所示。齿形链按铰链形式的不同可分为圆销式、轴瓦式、滚柱式三种。

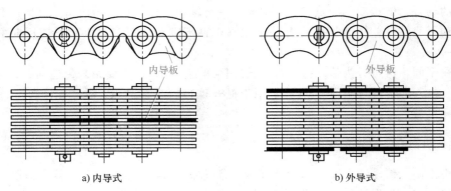

a) 内导式　　　　　　　　　　　b) 外导式

图 8-15　齿形链

　　与滚子链相比，齿形链传动较平稳，噪声小，承受冲击性能力好，工作可靠，但结构复杂，价格较高，且制造较难，故多用于高速或运动精度要求较高的传动装置中。

思考与练习题

8-1　带传动工作时带上所受应力有哪几种？这些应力如何分布？最大应力点在何处？

8-2　影响带传动承载能力的因素有哪些？如何提高带传动的承载能力？

8-3　带传动的弹性滑动和打滑有什么区别？分别对传动有什么影响？

8-4　在 V 带传动设计中，为什么要限制 $d_1 \geqslant d_{min}$？

8-5　带传动的主要失效形式有哪些？其设计准则是什么？

8-6　带传动中的打滑先从哪个带轮上开始？为什么？

8-7　带传动为什么必须张紧？常用的张紧装置有哪些？

8-8　已知单根 V 带所能传递的初拉力 $F_0 = 412N$，主动轮基准直径 $d_1 = 140mm$，主动轮的转速 $n_1 = 1440r/min$，主动轮包角 $\alpha_1 = 150°$，带与带轮间的当量摩擦系数 $f_v = 0.52$，试求：

1）V 带紧边拉力 F_1 和松边拉力 F_2。

2）V 带传动能传递的最大有效圆周力 F_{max} 及最大功率 P_{max}。

8-9　设 B 型 V 带所能传递的最大功率 $P = 5.5kW$，已知主动轮基准直径 $d_1 = 125mm$，从动轮基准直径 $d_2 = 280mm$，两带轮的中心距 $a = 630mm$，小带轮包角 $\alpha_1 = 2.896rad$，主动带轮的转速 $n_1 = 1440r/min$，带与带轮间的当量摩擦系数 $f_v = 0.51$，试求：

1）紧边拉力 F_1、松边拉力 F_2 和离心力 F_c。

2）V 带中各应力 σ_1、σ_2、σ_{b1}、σ_{b2}、σ_c 及其应力的分布图。

3）最大应力 σ_{max} 出现在何处？

第 9 章

齿轮传动机构

本章提要

　　齿轮机构用于传递空间任意两轴之间的运动和动力，是机械中应用最广泛的机构之一。其主要优点是：传动比准确、效率高、寿命长、工作可靠、结构紧凑、适用的速度和功率范围广等。其主要缺点是：要求加工精度和安装精度较高，制造时需要专用设备，因此成本较高；不宜在两轴中心距很大的场合使用等。本章主要研究齿廓啮合基本定律、渐开线齿廓的形成和啮合性质以及正确啮合条件等基本内容。

9.1　齿轮机构的基本类型

　　如图 9-1 所示，齿轮传动的类型很多，如果按照两齿轮轴线的相对位置来分类，那么可

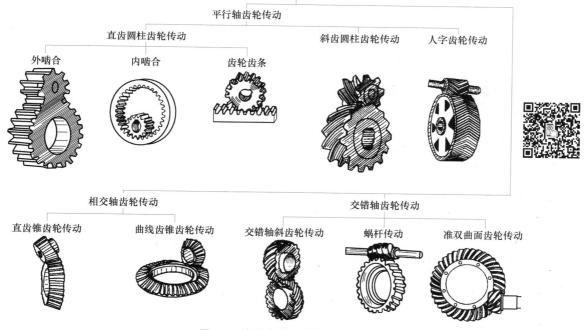

图 9-1　齿轮传动的类型

将齿轮传动分为平行轴齿轮传动、相交轴齿轮传动和交错轴齿轮传动三大类。

9.2　齿廓实现定角速度比的条件

　　齿轮机构的运动是依靠主动轮的轮齿齿廓依次推动从动轮的轮齿齿廓来实现的，所以当主动轮按一定的角速度转动时，从动轮转动的角速度将与两轮齿廓的形状有关。在一对齿轮传动中，其角速度之比称为传动比。

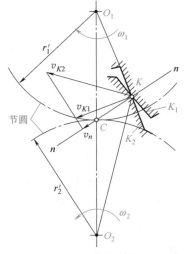

图 9-2　齿廓实现定角速度比的条件

　　图 9-2 所示为一对互相啮合的轮齿，设主动轮 1 以角速度 ω_1 绕轴 O_1 顺时针方向转动，并以齿廓 K_1 推动从动轮 2 的齿廓 K_2 以角速度 ω_2 绕轴 O_2 按逆时针方向转动。两轮的齿廓在 K 点接触，为使它们在转动过程中既不分离又不互相嵌入，在沿齿廓接触点 K 的公法线 n—n 上，齿廓不能有相对运动，即

$$v_{n1} = v_{n2} = v_n$$

　　按三心定理，公法线 n—n 与两齿轮转动中心的连心线 O_1O_2 的交点 C 为两齿轮的速度瞬心，按速度瞬心的定义，两齿轮在 C 点的线速度应相等，即

$$\frac{\omega_1}{\omega_2} = \frac{\overline{O_2C}}{\overline{O_1C}}$$

因此，瞬时传动比

$$i_{12} = \frac{\omega_1}{\omega_2} = \frac{\overline{O_2C}}{\overline{O_1C}} \tag{9-1}$$

　　式（9-1）表明，两齿轮的角速度 ω_1、ω_2 与 C 点所分割的线段长度 $\overline{O_1C}$、$\overline{O_2C}$ 成反比关系。这就是齿轮实现定角速度比传动的齿廓啮合基本定律。

　　由此可见，欲使两齿轮的角速度比恒定不变，则应使 $\overline{O_2C}/\overline{O_1C}$ 恒为常数，即 C 点成为连心线 O_1O_2 上的一个固定点，此固定点 C 称为节点。过节点 C 所作的两个相切的圆称为节圆，半径用 r' 表示。由于节点 C 的相对速度等于零，所以一对齿轮传动时，是一对节圆在做纯滚动。外啮合齿轮的中心距恒等于其节圆半径之和，角速度比恒等于其节圆半径的反比。

　　凡能满足啮合基本定律的一对齿廓称为共轭齿廓。共轭齿廓曲线很多，常用的有渐开线齿廓、摆线齿廓、圆弧齿廓等，其中以渐开线齿廓应用最广。

9.3　渐开线齿廓

9.3.1　渐开线的形成及特性

　　如图 9-3 所示，当一条动直线 BK 沿半径为 r_b 的圆做纯滚动时，其动直线上任意一点 K

的轨迹 AK 称为该圆的渐开线。该圆称为渐开线的基圆，而动直线称为渐开线的发生线。

由渐开线的形成过程，可得出渐开线具有下列性质。

1）发生线沿基圆滚过的线段长度 $\overline{BK}$ 等于基圆上被滚过的相应圆弧长度 $\widehat{AB}$，即

$$\overline{BK} = \widehat{AB} \tag{9-2}$$

2）发生线沿基圆做纯滚动时，切点 B 为其速度瞬心，因此发生线 BK 是渐开线任一 K 点的法线，且线段 BK 是其曲率半径，B 点为曲率中心。又因为发生线恒切于基圆，所以渐开线上任意点的法线必与基圆相切。

3）渐开线上任一点的法线与该点速度 v_K 方向之间所夹的锐角 α_K，称为该点的压力角。由图 9-3 可知，压力角 α_K 等于 $\angle KOB$，于是

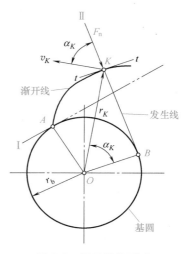

图 9-3 渐开线的形成

$$\cos\alpha_K = \frac{\overline{OB}}{\overline{OK}} = \frac{r_b}{r_K} \tag{9-3}$$

式（9-3）表明，渐开线齿廓上不同点的压力角不等，越接近基圆部分压力角越小，在基圆上的压力角等于零。

4）渐开线的形状取决于基圆的大小，如图 9-4 所示。基圆半径越大，其渐开线的曲率半径也越大；当基圆半径为无穷大时，其渐开线就变成一条近似直线。

5）基圆以内无渐开线。

9.3.2 渐开线齿廓满足定角速度比的要求

由前所述，欲使齿轮传动保持瞬时传动比恒定不变，要求两齿廓在任何位置接触时，在接触点处齿廓公法线与连心线必须交于一固定点 C。

如图 9-5 所示，渐开线齿廓 G_1 和 G_2 在任意位置 K 点接触时，过 K 点作两齿廓的公法线 n—n，

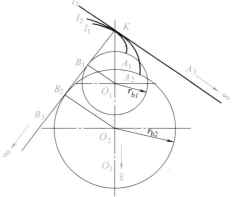

图 9-4 渐开线的基圆与齿廓

由渐开线的性质可知，其公法线总是两基圆的内公切线。而两轮基圆的大小和安装位置均固定不变，同一方向的内公切线只有一条，所以两齿廓 G_1 和 G_2 在任意点（如点 K 及 K'）接触啮合的公法线均重合为同一条内公切线 n—n，因此公法线与连心线的交点 C 是固定的，这说明两渐开线齿廓啮合能保证两轮瞬时传动比为一常数。

因 $\triangle O_1CN_1 \backsim \triangle O_2CN_2$，故一对齿轮的传动比可写为

$$i_{12} = \frac{\omega_1}{\omega_2} = \frac{\overline{O_2C}}{\overline{O_1C}} = \frac{r_2'}{r_1'} = \frac{r_{b2}}{r_{b1}} \tag{9-4}$$

式中 r_1'、r_2'——两轮节圆半径；

r_{b1}、r_{b2}——两轮的基圆半径。

由式（9-4）可以看出，渐开线齿轮的传动比不仅等于两轮节圆半径的反比，同时也等于两轮基圆半径的反比。由此可见，对于一对相互啮合的渐开线齿轮，即使两轮的中心距由于制造和安装误差或轴承的磨损等原因而发生了微小的改变，但因其基圆大小不变，所以传动比仍保持不变。这一特性称为渐开线齿轮传动的可分性，可分性是渐开线齿轮传动的一个重要优点，在生产实践中，常利用渐开线齿轮的可分性设计变位齿轮传动。

齿轮传动时，其齿廓接触点的轨迹称为啮合线。对于渐开线齿轮，无论在任意位置接触，接触齿廓的公法线总是两基圆的内公切线 N_1N_2。因此，直线 N_1N_2 就是渐开线齿廓的啮合线。

过节点 C 作两节圆的公切线 $t—t$，它与啮合线

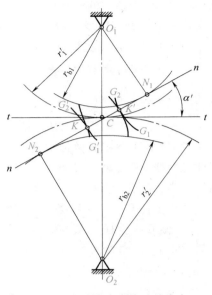

图 9-5　渐开线齿廓传动的特点

N_1N_2 间的夹角称为啮合角 α'。由图 9-5 可知，渐开线齿轮传动中啮合角为常数。由几何关系可知，啮合角在数值上等于节圆上的压力角 α。啮合角不变表示齿廓间正压力的方向不变，当不考虑摩擦时，法线方向就是受力方向，所以，渐开线齿轮在传动过程中，齿廓间正压力的方向始终不变。若齿轮传递的力矩恒定，则轮齿间的压力大小和方向均不变，这对齿轮传动的平稳性是十分有利的。

9.4　直齿圆柱齿轮各部分的名称和基本参数

下面以图 9-6 所示的外啮合标准直齿圆柱齿轮为例说明其各部分的名称。齿轮的轴向尺寸称为齿宽，用 b 表示。

1. 齿顶圆、齿根圆

齿轮的齿顶所形成的圆称为齿顶圆，其直径和半径分别用 d_a 和 r_a 表示。相邻两齿之间的空间称为齿槽。齿槽底部所形成的圆称为齿根圆，其直径和半径分别用 d_f 和 r_f 表示。

2. 齿厚、槽宽与齿距

在任意直径 d_k 的圆周上，轮齿两侧齿廓间的弧长称为该圆上的齿厚，用 s_k 表示；齿槽两侧齿廓间的弧长称为该圆上的齿槽宽，用 e_k 表示；相邻两齿同侧齿廓间的弧长称为该圆上的齿距，用 p_k 表示。设齿轮的齿数为 z，则有

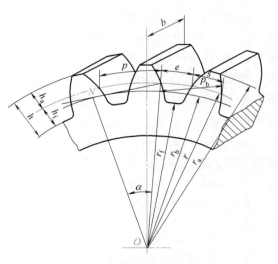

图 9-6　外啮合标准直齿圆柱齿轮

$$\pi d_k = p_k z$$

即
$$d_k = \frac{p_k}{\pi} z \qquad (9-5)$$

3. 分度圆、模数和压力角

在不同直径的圆周上，比值 p_k/π 是不同的，且包含无理数 π。为了设计、制造、测量及互换，将齿轮某一圆周上的比值 p_k/π 规定为标准值（整数或较完整的有理数），并把该圆周的压力角也规定为标准值，这个圆称为分度圆，其直径用 d 表示，半径用 r 表示。分度圆上的压力角可简称为压力角，用 α 表示。国家标准规定分度圆上的压力角为 $20°$。分度圆上的齿距 p 对 π 的比值称为模数，用 m 表示，单位为 mm。分度圆是齿轮制造和计算的基准。此外，用 s 表示分度圆齿厚，e 表示分度圆齿槽宽。于是得

$$m = \frac{p}{\pi} \qquad (9-6)$$

$$p = s + e \qquad (9-7)$$

分度圆直径为
$$d = mz \qquad (9-8)$$

模数是齿轮几何尺寸计算的基础。显然，m 越大，p 越大，轮齿就越厚，其抗弯曲能力也越强，所以模数也是轮齿抗弯曲能力的重要指标。国家标准已规定了标准模数系列，表 9-1 为其中的一部分。

表 9-1 标准模数系列（摘自 GB/T 1357—2008） （单位：mm）

第一系列	1 1.25 1.5 2 2.5 3 4 5 6 8 10 12 16 20 25 32 40 50
第二系列	1.25 1.375 1.75 2.25 2.75 3.5 4.5 5.5 (6.5) 7 9 11 14 18 22 28 36 45

注：1. 选用模数时应优先选用第一系列，其次是第二系列，括号内的模数尽可能不用。
　　2. 对于斜齿轮是指法向模数，对于直齿锥齿轮是指大端模数。

4. 齿顶高、齿根高和齿高

在轮齿上，介于齿顶圆与分度圆之间的部分称为齿顶，其径向距离称为齿顶高，用 h_a 表示。介于齿根圆与分度圆之间的部分称为齿根，其径向距离称为齿根高，用 h_f 表示。齿顶圆与齿根圆之间的径向距离称为全齿高，用 h 表示。故

$$h = h_a + h_f \qquad (9-9)$$

其中
$$h_a = h_a^* m \qquad (9-10)$$

$$h_f = (h_a^* + c^*) m \qquad (9-11)$$

式中　h_a^*——齿顶高系数；

　　　c^*——顶隙系数。

对于渐开线圆柱齿轮，齿顶高系数和顶隙系数的标准值见表 9-2，一般多采用正常齿制，短齿制用于受冲击载荷较大的齿轮传动中。

表 9-2 渐开线圆柱齿轮的齿顶高系数和顶隙系数的标准

齿制类型	h_a^*	c^*
正常齿制	1	0.25
短齿制	0.8	0.3

5. 顶隙

一对齿轮相互啮合时，齿轮的齿顶圆到另一齿轮的齿根圆之间的径向距离称为顶隙，以 c 表示，$c = c^* m$。

于是，可得齿顶圆直径和齿根圆直径的计算公式

$$d_a = d + 2h_a = m(z + 2h_a^*) \tag{9-12}$$

$$d_f = d - 2h_f = m(z - 2h_a^* - 2c^*) \tag{9-13}$$

6. 基圆齿距

基圆上相邻两齿同侧齿廓之间的弧长称为基圆齿距，用 p_b 表示。由渐开线的性质可知，齿轮基圆直径和基圆齿距分别为

$$d_b = d\cos\alpha = mz\cos\alpha \tag{9-14}$$

$$p_b = \frac{d_b \pi}{z} = \pi m \cos\alpha \tag{9-15}$$

齿数 z、模数 m、压力角 α、齿顶高系数 h_a^* 和顶隙系数 c^* 是渐开线直齿圆柱齿轮的五个基本参数。

模数、压力角、齿顶高系数和顶隙系数均取标准值，且分度圆上的齿厚等于槽宽的齿轮称为标准齿轮。因此，对于标准齿轮

$$s = e = \frac{p}{2} = \frac{\pi m}{2} \tag{9-16}$$

7. 标准中心距

一对标准齿轮啮合，两轮分度圆相切，即分度圆与节圆重合，此时的中心距称为标准中心距，以 a 表示，对于外啮合齿轮

$$a = r_1' + r_2' = r_1 + r_2 = \frac{1}{2}(d_1 + d_2) = \frac{1}{2}m(z_1 + z_2) \tag{9-17}$$

渐开线标准直齿圆柱齿轮的几何尺寸计算公式见表 9-3。

表 9-3　渐开线标准直齿圆柱齿轮的几何尺寸计算公式

名称	符号	计算公式
模数	m	见表 9-1
齿顶高	h_a	$h_a = h_a^* m = m\,(h_a^* = 1)$
齿根高	h_f	$h_f = (h_a^* + c^*)m = 1.25m\,(c^* = 0.25)$
全齿高	h	$h = h_a + h_f = (2h_a^* + c^*)m = 2.25m$
分度圆直径	d	$d = mz$
齿顶圆直径	d_a	$d_a = d + 2h_a = d + 2m$
齿根圆直径	d_f	$d_f = d - 2h_f = d - 2.5m$
基圆直径	d_b	$d_b = d\cos\alpha$
齿距	p	$p = \pi m$
齿厚	s	$s = p/2 = \pi m/2$
槽宽	e	$e = p/2 = \pi m/2$

9.5 渐开线直齿圆柱齿轮的啮合传动

一对渐开线齿廓在传动中虽然能保证瞬时传动比不变，但是齿轮传动是由若干对轮齿依次啮合来实现的，所以，还必须讨论一对齿轮啮合时，能使各对轮齿依次、连续啮合传动的条件。

9.5.1 渐开线直齿圆柱齿轮的正确啮合条件

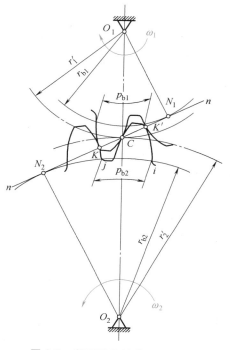

图 9-7 渐开线齿轮的正确啮合

齿轮传动时，应保证当前一对轮齿啮合以后，后续的各对轮齿也能依次啮合，而不是相互顶住或分离。如前所述，一对渐开线齿轮在传动时，它们的齿廓啮合点都应在啮合线 N_1N_2 上。如图 9-7 所示，要求前一对轮齿在啮合线上 K 点啮合时，后一对轮齿就在啮合线上的另一点 K' 接触，这样，两个齿轮的各对轮齿交替啮合过程才不会出现卡死或冲击，即在齿轮交替啮合过程中保持传动比为常数。令点 K_1 和点 K_1' 表示齿轮 1 齿廓上的啮合点，点 K_2 和点 K_2' 表示齿轮 2 齿廓上的啮合点。为保证前后两对齿有可能同时在啮合线上接触，齿轮 1 相邻两齿同侧齿廓沿法线的距离应与齿轮 2 相邻两齿同侧齿廓沿法线的距离相等，即：

$$\overline{K_1K_1'} = \overline{K_2K_2'}$$

根据渐开线性质，齿廓间的法向距离应等于基圆齿距，即

$$\overline{K_2K_2'} = \overline{N_2K'} - \overline{N_2K} = \widehat{N_2i} - \widehat{N_2j} = \widehat{ij} = p_{b2}$$

$$p_{b2} = \frac{\pi d_{b2}}{z_2} = \frac{\pi d_2\cos\alpha_2}{z_2} = \pi m_2\cos\alpha_2$$

同理，对于齿轮 1 可得：

$$\overline{K_1K_1'} = p_{b1} = \pi m_1\cos\alpha_1$$

因此要满足 $\overline{K_1K_1'} = \overline{K_2K_2'}$，则应使

$$m_1\cos\alpha_1 = m_2\cos\alpha_2$$

又因模数 m 和分度圆压力角 α 都已标准化，故一对渐开线直齿圆柱齿轮的正确啮合条件是：两齿轮的模数和分度圆压力角分别相等，即

$$\begin{cases} m_1 = m_2 = m \\ \alpha_1 = \alpha_2 = \alpha \end{cases} \tag{9-18}$$

9.5.2 渐开线直齿圆柱齿轮连续传动的条件

图 9-8 所示为一对外啮合直齿圆柱齿轮。一对齿廓开始啮合时，应是主动轮 1 的齿根部

分与从动轮 2 的齿顶部分接触，所以开始啮合点应是从动轮的齿顶圆与啮合线 N_1N_2 的交点 A。当两轮继续传动时，啮合点的位置沿着啮合线向下移动。对于齿轮 2，齿廓上的啮合点是由齿顶部分向齿根部分移动，而齿轮 1 上的接触点是由齿根部分向齿顶部分移动。终止啮合点是主动轮的齿顶圆与啮合线 N_1N_2 的交点 E。轮齿啮合只能在 AE 内进行，即啮合点只能在线段 AE 上，线段 AE 称为实际啮合线段。由渐开线的性质可知，基圆以内无渐开线，所以实际啮合线 AE 不能超过极限啮合点 N_1、N_2，故 N_1N_2 称为理论啮合线段。为了保证齿轮传动的连续性，实际啮合线段 AE 的长度应大于啮合点间距，即 $\overline{AE} > \overline{EK}$，其中 $\overline{EK} = \pi m \cos\alpha$，否则前后两对轮齿交替啮合时必然造成冲击，无法保证传动的平稳性。

实际啮合线段与两啮合点间距离的比值称为重合度，用 ε 表示，即

$$\varepsilon = \frac{\overline{AE}}{\overline{EK}} = \frac{实际啮合线段距离}{两啮合点间距离} > 1 \tag{9-19}$$

图 9-8　渐开线齿轮连续传动的条件

重合度 ε 表示同时参加啮合的齿的对数。ε 越大，轮齿平均受力越小，传动越平稳。

9.6　渐开线齿廓的根切与变位

9.6.1　齿轮加工的基本原理

1. 仿形法

仿形法是用渐开线齿形的成形铣刀直接切出齿形的方法。常用的刀具有盘形齿轮铣刀和指形齿轮铣刀。仿形法切齿如图 9-9 所示，加工时，铣刀绕自身轴线旋转，同时轮坯沿齿轮轴线方向直线移动。铣出齿槽以后，将轮坯转过 $2\pi/z$，再铣第二个齿槽。其余依此类推。

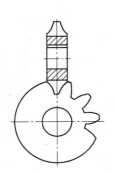

a) 盘形齿轮铣刀切齿

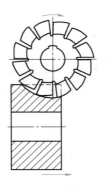

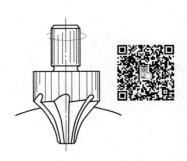

b) 指形齿轮铣刀切齿

图 9-9　仿形法切齿

这种切齿方法简单,但生产率低、精度差,故仅适用于单件生产及精度要求不高的齿轮加工。

2. 展成法

展成法是利用一对齿轮(或齿轮与齿条)互相啮合时,其共轭齿廓互为包络线的原理来切齿的。如果把其中一个齿轮(或齿条)做成刀具,那么就可以切出与它共轭的渐开线齿廓。用展成法切齿的常用刀具如下。

(1)齿轮插刀 齿轮插刀的形状如图 9-10a 所示,刀具顶部比正常齿高出 c^*m,以便切出顶隙部分。插齿时,插刀沿轮坯轴线方向做往复切削运动,同时强迫插刀与轮坯模仿一对齿轮传动那样以一定的角速度比转动,如图 9-10b 所示,直至全部齿槽切削完毕。因齿轮插刀的齿廓是渐开线,所以插制的齿轮齿廓也是渐开线。根据正确啮合条件,被切齿轮的模数和压力角必定与插刀的模数和压力角相等,故用同一把插刀切出的齿轮都能正确啮合。

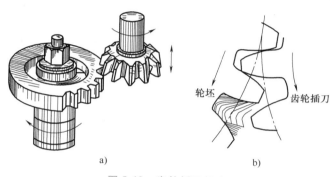

图 9-10 齿轮插刀切齿

(2)齿条插刀 用齿条插刀切齿是模仿齿轮与齿条的啮合过程,把刀具做成齿条状,如图 9-11 所示。图 9-12 表示齿条插刀齿廓在水平面上的投影,其顶部比传动用的齿条高出 c^*m(圆角部分),以便切出传动时的顶隙部分。齿条的齿廓为一直线,由图 9-12 可知,不论在中线(齿厚与槽宽相等的直线)上,还是在与中线平行的其他任一直线上,它们都具有相同的齿距 $p(\pi m)$、模数 m 和相同的压力角 $\alpha = 20°$。对于齿条刀具,α 也称为齿形角。

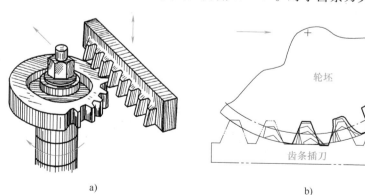

图 9-11 齿条插刀切齿

在切削标准齿轮时,应使轮坯径向进给至刀具中线与轮坯分度圆相切,并保持纯滚动。这样切成的齿轮,分度圆齿厚与分度圆槽宽相等,即 $s = e = p/2 = \pi m/2$,且模数和压力角与刀具的模数和压力角分别相等。

（3）齿轮滚刀　以上两种刀具都只能间断地切削，生产率较低。目前广泛采用的齿轮滚刀，能连续切削，生产率较高。

图 9-13 所示为齿轮滚刀及其加工齿轮的情况。滚刀的形状近似为螺旋形，滚齿时，它的齿廓在水平工作台面上的投影为一齿条。滚刀转动时，该投影齿条就沿其中线方向移动，这样便按展成原理切出轮

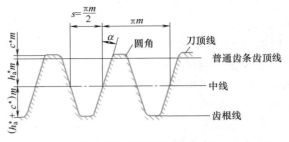

图 9-12　齿条插刀的齿廓

坯的渐开线齿廓。滚刀除旋转外，还沿轮坯的轴向逐渐移动，以便切出整个齿宽。滚切直齿轮时，为了使刀齿螺旋线方向与被切齿轮方向一致，在安装滚刀时须使其轴线与轮坯端面成一滚刀升角 λ。

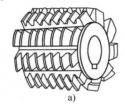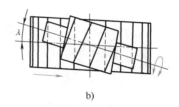

a)　　　　　　　　　　　　　　b)

图 9-13　齿轮滚刀及其加工齿轮的情况

9.6.2　轮齿的根切现象

如图 9-14 所示，用齿条型刀具（或齿轮型刀具）加工齿轮时，若被加工齿轮的齿数过

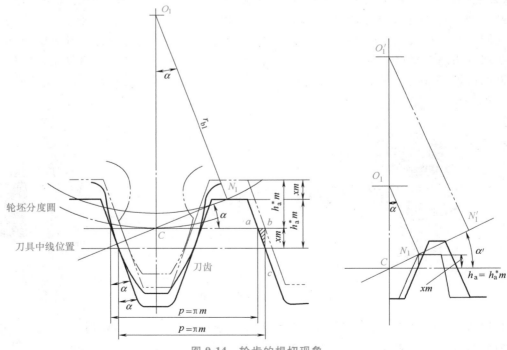

图 9-14　轮齿的根切现象

少，刀具的齿顶线就会超过轮坯的啮合极限点 N_1，这时将会出现切削刃把轮齿根部的渐开线齿廓切去一部分的现象，这种现象称为轮齿的根切。过分的根切使得轮齿根部被削弱，轮齿的抗弯能力降低，重合度减小，故应当避免出现严重的根切。

用齿条型刀具加工渐开线标准齿轮，且当 $h_a^* = 1$、$\alpha = 20°$ 时，可以证明轮齿不发生根切的最少齿数 $z_{min} = 17$。在工程实际中，有时为了结构紧凑，允许有轻微的根切，可取 $z_{min} = 14$。

9.6.3　变位齿轮的概念

标准齿轮存在以下不足：

1）标准齿轮的齿数必须大于或等于最少齿数 z_{min}，否则将会产生根切。

2）标准齿轮不适用实际中心距 a' 不等于标准中心距 a 的场合。当 $a' > a$ 时，采用标准齿轮虽然保持了定比传动，但会出现过大的齿侧隙，重合度也会减小；当 $a' < a$ 时，因较大的齿厚不能嵌入较小的槽宽，致使标准齿轮无法安装。

3）一对相互啮合的标准齿轮，小齿轮齿根厚度小于大齿轮齿根厚度，抗弯能力有明显差别。

为弥补上述不足，在机械中出现了变位齿轮，它可以制成齿数少于 z_{min} 而无根切的齿轮，可以实现非标准中心距的无侧隙传动，也能使大小齿轮的抗弯能力接近。

如图 9-14 所示，在用齿条型刀具加工齿轮时，刀具的分度线（又称中线）与轮坯的分度圆相切时加工出来的齿轮称为标准齿轮。若在加工齿轮时，将刀具相对于轮坯中心向外移出或向内移进一段距离，则刀具的中线将不再与轮坯的分度圆相切。刀具移动的距离 xm 称为变位量，其中 m 为模数，x 为变位系数。这种用改变刀具与轮坯相对位置的方法来加工的齿轮称为变位齿轮。

在加工齿轮时，若刀具相对轮坯中心向外移出，变位系数 $x > 0$，则称为正变位，加工出来的齿轮称为正变位齿轮。与标准齿轮相比，正变位齿轮的齿根厚度及齿顶高增大，轮齿的抗弯能力提高；但正变位齿轮的齿顶厚度减小，因此，变位量不宜过大，以免造成齿顶变尖。在加工齿轮时，若刀具是向轮坯中心移近，变位系数 $x < 0$，则称为负变位，加工出来的齿轮称为负变位齿轮。与标准齿轮相比，负变位齿轮的齿根厚度及齿顶高减小，轮齿的抗弯能力降低。因此，通常只在有特殊需要的场合才采用负变位齿轮，如配凑中心距等。

变位齿轮与标准齿轮相比，具有相同的模数、齿数和压力角，并且分度圆及基圆尺寸仍相同。

9.7　斜齿圆柱齿轮传动

9.7.1　斜齿圆柱齿轮的啮合特点

如图 9-15 所示，斜齿圆柱齿轮的轮齿和齿轮轴线不平行，轮齿啮合时齿面间的接触线是倾斜的，接触线的长度是由短变长，再由长变短，即轮齿是逐渐进入啮合，再逐渐退出啮合的，故传动平稳、冲击和噪声小，适合于高速传动。

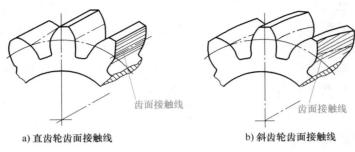

a) 直齿轮齿面接触线　　　　　　　　b) 斜齿轮齿面接触线

图 9-15　直齿轮和斜齿轮的齿面接触线

9.7.2　斜齿圆柱齿轮的几何关系及尺寸计算

斜齿轮的齿面与分度圆柱面的交线为螺旋线。螺旋线的切线与齿轮轴线之间所夹的锐角，称为螺旋角，用 β 表示。螺旋线有左旋和右旋之分，如图 9-16 所示。

如图 9-17 所示，把斜齿轮的分度圆柱展开成一个长方形，图中有阴影的部分代表轮齿被分度圆柱面所截得的截面，空白部分表示齿槽。对于斜齿轮，垂直于齿轮轴线的平面称为端面，其上的端面齿距、端面模数和端面压力角分别为 p_t、m_t 和 α_t；垂直于轮齿螺旋线的平面称为法面，其上的法向齿距、法向模数和法向压力角分别为 p_n、m_n 和 α_n。p_t 和 p_n 的关系为

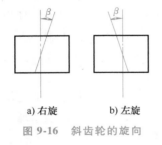

a) 右旋　　　　　b) 左旋

图 9-16　斜齿轮的旋向

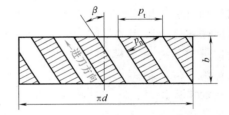

图 9-17　斜齿轮的法向参数和端面参数

$$p_t = \frac{p_n}{\cos\beta}$$

因 $p_n = \pi m_n$，$p_t = \pi m_t$，

$$m_t = \frac{m_n}{\cos\beta} \tag{9-20}$$

国家标准规定斜齿轮的法向参数（法向模数、法向压力角、齿顶高系数、顶隙系数）为标准值。

一对斜齿轮传动在端面上相当于一对直齿轮传动，故可将直齿轮的几何尺寸计算公式应用在斜齿轮的端面上。渐开线标准斜齿轮的几何尺寸计算公式见表 9-4。

表 9-4　渐开线标准斜齿轮的几何尺寸计算公式

名称	符号	计算公式
齿顶高	h_a	$h_a = h_{an}^* m_n = m_n (h_{an}^* = 1)$
齿根高	h_f	$h_f = (h_{an}^* + c_n^*) m_n = 1.25 m_n (c_n^* = 0.25)$

（续）

名称	符号	计算公式
齿高	h	$h = h_a + h_f = (2h_a^* + c^*)m_n = 2.5m_n$
分度圆直径	d	$d = zm_t = zm_n/\cos\beta$
齿顶圆直径	d_a	$d_a = d + 2h_a = d + 2m_n$
齿根圆直径	d_f	$d_f = d - 2h_f = d - 2.5m_n$
顶隙	c	$c = c_n^* m_n = 2.5m_n$
中心距	a	$a = (d_1 + d_2)/2 = m_n(z_1 + z_2)/(2\cos\beta)$

9.7.3 斜齿轮传动正确啮合的条件

对于斜齿轮啮合传动，除了如直齿轮啮合传动一样，要求两个齿轮的模数及压力角分别相等外，还要求外啮合的两斜齿轮的螺旋角必须大小相等、旋向相反（内啮合旋向相同）。因此，斜齿轮传动的正确啮合条件为

$$\begin{cases} m_{n1} = m_{n2} = m_n \\ \alpha_{n1} = \alpha_{n2} = \alpha_n \\ \beta_1 = \pm\beta_2 \end{cases} \tag{9-21}$$

9.7.4 当量齿轮和当量齿数

如图 9-18 所示，在斜齿轮的分度圆柱面上，过轮齿螺旋线上的 C 点，作螺旋线的法向截面，此截面与分度圆柱面的交线为一椭圆，椭圆上 C 点附近的齿形可以近似地看作斜齿轮的法向齿形。椭圆的长半轴 $a = d/(2\cos\beta)$，短半轴 $b = d/2$，椭圆在 C 点的曲率半径 $\rho = a^2/b = d/(2\cos^2\beta)$。以 ρ 为分度圆半径，用斜齿轮的法向模数 m_n、法向压力角 α_n，作一假想直齿圆柱齿轮，则该直齿圆柱齿轮的齿形与斜齿轮的法向齿形相同。因此，称这个假想的直齿圆柱齿轮为该斜齿轮的当量齿轮，其齿数称为当量齿数，用 z_v 表示。当量齿数的计算公式为

$$z_v = \frac{2\rho}{m_n} = \frac{d}{m_n\cos^2\beta} = \frac{z}{\cos^3\beta} \tag{9-22}$$

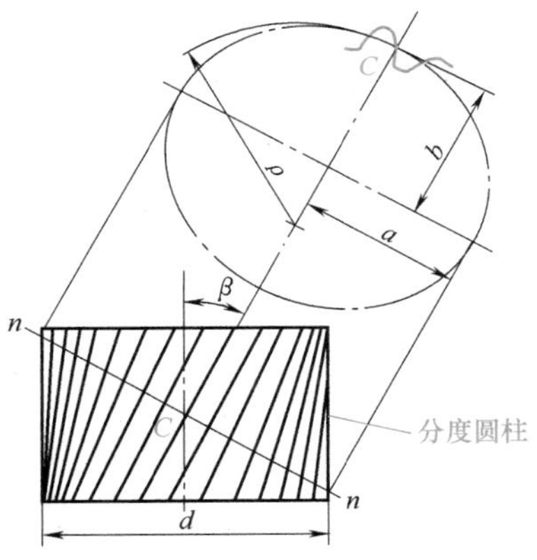

图 9-18 斜齿轮的当量齿轮

由式（9-22）可得出标准斜齿轮不发生根切的最少齿数为

$$z_{min} = z_{vmin}\cos^3\beta \tag{9-23}$$

标准斜齿轮不发生根切的最少齿数比标准直齿轮少，故采用斜齿轮传动可以得到更为紧凑的结构。

9.8 锥齿轮传动

9.8.1 锥齿轮概述

锥齿轮用于相交轴之间的传动。两轴之间轴的交角 $\delta_1+\delta_2$ 可根据传动的需要来确定，在一般机械中，多采用 $\delta_1+\delta_2=90°$ 的传动，如图 9-19 所示。与圆柱齿轮相似，一对锥齿轮的运动相当于一对节圆锥的纯滚动。为了便于计算和测量，通常取锥齿轮大端的参数为标准值。

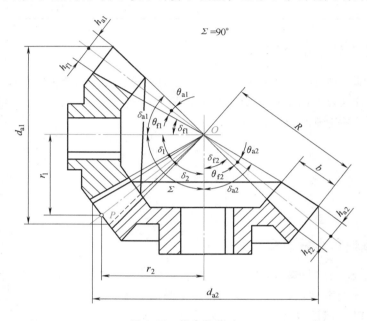

图 9-19　锥齿轮传动

9.8.2 直齿锥齿轮的几何关系和几何尺寸计算

直齿锥齿轮的正确啮合条件是：两轮大端模数必须相等，压力角必须相等。此外，两轮的外锥距也要相等。当轴交角 $\Sigma=90°$ 时，一对锥齿轮的几何尺寸计算公式见表 9-5。

表 9-5　一对锥齿轮的几何尺寸计算公式（$\delta_1+\delta_2=90°$）

名称	符号	计算公式
齿顶高	h_a	$ha_1=ha_2=h_a=h_a^* m=m(h_a^*=1)$
齿根高	h_f	$h_{f1}=h_{f2}=h_f=(h_a^*+c^*)m=1.2m(c^*=0.2)$
齿高	h	$h=h_a+h_f=(2h_a^*+c^*)m=2.2m$
顶隙	c	$c=c^* m=0.2m$
分锥角	δ	$\delta_1=\arctan(z_2/z_1)$，$\delta_2=90°-\delta_1$
分度圆直径	d	$d=zm$
齿顶圆直径	d_a	$d_{a1}=d_1+2h_a\cos\delta_1$，$d_{a2}=d_2+2h_a\cos\delta_2$

（续）

名称	符号	计算公式
齿根圆直径	d_f	$d_{f1} = d_1 - 2h_f\cos\delta_1 , d_{f2} = d_2 - 2h_f\cos\delta_2$
锥距	R	$R = \sqrt{r_1^2 + r_2^2} = \dfrac{m}{2}\sqrt{z_1^2 + z_2^2}$
齿根角	θ_f	$\theta_f = \arctan(h_f/R)$
顶锥角	δ_a	$\delta_{a1} = \delta_1 + \theta_{f2} , \delta_{a2} = \delta_2 + \theta_{f1}$
根锥角	δ_f	$\delta_{f1} = \delta_1 - \theta_{f1} , \delta_{f2} = \delta_2 - \theta_{f2}$

9.9 蜗杆传动的特点和类型

9.9.1 蜗杆传动的特点

如图 9-20 所示，蜗杆传动由蜗杆和蜗轮组成，通常用于传递空间交错成 90° 的两轴之间的运动和动力，一般蜗杆为主动件。蜗杆传动的主要优点是传动比大、结构紧凑、传动平稳，噪声小。在动力传动中，一般取传动比为 10～80；当功率很小并且主要用来传递运动（如分度机构）时，传动比甚至可达 1000。蜗杆传动的主要缺点是传动效率低，为了减摩、耐磨，蜗轮齿圈常需采用青铜制造，成本较高。

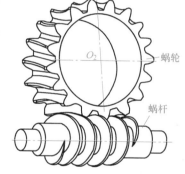

图 9-20 蜗轮与蜗杆

9.9.2 普通圆柱蜗杆传动的主要参数和几何尺寸

1. 模数 m 和压力角 α

如图 9-21 所示，通过蜗杆轴线并垂直于蜗轮轴线的平面，称为中间平面，在中间平面上蜗轮和蜗杆的啮合就相当于渐开线齿轮与齿条的啮合。蜗杆传动的设计计算都以中间平面的参数和几何关系为准。它

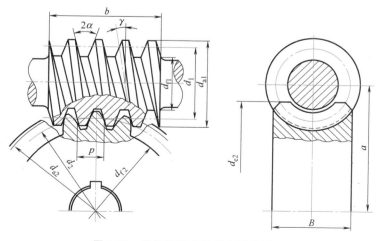

图 9-21 圆柱蜗杆传动的主要参数

们的正确啮合条件是：蜗杆的轴向模数 m_{a1} 必等于蜗轮的端面模数 m_{t2}，蜗杆的轴向压力角 α_{a1} 必等于蜗轮的端面压力角 α_{t2}。此外，蜗杆分度圆柱上的导程角 γ 应等于蜗轮分度圆柱上的螺旋角 β，且两者的旋向必须相同，即

$$\begin{cases} m_{a1} = m_{t2} = m \\ \alpha_{a1} = \alpha_{t2} \\ \gamma = \beta \end{cases} \tag{9-24}$$

为便于制造，将 m 和 α 规定为标准值，见表 9-6，压力角 α 规定为 20°。

2. 蜗杆分度圆直径 d_1 和蜗杆分度圆柱上的导程角 γ

与齿条相对应，定义蜗杆上理论齿厚与理论齿槽宽相等的圆柱称为蜗杆的分度圆柱。切制蜗轮的滚刀必须与其相啮合蜗杆的直径和齿形参数相当，为了减少滚刀数量并便于标准化，对每一个模数规定有限个蜗杆的分度圆直径 d_1 值（表 9-6），该分度圆直径与模数的比值称为蜗杆直径系数，用 q 表示，即

$$q = \frac{d_1}{m} \tag{9-25}$$

将蜗杆分度圆柱展开，如图 9-22 所示，蜗杆分度圆柱上的导程角为 γ，则

$$\tan\gamma = \frac{z_1 p_{a1}}{\pi d_1} = \frac{z_1 m}{d_1} = \frac{z_1}{q} \tag{9-26}$$

z_1 和 q 值确定后，蜗杆的导程角 γ 即可求出。

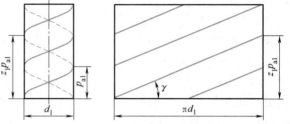

图 9-22 蜗杆分度圆柱上的导程角 γ

表 9-6 蜗杆的基本尺寸和参数（摘自 GB/T 10085—2018）

名称	参数						
m/mm	1	1.25		1.6		2	
d_1/mm	18	20	22.4	20	28	22.4	35.5
z_1	1	1	1	1,2,4	1	1,2,4,6	1
q	18	16	17.92	12.5	17.5	11.2	17.75
$m^2 d_1/\mathrm{mm}^3$	18	31.25	35	51.2	71.68	89.6	142
m/mm	2.5			3.15		4	
d_1/mm	28	45	35.5	56	40	71	
z_1	1,2,4,6	1	1,2,4,6	1	1,2,4.6	1	
q	11.2	18	11.27	17.778	10	17.75	
$m^2 d_1/\mathrm{mm}^3$	175	281	352.2	555.66	640	1136	
m/mm	5		6.3		8		
d_1/mm	50	90	63	112	80	140	
z_1	1,2,4,6	1	1,2,4,6	1	1,2,4,6	1	
q	10	18	10	17.778	10	17.5	
$m^2 d_1/\mathrm{mm}^3$	1250	2250	2500	4445	5120	8960	

（续）

名称	参数					
m/mm	10		12.5		16	
d_1/mm	90	160	112	200	140	250
z_1	1,2,4,6	1	1,2,4	1	1,2,4	1
q	9	16	8.96	16	8.75	15.625
$m^2 d_1/\mathrm{mm}^3$	9000	16000	17500	31250	35840	64000

3. 蜗杆头数 z_1 和蜗轮齿数 z_2

蜗杆头数 z_1 的选择与传动比、传动效率、制造等有关，通常取 $z_1 = 1$、2、4；若要得到大传动比，可取 $z_1 = 1$，但传动效率较低。当传动功率较大时，为提高传动效率可采用多头蜗杆，可取 $z_1 = 2$、4。蜗杆头数过多时，加工精度不易保证。

蜗轮齿数 $z_2 = iz_1$。为了避免蜗轮轮齿发生根切，z_2 不应少于 26；动力蜗杆传动中，一般取 $z_2 = 28 \sim 80$。若 z_2 过多，会使结构尺寸过大，蜗杆长度也随之增加，导致蜗杆刚度降低，影响啮合精度。z_1 和 z_2 的推荐值见表9-7。

表9-7 z_1 和 z_2 的推荐值

传动比 $i = z_2/z_1$	7~13	14~27	28~40	>40
蜗杆头数 z_1	4	2	1、2	1
蜗轮齿数 z_2	28~52	28~54	28~80	>40

4. 齿面间滑动速度 v_s

在蜗杆传动中的节点 C 处，齿廓间存在较大的相对滑动。如图9-23所示，设蜗杆圆周速度为 v_1，蜗轮圆周速度为 v_2，齿廓间相对滑动速度为 v_s，相对滑动速度沿蜗杆螺旋线方向。由图9-23可得

$$v_s = \sqrt{v_1^2 + v_2^2} = \frac{v_1}{\cos\gamma} \qquad (9\text{-}27)$$

从式（9-27）可见，相对滑动速度是相当大的，而相对滑动速度的大小对蜗杆传动发热和啮合处的润滑情况以及损坏有相当大的影响。当润滑散热条件不良时，会造成齿面磨损和发热，降低传动效率。

5. 中心距 a

当蜗杆节圆与分度圆重合时，称为标准传动，其中心距 a 的计算公式为

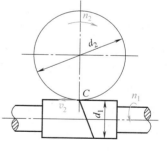
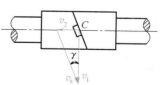

图9-23 蜗杆传动的
转向及滑动速度

$$a = 0.5(d_1 + d_2) = 0.5m(q + z_2) \qquad (9\text{-}28)$$

标准普通圆柱蜗杆传动的基本几何尺寸关系和计算公式见表9-8。

表 9-8　标准普通圆柱蜗杆传动的基本几何尺寸关系和计算公式

名称	计算公式	
	蜗杆	蜗轮
分度圆直径	$d_1 = mz_1$	$d_2 = mz_2$
齿顶高	$h_{a1} = m$	$h_{a2} = m$
齿根高	$h_{f1} = 1.2m$	$h_{f2} = 1.2m$
蜗杆齿顶圆直径、蜗轮喉圆直径	$d_{a1} = m(q+2)$	$d_{a2} = m(z_2+2)$
齿根圆直径	$d_{f1} = m(q-2.4)$	$d_{f2} = m(z_2-2.4)$
蜗杆轴向齿距、蜗轮端面齿距	$p_{a1} = p_{t2} = \pi m$	
顶隙	$c = 0.2m$	
中心距	$a = 0.5(d_1+d_2) = 0.5m(q+z_2)$	

思考与练习题

9-1　试根据渐开线性质说明一对模数相等、压力角相等但齿数不等的渐开线标准直齿圆柱齿轮，其分度圆齿厚和齿根圆齿厚是否相等？哪一个较大？

9-2　根据渐开线的性质，基圆内没有渐开线，是否渐开线齿轮的基圆尺寸一定设计成比齿根圆大？在何条件下渐开线齿轮的齿根圆与基圆尺寸相等？

9-3　两个标准直齿圆柱齿轮，其齿数、模数、压力角分别是：$z_1 = 22$，$m_1 = 3$mm，$\alpha_1 = 20°$；$z_2 = 11$，$m_2 = 7$mm，$\alpha_2 = 20°$。试分析它们的渐开线形状是否相同。

9-4　有一渐开线齿轮，其基圆半径 $r_b = 50$mm，齿顶圆半径 $r_a = 55$mm，试求该齿轮的渐开线齿廓在齿顶圆处的压力角。

9-5　一对标准直齿圆柱齿轮的传动比 $i = 3/2$，模数 $m = 2.5$mm，中心距 $a = 120$mm，分别求出齿数、分度圆直径、齿顶高、齿根高。

9-6　一对标准斜齿圆柱齿轮的传动比 $i = 4.3$，中心距 $a = 170$mm，小齿轮齿数 $z_1 = 21$，试确定齿轮的主要参数：m_n、β、d_1、d_2。

9-7　设一对外啮合直齿圆柱齿轮传动，$z_1 = 18$，$z_2 = 35$，$m = 2$mm，中心距 $a = 54$mm。若不采用变位直齿轮而采用斜齿圆柱齿轮来凑配此中心距，其螺旋角 β 应为多少？

9-8　为修配两个损坏的标准直齿圆柱齿轮 A、B，现测得：齿轮 A 的齿高 $h = 9$mm，齿顶圆直径 $d_a = 324$mm；齿轮 B 的齿顶圆直径 $d_a = 88$mm，齿距 $p = 12.56$mm。试计算齿轮 A 和齿轮 B 的模数和齿数。

9-9　某齿轮传动的小齿轮已丢失，但已知与之相配的大齿轮为标准齿轮，其齿数 $z_2 = 52$，齿顶圆直径 $d_a = 135$mm，标准安装中心距 $a = 112.5$mm。试求丢失的小齿轮的模数、齿数、分度圆直径、齿顶圆直径、齿根圆直径。

9-10　一对磨损严重的直齿圆柱齿轮，数得齿数 $z_1 = 20$、$z_2 = 80$，并量得齿顶圆直径 $d_{a1} = 66$mm、$d_{a2} = 246$mm，以及两轮中心距 $a = 150$mm，估计压力角 $\alpha = 20°$。现需重新配制一对直齿圆柱齿轮，试确定齿轮的基本参数。

第 10 章

轮　系

本章提要

在实际机械中，为满足不同的工作需要，常将一系列彼此啮合的齿轮组成齿轮传动机构，如机床上的变速箱，汽车上使用的变速器、差速器，工程上广泛应用的齿轮减速器等，这种由一系列齿轮组成的传动系统称为轮系。

本章将介绍轮系的分类，着重介绍各种轮系传动比的计算方法、轮系的功用。

📌 10.1　轮系的分类

根据轮系在运转过程中各齿轮几何轴线在空间的相对位置关系是否变动，轮系可分为以下几类。

1. 定轴轮系

如图 10-1 所示的轮系中，设运动由齿轮 1 输入，通过一系列齿轮传动，带动从动齿轮转动。在这个轮系中，每个齿轮的几何轴线位置都是固定不变的。这种所有齿轮的几何轴线位置在运转过程中均固定不变的轮系，称为定轴轮系。

2. 周转轮系

轮系在运转时，若各齿轮的几何轴线的位置并不都是固定的，至少有一个轴线绕另一个齿轮的几何轴线转动，这种轮系称为周转轮系。如图 10-2 所示的轮系中，齿轮 1 和构件 H 的轴线固定，齿轮 2 的轴线 O_2 随构件 H 绕轴线 $O_H(O_1)$ 转动，所以该轮系为周转轮系。

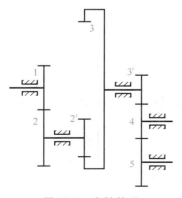

图 10-1　定轴轮系

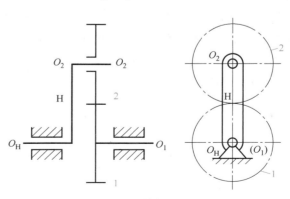

图 10-2　周转轮系（一）

3. 复合轮系

在工程中把既含有定轴轮系又含有周转轮系，或有多个周转轮系组合而成的复杂轮系，称为复合轮系或混合轮系。

10.2 轮系的传动比计算

10.2.1 定轴轮系的传动比计算

1. 平面定轴轮系的传动比计算

平面定轴轮系是指轮系中所有齿轮轴线都互相平行的轮系，即全部由圆柱齿轮组成的轮系。为了计算轮系的传动比，首先要讨论一对圆柱齿轮传动的传动比，如图 10-3 所示，其传动比 i_{12} 是指主动齿轮、从动齿轮的角速度 ω_1 和 ω_2（或转速 n_1 和 n_2）之比，其值等于主动齿轮、从动齿轮齿数 z_1、z_2 的反比，即

$$i_{12} = \frac{\omega_1}{\omega_2} = \frac{n_1}{n_2} = \pm\frac{z_2}{z_1} \tag{10-1}$$

式（10-1）中等号右侧的"±"号表示两圆柱齿轮的相对转向。一对外啮合圆柱齿轮传动，两轮转向相反，如图 10-3a 所示，传动比取"−"号；一对内啮合圆柱齿轮传动，两轮转向相同，如图 10-3b 所示，传动比取"+"号。

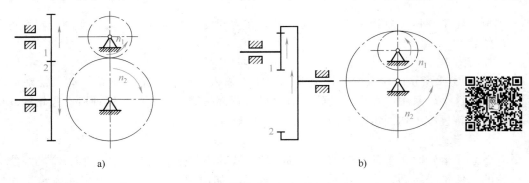

a)   b)

图 10-3　一对圆柱齿轮传动的传动比

一对圆柱齿轮传动相对转向也可用箭头在齿轮传动简图中直接标明，如图 10-3 所示。

下面以图 10-4 所示的轮系为例，讨论平面定轴轮系的传动比计算，轮系中齿轮 1 为主动齿轮，齿轮 5 为从动输出齿轮。已知各齿轮的齿数，求 i_{15}。

轮系中各对啮合齿轮的传动比分别为

$$i_{12} = \frac{n_1}{n_2} = -\frac{z_2}{z_1}$$

$$i_{23} = \frac{n_2}{n_3} = -\frac{z_3}{z_2}$$

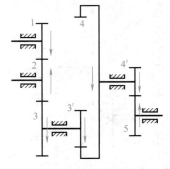

图 10-4　平面定轴轮系的传动比计算

$$i_{3'4} = \frac{n_{3'}}{n_4} = +\frac{z_4}{z_{3'}}$$

$$i_{4'5} = \frac{n_{4'}}{n_5} = -\frac{z_5}{z_{4'}}$$

将以上各等式两边分别对应相乘，则有

$$i_{12}i_{23}i_{3'4}i_{4'5} = \frac{n_1 n_2 n_{3'} n_{4'}}{n_2 n_3 n_4 n_5} = \left(-\frac{z_2}{z_1}\right)\left(-\frac{z_3}{z_2}\right)\left(+\frac{z_4}{z_{3'}}\right)\left(-\frac{z_5}{z_{4'}}\right)$$

考虑到 $n_{3'} = n_3$、$n_{4'} = n_4$，可得

$$i_{15} = \frac{n_1}{n_5} = i_{12}i_{23}i_{3'4}i_{4'5} = (-1)^3 \frac{z_3 z_4 z_5}{z_1 z_{3'} z_{4'}} \tag{10-2}$$

式（10-2）表明：平面定轴轮系传动比的数值等于组成该轮系各对啮合齿轮传动比的连乘积，也等于各对啮合齿轮中所有从动齿轮的齿数乘积与所有主动齿轮的齿数乘积之比。轮系中主动齿轮与从动齿轮的转向关系取决于外啮合齿轮的对数。该轮系中外啮合齿轮的对数为 3，故传动比 i_{15} 为负值，它表示齿轮 1 和齿轮 5 的转向相反。

轮系中的主动齿轮与从动齿轮的相对转向，也可以用画箭头的方法确定，如图 10-4 所示。由图可见，齿轮 1 与齿轮 5 的转向相反。

从上述所计算的轮系传动比中，没有包含齿轮 2 的齿数 z_2，这是因为齿轮 2 既是前一级的从动齿轮，又是后一级的主动齿轮。显然，它不改变传动比的大小，但却能改变从动齿轮的转向，这种不影响传动比数值大小，只起改变转向作用的齿轮称为惰轮或过桥齿轮。

设齿轮 1 为起始主动轮，齿轮 k 为最末从动齿轮，则由上述轮系传动比计算式可推广得出平面定轴轮系传动比计算的一般表达式为

$$i_{1k} = \frac{n_1}{n_k} = (-1)^m \frac{\text{齿轮 1 与齿轮 } k \text{ 间各级啮合中的所有从动齿轮齿数的乘积}}{\text{齿轮 1 与齿轮 } k \text{ 间各级啮合中的所有主动齿轮齿数的乘积}} \tag{10-3}$$

式中 m——轮系中齿轮外啮合次数。

当 m 为奇数时，i_{1k} 为负号，说明首、末两齿轮转向相反；当 m 为偶数时，i_{1k} 为正号，说明首、末两齿轮转向相同。

2. 空间定轴轮系的传动比计算

若在定轴轮系中各齿轮的轴线不都互相平行，即含有锥齿轮、蜗杆蜗轮等空间齿轮传动，则称该轮系为空间定轴轮系，如图 10-5 所示。对于空间定轴轮系，其传动比的大小仍可用式（10-3）计算，但因各轴线并不都相互平行，故不能用 $(-1)^m$ 来确定主动齿轮与从

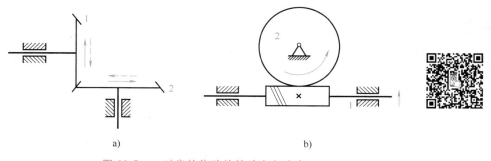

图 10-5 一对齿轮传动的转动方向确定

动齿轮的相对转向，需用箭头法来判定。对于锥齿轮传动，表示方向的箭头应该同时指向啮合点或同时背离啮合点，如图 10-5a 所示。对于蜗杆传动，需用主动齿轮左、右手规则判定。若是右旋蜗杆，以右手握住蜗杆，除拇指以外四指沿蜗杆的转动方向包绕，则拇指指向的反方向为蜗轮上啮合点处的线速度方向，如图 10-5b 所示。若是左旋蜗杆，则用左手规则判断。

例 10-1　如图 10-6 所示的空间定轴轮系，已知各轮齿数 $z_1 = 15$，$z_2 = 25$，$z_{2'} = z_4 = 14$，$z_3 = 23$，$z_{4'} = 20$，$z_5 = 24$，$z_6 = 40$，$z_7 = 2$（右旋），$z_8 = 60$；若 $n_1 = 800 \text{r/min}$，求轮系传动比 i_{18}，以及蜗轮 8 的转速和转向。

解：按式（10-3）计算传动比的大小

$$i_{18} = \frac{n_1}{n_8} = \frac{z_2 z_3 z_4 z_5 z_6 z_8}{z_1 z_{2'} z_3 z_{4'} z_5 z_7}$$

$$= \frac{25 \times 14 \times 40 \times 60}{15 \times 14 \times 20 \times 2}$$

$$= 100$$

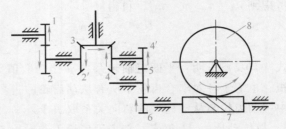

图 10-6　空间定轴轮系

$$n_8 = \frac{n_1}{i_{18}} = \frac{800}{100} \text{r/min} = 8 \text{r/min}$$

因首、末两齿轮不平行，故传动比不加符号；各齿轮转向用画箭头的方法确定，蜗轮 8 的转向为图 10-6 所示的逆时针方向。

10.2.2　周转轮系的传动比计算

1. 周转轮系的分类

图 10-7 所示为周转轮系，齿轮 1、齿轮 3 及构件 H 各绕固定的互相重合的几何轴线 OO 转动，齿轮 2 的转轴装在构件 H 的端部，并与齿轮 1、3 啮合，因此它一方面绕自己的几何轴线 $O_2 O_2$ 回转（自转），同时又随构件 H 绕几何轴线 OO 回转（公转），把这种既有公转又有自转运动的齿轮 2 称为行星轮。支承行星轮 2 做公转的构件 H 称为行星架或系杆，而与行星轮相啮合几何轴线固定的齿轮称为中心轮式太阳轮，如齿轮 1、3。

周转轮系按其自由度可分为两类，自由度为 2 的周转轮系称为差动轮系，如图 10-7 所示。自由度为 1 的周转轮系称为行星轮系，如图 10-8 所示。行星轮系中太阳轮 3 是固定的。

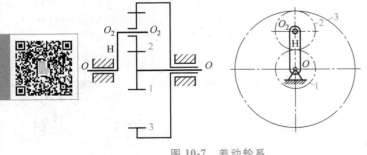

图 10-7　差动轮系

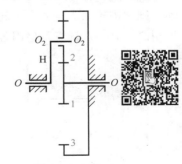

图 10-8　行星轮系

周转轮系也可分为平面周转轮系和空间周转轮系两类。

2. 周转轮系的传动比计算

周转轮系中，如图 10-9a 所示为差动轮系，由于存在几何轴线不固定的行星轮，所以不能直接引用求解定轴轮系传动比的方法来计算。但是，如果能使行星架固定，并保持周转轮系中各个构件间的相对运动不变，则周转轮系就转化为一个假想的定轴轮系，如图 10-9b 所示，就可由定轴轮系传动比计算公式（10-3）求解周转轮系中有关构件的转速及传动比。这种方法是基于相对运动原理，即对轮系中的每一构件同时增加一个相同角速度后，不会改变原系统中各构件的相对运动关系，称为"转化机构法"或"反转法"。

假设轮系各齿轮和行星架 H 的转速分别为 n_1、n_2、n_3、n_H，其转向如图 10-9a 所示。为将周转轮系转化为定轴轮系，设想将整个轮系中每个构件（包括机架）加上一个与行星架 H 的转速 n_H 大小相等、方向相反的公共转速（$-n_H$），此时，行星架 H 的转速为 $n_H-n_H=0$，即行星架变为静止不动，周转轮系转化成了定轴轮系，如图 10-9b 所示。这个转化而成的假想的定轴轮系，称为原周转轮系的转化机构。周转轮系中转化前后各构件的转速变化情况见表 10-1。

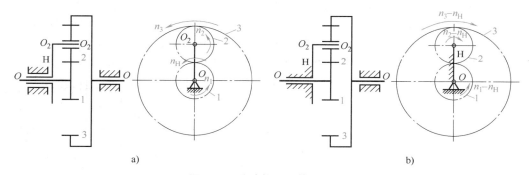

图 10-9 差动轮系及转化轮系

表 10-1 周转轮系中转化前后各构件的转速变化情况

构件	原周转轮系中的构件转速	转化机构中的构件转速（相对于行星架 H 的转速）
1	n_1	$n_1^H = n_1 - n_H$
2	n_2	$n_2^H = n_2 - n_H$
3	n_3	$n_3^H = n_3 - n_H$
H	n_H	$n_H^H = n_H - n_H = 0$

周转轮系的转化机构是一个定轴轮系，可直接应用定轴轮系传动比公式计算任意两个齿轮的传动比，即

$$i_{13}^H = \frac{n_1^H}{n_3^H} = \frac{n_1-n_H}{n_3-n_H} = (-1)^1 \frac{z_2 z_3}{z_1 z_2} = -\frac{z_3}{z_1}$$

式中，"−"号表示齿轮 1 和齿轮 3 在转化机构中的转向相反。

将公式推广到一般情况，设 n_G 和 n_K 为周转轮系中任意两个齿轮 G 和 K 的转速，n_H 为行星架 H 的转速，则有

$$i_{GK}^H = \frac{n_G^H}{n_K^H} = \frac{n_G-n_H}{n_K-n_H} = (-1)^m \frac{\text{G 到 K 各对啮合齿轮从动齿轮齿数的乘积}}{\text{G 到 K 各对啮合齿轮主动齿轮齿数的乘积}} \tag{10-4}$$

式中　i_{GK}^{H}——转化机构中由主动轮 G 至从动轮 K 的传动比；

$\quad\quad m$——转化机构中齿轮 G 至齿轮 K 的外啮合齿轮次数。

由式（10-4）可知，当周转轮系各轮齿数已知时，只要已知 n_G、n_K 和 n_H 中的任意两个参数，就可确定第三个构件的转速，从而可以求出三个构件中任意两个构件间的传动比。

周转轮系传动比计算的注意事项如下。

1）正确区分 i_{GK}^{H} 和 i_{GK}。i_{GK}^{H} 为转化机构中齿轮 G 与齿轮 K 的转速之比，即 $i_{GK}^{H}=\dfrac{n_G-n_H}{n_K-n_H}$；

而 i_{GK} 为周转轮系中 G、K 两轮的实际转速之比，即 $i_{GK}=\dfrac{n_G}{n_K}$。显然，两者意义完全不同。

2）所得结果中的"±"号仅仅表明在该轮系的转化机构中齿轮 G、K 之间的转向关系，而不是周转轮系中轮 G 和轮 K 的实际转向。若漏判或错判，将直接影响 n_G、n_K 和 n_H 之间的数值关系，进而影响传动比计算结果的正确性。

3）n_G、n_K 和 n_H 均为代数值，代入数据时应同时代入正、负号（可先假定某一方向转速为正，则与其同向者取正号，与其反向者取负号）。

4）式（10-4）也适用于含有空间齿轮的周转轮系，但 G、K 两轮和行星架 H 的轴线必须互相平行，且传动比 i_{GK}^{H} 的正、负号只能用画箭头的方法确定。

5）不能将式（10-4）用于轴线不平行的两轴之间。如图 10-10 所示的周转轮系中，因齿轮 1、3 和行星架 H 的转动轴线相互平行，则

$$i_{13}^{H}=\frac{n_1-n_H}{n_3-n_H}=-\frac{z_3}{z_1}$$

而

$$i_{12}^{H}\neq\frac{n_1-n_H}{n_2-n_H}$$

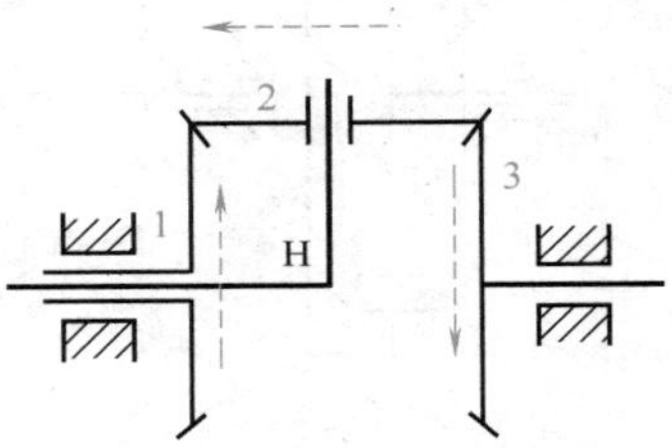

图 10-10　周转轮系（二）

例 10-2　如图 10-11 所示的大传动比减速器的周转轮系，已知各轮的齿数：$z_1=100$，$z_2=101$，$z_{2'}=100$，$z_3=99$。试求系杆 H 对输出齿轮 1 的传动比 i_{H1}。

解：由于太阳轮 3 固定（即 $n_3=0$），所以该轮系为行星轮系。用画箭头的方法确定转化轮系中各齿轮的相对转向（如图中虚线箭头所示），由式（10-4）可得

$$i_{13}^{H}=\frac{n_1-n_H}{n_3-n_H}=(-1)^2\frac{z_2 z_3}{z_1 z_{2'}}$$

$$i_{1H}=\frac{n_1}{n_H}=1-i_{13}^{H}=1-\frac{z_2 z_3}{z_1 z_{2'}}=1-\frac{101\times99}{100\times100}=\frac{1}{10000}$$

则

$$i_{H1}=\frac{n_H}{n_1}=\frac{1}{i_{1H}}=10000$$

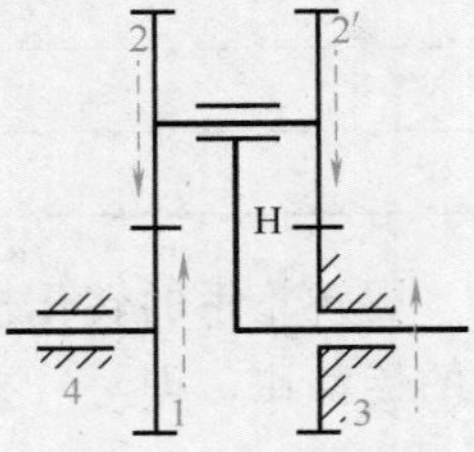

图 10-11　大传动比
减速器的周转轮系

以上计算说明，行星架 H 转 10000 转时，太阳轮 1 只转 1 转，且两构件转向相同，这表明行星轮系可用少数几个齿轮获得很大的传动比，结构尺寸比定轴轮系紧凑。若将 z_1 由 100 改为 99，则

$$i_{1H} = \frac{n_1}{n_H} = 1 - i_{13}^H = 1 - \frac{z_2 z_3}{z_1 z_{2'}} = 1 - \frac{101 \times 99}{99 \times 100} = -\frac{1}{100}$$

即

$$i_{H1} = \frac{n_H}{n_1} = \frac{1}{i_{1H}} = -100$$

同一种结构型式的行星轮系，由于某一齿轮的齿数略有变化，其传动比也会发生很大的变化，同时，从动齿轮的转向也改变了。这是定轴轮系难以实现的。

例 10-3 在图 10-12 所示的锥齿轮组成的差动轮系中，已知各轮的齿数：$z_1 = 60$，$z_2 = 40$，$z_{2'} = z_3 = 25$；转速：$n_1 = 150\text{r/min}$，$n_3 = 90\text{r/min}$，转向相反（如图中实线箭头所示）。求 n_H 的大小和方向。

解：这是由锥齿轮组成的差动轮系，虽然是空间轮系，但其输入轴和输出轴相互平行，可用画箭头的方法确定转化轮系中各轮的相对转向，如虚线箭头所示，由式（10-4）可得

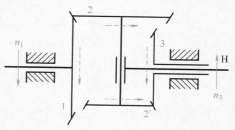

图 10-12 锥齿轮组成的差动轮系

$$i_{13}^H = \frac{n_1 - n_H}{n_3 - n_H} = \frac{150 - n_H}{-90 - n_H} = +\frac{z_2 z_3}{z_1 z_{2'}} = +\frac{40 \times 25}{60 \times 25} = +\frac{2}{3}$$

式中的 "+" 号是由齿轮 1 和齿轮 3 的虚线箭头确定的，表示在转化轮系中，齿轮 1 和齿轮 3 的转向相同，与实线箭头无关。已知给定 n_1、n_3 的转向相反，设 n_1 为正，n_3 为负。代入得

$$n_H = 630\text{r/min}$$

计算结果为正，说明系杆 H 的转向与齿轮 1 的转向相同，与齿轮 3 的转向相反。

10. 2. 3 复合轮系的传动比计算

复合轮系是由定轴轮系和周转轮系，或由几个基本周转轮系组合而成的。计算复合轮系的传动比时，首先必须正确区分各个基本周转轮系和定轴轮系，然后分别列出其传动比计算公式，最后联立求解。

正确区分各个轮系的关键是找出基本的周转轮系。而找基本周转轮系的一般方法为先找到行星轮，然后找出行星架，以及找出与行星轮相啮合的太阳轮。这样，行星轮、行星架及太阳轮就构成了一个基本的周转轮系。当各个基本周转轮系区分出以后，余下的其他齿轮就构成定轴轮系。

例 10-4 在图 10-13 所示的复合轮系中，已知各齿轮的齿数：$z_1 = 20$，$z_2 = 30$，$z_3 = 80$，$z_4 = 40$，$z_5 = 20$，求 i_{15}。

解：复合轮系中有两个基本轮系，一个是齿轮 1、2、3 和系杆 H 组成的周转轮系，另一个是由齿轮 4、5 组成的定轴轮系。在这两个基本轮系中，系杆 H 与齿轮 4 固连，具有相同的转速，即 $n_H = n_4$。

1）在齿轮 1、2、3 及系杆 H 组成的周转轮系中，由

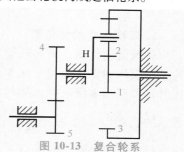

图 10-13 复合轮系

$$i_{13}^{H}=\frac{n_1-n_H}{n_3-n_H}=\frac{n_1-n_4}{0-n_4}=-\frac{z_3}{z_1}=-\frac{80}{20}=-4$$

得

$$n_4=\frac{n_1}{5} \tag{10-5}$$

2）在齿轮4、5组成的定轴轮系中，由

$$i_{45}=\frac{n_4}{n_5}=-\frac{z_5}{z_4}=-\frac{20}{40}=-\frac{1}{2}$$

得

$$n_4=-\frac{n_5}{2} \tag{10-6}$$

联立式（10-5）和式（10-6），得

$$i_{15}=\frac{n_1}{n_5}=-2.5$$

式中，"–"号表示齿轮1和齿轮5的转向相反。

例10-5　图10-14所示为电动卷扬机减速器的轮系，已知各轮齿数：$z_1=24$，$z_2=35$，$z_{2'}=21$，$z_3=78$，$z_{3'}=18$，$z_4=30$，$z_5=78$。求传动比i_{1H}。

解：该复合轮系中，齿轮1、2、2'、3及H（轮5）组成差动轮系；齿轮3'、4、5组成定轴轮系。

对于差动轮系

$$i_{13}^{H}=\frac{n_1-n_H}{n_3-n_H}=(-1)^1\frac{z_2z_3}{z_1z_{2'}}=-\frac{35\times78}{24\times21}=-\frac{65}{12} \tag{10-7}$$

对于定轴轮系

$$i_{3'5}=\frac{n_{3'}}{n_5}=(-1)^1\frac{z_5}{z_{3'}}=-\frac{78}{18}=-\frac{13}{3} \tag{10-8}$$

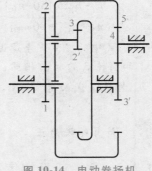

图10-14　电动卷扬机减速器的轮系

考虑到$n_3=n_{3'}$，$n_H=n_5$，联立式（10-7）和式（10-8）得

$$i_{1H}=\frac{n_1}{n_5}=\frac{269}{9}=29.9$$

正号说明齿轮1和齿轮5的转向相同。

🔩 10.3　轮系的功用

1. 实现大传动比传动

一对齿轮传动，若传动比过大，势必造成结构尺寸太大，而且由于齿数过于悬殊，小齿轮易于损坏和发生齿根干涉等问题，所以，一般单级齿轮传动比不应大于7。若需更大传动比时，可利用多级定轴轮系传动来实现，也可采用周转轮系或复合轮系来实现。如例10-2所示的轮系传动比$i_{1H}=\frac{1}{10000}$或$i_{H1}=10000$。

但需注意的是，这类行星轮系传动，传动比越大，机械效率越低，故不宜用于传递大功率场合，只适用于作为辅助装置的减速机构，如将其作为增速传动，甚至可能发生自锁。

2. 实现分路传动

利用定轴轮系，可以通过主动轴上的若干齿轮分别把运动传递给多个工作部件，从而实现分路传动。图 10-15 所示为滚齿机工作台的传动机构，电动机带动主动轴转动，通过该轴上的齿轮 1 和齿轮 3，分两路把运动传递给单线滚刀及齿轮坯，从而使刀具和轮坯之间具有确定的互为包络的切削关系。

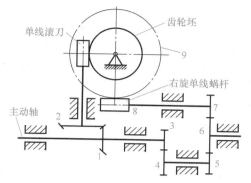

3. 实现运动的合成与分解

利用差动轮系具有两个自由度的特点，可以把两个输入运动合成为一个输出运动，或将一个输入运动分解为两个输出运动。

在例 10-3 中（图 10-12）的锥齿轮组成的差动轮系中，将两个已知的 n_1、n_3 转向相反的转动合成为系杆的转动 $n_H = 3n_1 + 2n_3$。该轮系也可作为加（减）法机构，在机床、计算机构和运动补偿装置中得到了广泛应用。

图 10-15　滚齿机工作台的传动机构

图 10-16 所示为汽车后桥差速器，它可以实现运动的分解。汽车发动机的运动从变速器经传动轴传给齿轮 1，再带动齿轮 2 及固接与齿轮 2 上的系杆 H 转动。齿轮 3、4、5 及系杆 H 组成差动轮系。由此可知，该差速器是由一个齿轮 1 与齿轮 2 组成的定轴轮系和一个差动轮系构成的复合轮系。

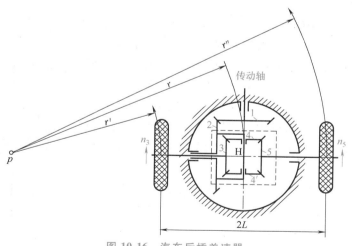

图 10-16　汽车后桥差速器

左、右两个后轮分别与锥齿轮 3、5 连接，锥齿轮 2 空套在左轮半轴上，两个行星轮 4 和 4′ 装在系杆 H 上。

$$i_{35}^{H} = \frac{n_3 - n_H}{n_5 - n_H} = -\frac{z_5}{z_3} = -1$$

故

$$n_H = n_2 = \frac{n_3 + n_5}{2} \tag{10-9}$$

当汽车直线行驶时，前轮的转向机构通过地面的约束作用，要求两后轮有相同的转速，即要求齿轮 3 和齿轮 5 转速相等，$n_3 = n_5$，由式（10-9）可得 $n_3 = n_5 = n_H = n_2$，这时齿轮 3 和齿轮 5 之间没有相对运动，齿轮 4 不绕自身轴线转动，齿轮 3、4、5 如同一个整体，一起随齿轮 2 转动。

当汽车转弯时，左、右两车轮所走的路程不相等，因此，要求齿轮 3 和齿轮 5 具有不同的转速。汽车后桥上装上差速器后，就可根据转弯半径的大小不同，自动改变两个后轮的转速，使车轮与地面间不发生滑动以减小轮胎的磨损。设汽车左转弯时，右侧车轮比左侧车轮转得要快，齿轮 3 和齿轮 5 之间发生相对运动，这时轮系才起到差速的作用，来调整两轮的转速。

设两后轮的轮距为 $2L$，转弯平均半径为 r，因为两车轮的直径大小相等，车轮与地面之间又是纯滚动，所以两车轮的转速与转弯半径成正比，如图 10-16 所示，可得

$$\frac{n_3}{n_5} = \frac{r'}{r''} = \frac{r-L}{r+L} \tag{10-10}$$

联立解式（10-9）和式（10-10）得

$$n_3 = \frac{r-L}{r} n_2$$

$$n_5 = \frac{r+L}{r} n_2$$

以上说明，当汽车转弯时，可利用差速器运动分解特性自动将传动轴的转动分解为两个车轮的不同转动。

4. 实现变速传动

图 10-17 所示为转炉倾动装置的齿轮传动机构，整个装置由齿轮 1、2 组成的定轴轮系和齿轮 a、b、g 和系杆 H 组成的周转轮系所构成，内齿轮 b 和外齿轮 2 为同一构件。在装料时，希望炉体倾动要快；而在出钢或出渣时，希望炉体倾动要慢。太阳轮 a 和 b 分别由电动机 D_2、D_1 驱动。起动电动机 D_1、D_2，使 D_1、D_2 做同向或反向转动；或起动电动机 D_1，制动 D_2；或起动电动机 D_2，制动 D_1，即可使系杆 H 输出四种不同的转速，以满足生产要求。

周转轮系实现变速传动，不需要采用滑移齿轮，因而变速器的轴向尺寸小，且由于变速过程中，各对齿轮不需离合，始终处于啮合状态，故使变速比较可靠。

除以上所述的几种主要用途以外，周转轮系和复合轮系在工程实际中还有其他多方面的应用。

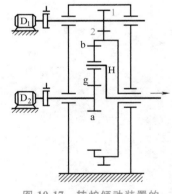

图 10-17 转炉倾动装置的齿轮传动机构

🔧 思考与练习题

10-1 在图 10-18 所示的轮系中，已知各轮齿数：$z_1 = 15$，$z_2 = 25$，$z_{2'} = 15$，$z_3 = 30$，$z_{3'} = 15$，$z_4 = 30$，$z_{4'} = 2$，$z_5 = 60$，$z_{5'} = 20$（模数 $m = 4\text{mm}$）。若 $n_1 = 500\text{r/min}$，求齿条 6 的线速度的大小和方向。

10-2 在图 10-19 所示的轮系中，已知各轮齿数：$z_1 = 15$，$z_2 = 25$，$z_{2'} = 20$，$z_3 = 60$；转速：$n_1 = 200 \text{r/min}$，$n_3 = 50 \text{r/min}$。试分别求出当 n_1 和 n_3 转向相同或相反时，n_H 的大小和转向。

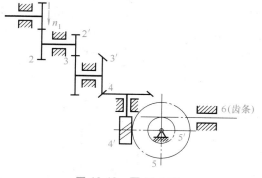

图 10-18 题 10-1 图

图 10-19 题 10-2 图

10-3 在图 10-20 所示的某涡轮螺旋桨发动机主减速器传动机构中，已知各轮齿数：$z_1 = z_{1'} = 35$，$z_2 = z_{2'} = 31$，$z_3 = z_{3'} = 97$。求该减速器的传动比 i_{1H}。

10-4 在图 10-21 所示的轮系中，已知各轮齿数：$z_1 = 25$，$z_2 = 50$，$z_{2'} = 25$，$z_H = 100$，$z_4 = 50$；各齿轮模数相同。求传动比 i_{14}。

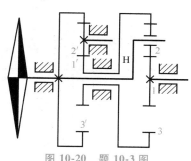

图 10-20 题 10-3 图

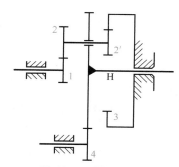

图 10-21 题 10-4 图

10-5 在图 10-22 所示的轮系中，已知各齿轮齿数：$z_1 = z_2 = z_4 = z_5 = 20$，$z_3 = 40$，$z_6 = 60$。齿轮 1 的转动方向如图 10-22 所示，求 i_{1H} 的大小及转向。

10-6 在图 10-23 所示的轮系中，已知各齿轮齿数：$z_1 = 36$，$z_2 = 60$，$z_3 = 23$，$z_4 = 49$，$z_{4'} = 69$，$z_5 = 31$，$z_6 = 131$，$z_7 = 94$，$z_8 = 36$，$z_9 = 167$；转速 $n_1 = 3549 \text{r/min}$。求 n_{H_2} 的大小和方向。

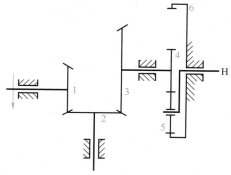

图 10-22 题 10-5 图

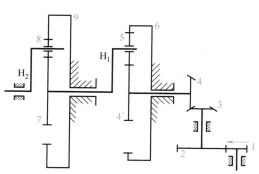

图 10-23 题 10-6 图

10-7 车床尾座传动机构如图 10-24 所示，在图示位置时，转动手轮通过齿轮 1、2、3 及系杆 H 使丝杠得到慢速转动；若要使丝杠得到快速转动，则将首轮向左推移，使齿轮 1 与齿轮 2 脱离啮合，而与内齿轮 4 啮合，这时丝杠的转速等于手轮的转速，已知各齿轮齿数：$z_1 = z_2 = z_4 = 16$，$z_3 = 48$。试求丝杠在慢速转动过程中，当手轮转一圈时丝杠转过的圈数。

10-8 在图 10-25 所示的轮系中，已知各轮齿数：$z_1 = 18$，$z_2 = 22$，$z_3 = 23$，$z_{3'} = 30$，$z_4 = 15$；各轮模数相同，均为标准齿轮，且齿轮 1、3、3'、5、H 同轴线。求传动比 i_{1H}。

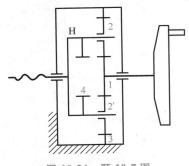

图 10-24 题 10-7 图

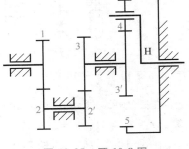

图 10-25 题 10-8 图

10-9 在图 10-26 所示的轮系中，已知各轮齿数：$z_1 = 25$，$z_3 = 85$，$z_{3'} = z_5$。试求传动比 i_{15}。

10-10 在图 10-27 所示的轮系中，已知各轮齿数：$z_1 = z_{2'} = 28$，$z_2 = z_3 = 23$，$z_H = 90$，$z_4 = 18$。试求传动比 i_{14}。

10-11 在图 10-28 所示的减速器中，已知各齿轮齿数：$z_1 = 18$，$z_2 = 28$，$z_{2'} = 24$，$z_3 = 74$，$z_4 = 70$；电动机转速为 960r/min。试求输出轴的转速 n_4。

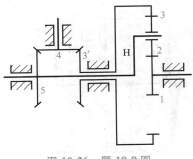

图 10-26 题 10-9 图

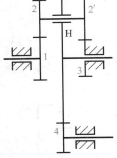

图 10-27 题 10-10 图

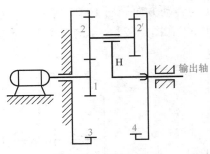

图 10-28 题 10-11 图

第 11 章

间歇运动机构

本章提要

当主动件连续运动时，从动件周期性地产生运动和停歇的机构称为间歇运动机构。间歇运动机构在自动生产线的转位机构、步进机构、计数装置和许多复杂的轻工业机械中有着广泛的应用。本章着重介绍最常见的棘轮机构和槽轮机构。

11.1 棘轮机构

11.1.1 棘轮机构的工作原理

图 11-1a 所示为外啮合棘轮机构，图 11-1b 所示为内啮合棘轮机构。棘轮机构主要由摆杆 1、棘爪 2、棘轮 3、机架 4 和止回棘爪 5 组成。当摆杆 1 沿顺时针方向摆动时，棘爪 2 将插入棘轮 3 的齿槽中，并带动棘轮沿顺时针方向转过一定的角度；当摆杆沿逆时针方向摆动时，棘爪在棘轮的齿背上滑过，这时棘轮不动。为防止棘轮倒转，机构中装有止回棘爪 5，并用弹簧使止回棘爪与棘轮轮齿始终保持接触。这样，当摆杆连续往复摆动时，就实现了棘轮的单向间歇运动。

如果改变摆杆 1 的结构形状，就可以得到图 11-2 所示的双动式棘轮机构，摆杆 1 做往复摆动时，棘轮 2 沿着同一方向转动。棘爪 3 可以制成直的，如图 11-2a 所示；或带钩头的，如图 11-2b 所示。

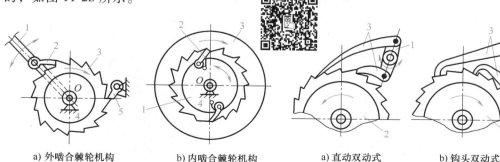

a) 外啮合棘轮机构　　　　b) 内啮合棘轮机构

图 11-1　棘轮机构的基本结构

1—摆杆（拨盘）　2—棘爪　3—棘轮　4—机架　5—止回棘爪

a) 直动双动式　　　　b) 钩头双动式

图 11-2　双动式棘轮机构

1—摆杆　2—棘轮　3—棘爪

要使一个棘轮获得双向的间歇运动，可把棘轮轮齿的侧面制成对称的形状，一般采用矩形，棘爪需制成可翻转的或可回转的，如图 11-3 所示。图 11-3a 所示的可变向棘轮机构，通过翻转棘爪实现棘轮的转动方向变化。当棘爪 1 在图示的实线位置时，棘轮 2 将沿逆时针方向做间歇运动；当棘爪翻转到虚线位置时，棘轮将沿顺时针方向做间歇运动。图 11-3b 所示为另一种可变向棘轮机构，当棘爪 1 在图示位置时，棘轮 2 将沿逆时针方向做间歇运动；若棘爪被提起绕自身轴线旋转 180°后再插入棘轮中，则可实现沿顺时针方向的间歇运动；若棘爪被提起绕自身轴线旋

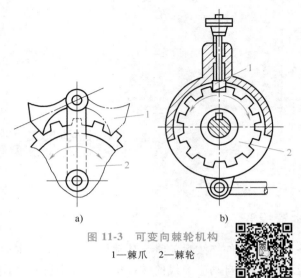

图 11-3 可变向棘轮机构
1—棘爪 2—棘轮

转 90°后放下，棘爪就会架在壳体的顶部平台上，使棘轮与架子脱离接触，则当摆杆往复运动时棘轮静止不动。此种棘轮机构常应用在牛头刨床工作台的自动进给装置中。

11.1.2 棘轮机构的特点和应用

棘轮机构结构简单、制造方便、运动可靠，在各类机械中有较广泛的应用。

1. 棘轮机构具有间歇运动特性

棘轮机构可实现单向和多向间歇运动。图 11-4 所示为浇注自动线的输送装置，棘轮和带轮固连在同一轴上。当气缸内的活塞上移时，活塞杆 1 推动摇杆使棘轮转过一定角度，将输送带 2 向前移动一段距离；当气缸内的活塞下移时，棘轮停止转动，浇包对准砂型进行浇注。活塞不停地上下移动，完成砂型的浇注和输送任务。当棘轮直径为无穷大时，即变为棘条，此时可实现间歇移动。

2. 棘轮机构具有快速超越运动特性

图 11-5 所示为自行车后轴上的飞轮机构，是一种典型的超越机构。当脚踏脚蹬时，链条带动内圈上有棘轮的链轮 1 顺时针转动，再通过棘爪 4 带动后轮轴 2 一起在后轴 3 上转动，自行车前进。在前进过程中，如果脚蹬不动，链轮也就停止转动，这时，由于惯性作用，

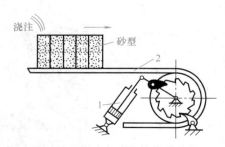

图 11-4 浇注自动线的输送装置
1—活塞杆 2—输送带

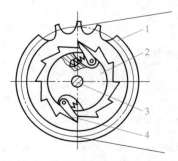

图 11-5 自行车后轴上的飞轮机构
1—链轮 2—后轮轴 3—后轴 4—棘爪

后轮轴带动棘爪从链轮内缘的齿背上滑过，仍在继续顺时针转动，即实现后轮轴的超越运动，这就是不蹬踏板自行车仍能自由滑行的原理。

3. 棘轮机构可以实现有级变速传动

如图 11-6 所示，齿罩 2 在棘爪 1 摆角 α 的范围内遮住一部分棘齿，使棘爪在摆动过程中，只能与未遮住的棘轮轮齿啮合。改变齿罩的位置，可以获得不同的啮合齿数，从而改变棘轮的转动角度，实现有级变速传动。如果要实现无级变速传动，必须采用摩擦式棘轮机构，如图 11-7 所示，这种机构是通过棘爪 1 与棘轮 2 之间的摩擦力来传递运动的，其中 3 为制动棘爪。这种机构在传动过程中很少发生噪声，但其接触面积间容易发生滑动，因此传动精度不高，传递的转矩也受到一定的限制。实际应用中，常把摩擦式棘轮机构作为超越离合器，实现进给和传递运动。

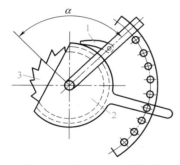

图 11-6　有级变速棘轮机构

1—棘爪　2—齿罩　3—棘轮

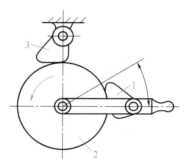

图 11-7　无级变速棘轮机构

1—棘爪　2—棘轮　3—制动棘爪

11.1.3　棘轮机构的设计

如图 11-8 所示，为简便起见，设棘爪与棘轮的啮合点在齿顶 A 点。为使棘爪受力最小，应使 A 点和棘爪的转动中心 O_2 的连线垂直于棘轮半径 O_1A。轮齿与棘爪间的作用力为正压力 F_n 和摩擦力 F_f，力 F_n 有使棘爪逆时针转回齿根的倾向；摩擦力 F_f 阻止棘爪落回齿根。为了保证棘轮正常工作，必须使力 F_n 对 O_2 的力矩大于 F_f 对 O_2 的力矩，即

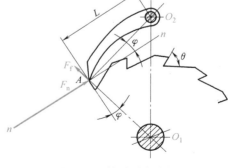

$$F_n L \sin\varphi > F_f L \cos\varphi$$

又因为

$$F_f = f F_n, \quad f = \tan\rho$$

代入上式，得

图 11-8　棘爪受力分析

$$\tan\varphi > \tan\rho$$

$$\varphi > \rho \tag{11-1}$$

式中　φ——轮齿工作齿面与径向线之间的夹角，称为齿面角；

ρ——轮齿与棘爪间的摩擦角，$\rho = \arctan f$，f 为摩擦因数。

式（11-1）说明，棘爪顺利进入棘轮齿槽条件是 $\varphi > \rho$。

11.2 槽轮机构

11.2.1 槽轮机构的工作原理

槽轮机构又称为马耳他机构，是一种常见的间歇运动机构。其基本结构型式可分为内啮合槽轮机构和外啮合槽轮机构两种，其中外啮合槽轮机构应用比较广泛，如图 11-9 所示。外啮合槽轮机构是由具有圆销的自动拨盘 1 和具有若干径向槽的槽轮 2 及机架所组成的。当自动拨盘 1 做等速连续转动时，槽轮做反向（外啮合）或同向（内啮合）的单向间歇转动，在圆销未进入槽轮径向槽时，槽轮上的内凹锁住弧 S_2 被主动拨盘的外凸锁住弧 S_1 卡住，使槽轮停歇在确定的位置上不动。当拨盘上的圆销 A 进入槽轮径向槽时，锁住弧松开，圆销驱动槽轮转动，循环往复，时停时动，因此，槽轮机构是一种间歇运动机构。

槽轮机构构造简单，机械效率高，并且传动平稳，因此在自动机床转位机构、电影放映机卷片机构等自动机械中得到广泛的应用。图 11-10 所示为电影放映机卷片机构。当槽轮 2 间歇运动时，胶片上的画面依次在方框中停留，通过视觉暂留而获得连续的场景。槽轮机构的缺点是不像棘轮机构那样具有超越性能，也不能改变或调节从动轮的转动角度。槽轮机构工作时，存在冲击，故不能运用于高速的场合，其适用的范围受到一定的限制。

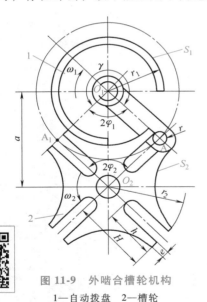

图 11-9　外啮合槽轮机构

1—自动拨盘　2—槽轮

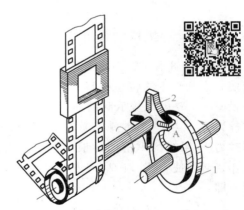

图 11-10　电影放映机卷片机构

1—拨盘　2—槽轮

11.2.2　槽轮机构的主要参数选择及几何尺寸

外啮合槽轮机构的主要参数是槽数 z 和拨盘圆销数 k，如图 11-9 所示，为避免槽轮 2 在驱动和停歇时发生刚性冲击，圆销 A 开始进入径向槽或从径向槽中脱出时，径向槽的中心线应切于圆销中心的运动圆周，即 $O_1A \perp O_2A$ 或者 $O_1A_1 \perp O_2A_1$。设槽轮上均匀径向分布的槽数为 z，当拨盘转过角度 $2\varphi_1$ 时，槽轮转过 $2\varphi_2$，两转角之间的关系为

$$2\varphi_1 = \pi - 2\varphi_2 = \pi - 2\pi/z$$

一个运动循环内，槽轮运动时间 t_2 与拨盘运动时间 t_1 的比值 τ 称为运动特性系数。当拨盘1等速转动时，这两个时间之比也可用转角之比表示。对于只有一个圆销的槽轮机构，t_2 和 t_1 分别对应拨盘1转过的角度 $2\varphi_1$ 和 2π。故 τ 可写为

$$\tau = \frac{t_2}{t_1} = \frac{2\varphi_1}{2\pi} = \frac{\pi - \dfrac{2\pi}{z}}{2\pi} = \frac{1}{2} - \frac{1}{z} = \frac{z-2}{2z} \tag{11-2}$$

由式（11-2）可知，当 $z>3$ 时，$\tau<0.5$，这说明槽轮运动时间占的比例小，如果想增加槽轮运动时间所占的比例，可在拨盘上安装数个圆销。设拨盘上均布 k 个圆销，当拨盘回转一周时，槽轮转动 k 次，这时槽轮的运动特性系数为

$$\tau = \frac{k(z-2)}{2z} \tag{11-3}$$

由于 τ 总小于1（$\tau=1$ 表示槽轮2与拨盘1一样做连续转动，不能实现间歇运动），故圆销数

$$k < \frac{2z}{z-2} \tag{11-4}$$

由式（11-4）可以看出，圆销数 k 不能任意选取。当 $z=3$ 时，$k=1\sim5$；当 $z=4$ 或 5 时，$k=1\sim3$；当 $z\geq6$ 时，$k=1$ 或 2。对于内啮合槽轮机构，圆销数 k 只能是一个。

槽数 $z>9$ 的槽轮机构比较少见，因为当中心距一定时，z 越大，槽轮的尺寸也越大，转动时的惯性力矩就增大。另由式（11-2）可知，当 $z>9$ 时，槽数虽增加，τ 的变化却不大，起不到明显的作用，故 z 常取 $4\sim8$。

思考与练习题

11-1　棘轮机构除常用来实现间歇运动的功能外，还常用来实现什么功能？

11-2　棘轮机构的工作原理是什么？转角大小如何调节？

11-3　槽轮机构的工作原理是什么？

11-4　在一个外啮合槽轮机构中，已知主动拨盘等速回转，从动槽轮的槽数 $z=6$，槽轮的停歇时间为1s，槽轮的运动时间为2s。试求：

1）槽轮机构的运动特性系数 τ 是多少？

2）主动拨盘上的圆销数 k 为多少？

11-5　设转塔车床上六槽外啮合槽轮机构中，拨盘圆销数 $k=2$，曲柄角速度 $\omega=1441\text{rad/min}$，求槽轮的运动时间 t_2'、停歇时间 t_2'' 和运动特性系数 τ。

11-6　某外啮合槽轮机构的槽数 $z=6$，圆销数 $k=1$，若槽轮的静止时间 $t_2''=2\text{s}$，求主动拨盘的转速。

11-7　某加工自动线上有一工作台，要求有5个转动工位，为了完成加工任务，要求每个工位的停歇时间 $t_2''=12\text{s}$，如果设计者选用单销外啮合槽轮机构来实现工作台的转位，试求：

1）槽轮机构的运动特性系数 τ。

2）槽轮的运动时间 t_2'。

3）拨盘的转速 n_1。

第 12 章

连　接

本章提要

　　在机器和仪器中，许多零部件需要采用一定的连接方式合成一体，连接是指连接件和被连接件的组合。就机械零件而言，连接件又称紧固件，如螺栓、螺母、键、销等。被连接件有轴与轴上零件（如齿轮、带轮）、箱体与箱盖等。

　　机械连接根据连接件和被连接件有无相对运动可分为动连接和静连接两类：有相对运动的连接称为动连接；无相对运动的连接称为静连接。根据拆开连接时是否损坏连接件或被连接件，静连接又分为可拆连接和不可拆连接：允许多次装拆而无损于连接件或被连接件的使用性能的连接称为可拆连接，如螺纹连接、键连接等；在拆开时损坏连接件或被连接件的连接称为不可拆连接，如焊接、铆接等。

12.1　螺纹连接

12.1.1　螺纹的形成、类型及主要参数

1. 螺纹的形成和类型

　　将一条与水平线成倾斜角 φ 的直线绕在圆柱上，便形成了一条螺旋线，如图 12-1a 所示，选一平面图形，如图 12-1b 所示，让它沿着螺旋线运动，运动过程中要保持该图形平面通过圆柱轴线，其在空间所形成的连续曲面即为螺纹。螺纹的轴向截面形状称为螺纹的牙型。

　　螺纹牙型分为三角形、矩形、梯形、锯齿形等，如图 12-1b 所示。三角形螺纹的自锁性好，主要用于连接，而其他三种螺纹的效率高，主要用于传动。按照螺旋线的旋向，螺纹分为左旋

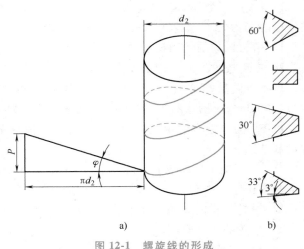

图 12-1　螺旋线的形成

螺纹和右旋螺纹，如图12-2所示。机械制造中一般采用右旋螺纹，有特殊要求时，才采用左旋螺纹。按螺旋线的数目，螺纹还可以分为单线螺纹和等距排列的多线螺纹，如图12-2所示。

螺纹有内螺纹和外螺纹之分，在圆柱体外表面上形成的螺纹称为外螺纹，例如螺栓的螺纹；在圆柱体内表面上形成的螺纹称为内螺纹，例如螺母的螺纹。两者旋合组成螺旋副或螺纹副。用于连接的螺纹称为连接螺纹，用于传动的螺纹称为传动螺纹，其传动形式称为螺旋传动。由于螺旋传动也是用螺纹零件工作，其受力及几何关系与螺纹连接相似。

2. 螺纹的主要参数

螺纹按母体的形状分为圆柱螺纹和圆锥螺纹，下面以图12-3所示的普通圆柱外螺纹为例说明螺纹的主要参数。

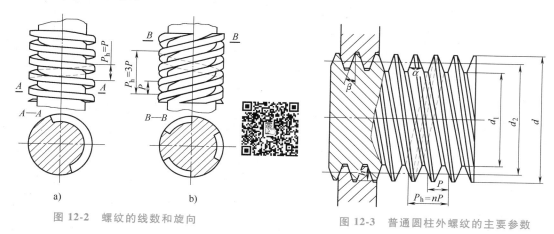

图 12-2 螺纹的线数和旋向

图 12-3 普通圆柱外螺纹的主要参数

（1）大径 d 与外螺纹的牙顶相重合的假想圆柱面的直径，是螺纹的公称直径。

（2）小径 d_1 与外螺纹的牙底相重合的假想圆柱面的直径。在强度计算中，小径常作为危险截面的计算直径。

（3）中径 d_2 与螺杆同心且螺纹牙厚和牙槽宽相等的假想圆柱面的直径。中径是常用于确定螺纹几何参数和配合性质的直径。

（4）螺距 P 相邻两牙在中径线上对应两点间的轴向距离。

（5）线数 n 螺纹的螺旋线个数。

（6）导程 P_h 同一条螺旋线上的相邻两螺纹牙在中径线上对应两点间的轴向距离，$P_h = nP$。

（7）螺纹升角 φ 在中径圆柱上的螺旋线的切线与垂直于螺纹轴线的平面间的夹角。

$$\tan\varphi = \frac{P_h}{\pi d_2} = \frac{nP}{\pi d_2} \tag{12-1}$$

（8）牙型角 α 轴向剖面内螺纹牙型两侧边间的夹角。

（9）牙侧角 β 轴向剖面内螺纹牙型一侧边与螺纹轴线的垂线间的夹角。

（10）接触高度 h 内外螺纹相互旋合后螺纹接触面的径向距离。

连接常用三角形螺纹，又称为普通螺纹。同一公称直径按螺距大小分为粗牙普通螺纹和细牙普通螺纹两种，如图12-4所示。细牙普通螺纹升角小、小径大，自锁性能好、强度高，但不耐磨、易滑扣，适用于薄壁零件，以及自锁性能要求高、承受变载荷和微调机构等特殊场合。一般连接都是用粗牙普通螺纹，传动上常用梯形螺纹，具有强度高、精度高、对中性好的特点。锯齿形螺纹适用于单向传动。

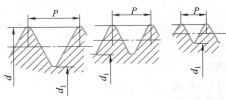

a) 粗牙普通螺纹　　b) 细牙普通螺纹

图 12-4　普通螺纹

表 12-1 列出了粗牙普通螺纹的基本尺寸，其他螺纹的尺寸可查阅机械设计手册。

表 12-1　粗牙普通螺纹的基本尺寸（摘自 GB/T 196—2003）　　（单位：mm）

公称直径（大径）d、D	螺距 P	中径 d_2、D_2	小径 d_1、D_1
4	0.7	3.545	3.242
5	0.8	4.480	4.134
6	1	5.350	4.917
8	1.25	7.188	6.647
10	1.5	9.026	8.376
12	1.75	10.863	10.106
16	2	14.701	13.835
20	2.5	18.376	17.294
24	3	22.052	20.752
30	3.5	27.727	26.211

注：表中 D、D_2 和 D_1 分别表示内螺纹的大径、中径和小径。

12.1.2　螺旋副的受力分析、效率和自锁

1. 矩形螺纹

首先以牙侧角 $\beta = 0°$ 的矩形螺纹为例，分析螺旋副在力矩和轴向载荷作用下的相对运动，可看作作用在中径的水平力推动受有轴向载荷的滑块沿螺纹运动，如图 12-5a 所示。将矩形

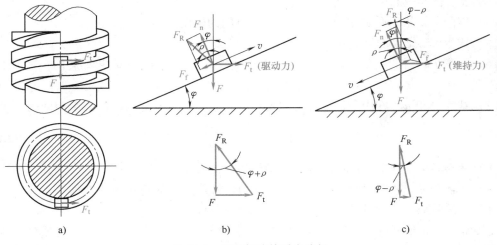

a)　　　　　　　　　b)　　　　　　　　　c)

图 12-5　矩形螺纹的受力分析

螺纹沿中径 d_2 展开可得一斜面，如图 12-5b 所示，图中 φ 为螺纹升角，F_t 为作用在中径处的水平力，F 为作用于滑块上的轴向载荷，F_n 为法向反力，fF_n 为摩擦力，f 为滑块与斜面间的摩擦系数，ρ 为摩擦角，$f = \tan\rho$。

当滑块沿斜面等速上升时，相当于拧紧螺母，F 为阻力，F_t 为水平驱动力。因摩擦力向下，故总反力 F_R 与 F 的夹角为 $\varphi + \rho$。由力的平衡条件可知，F_R、F_t 和 F 三力组成封闭的力多边形，如图 12-5b 所示，可得

$$F_t = F\tan(\varphi + \rho)\tag{12-2}$$

作用在螺旋副上的相应驱动力矩为

$$T = F_t\frac{d_2}{2} = F\frac{d_2}{2}\tan(\varphi + \rho)\tag{12-3}$$

当滑块沿斜面等速下滑时，相当于放松螺母，轴向载荷 F 变为驱动力，而 F_t 变为维持滑块等速运动所需的平衡力，如图 12-5c 所示，由力的多边形可得

$$F_t = F\tan(\varphi - \rho)\tag{12-4}$$

作用在螺旋副上的相应维持匀速下滑的力矩为

$$T = F_t\frac{d_2}{2} = F\frac{d_2}{2}\tan(\varphi - \rho)\tag{12-5}$$

由式（12-4）求出的 F_t 值可为正，也可为负。当斜面倾角 φ 大于摩擦角 ρ 时，滑块在轴向载荷的作用下有向下加速运动的趋势，这时由式（12-4）求出的平衡力 F_t 为正，方向如图 12-5c 所示。它阻止滑块加速以便保持等速下滑，故 F_t 是阻力（或称维持力）。当斜面倾角 φ 小于摩擦角 ρ 时，滑块不能在轴向载荷的作用下自行下滑，即处于自锁状态，这时由式（12-4）求出的平衡力 F_t 为负，其方向与图 12-5c 所示相反，其 F_t 方向与运动方向 v 成锐角，F_t 就成为驱动力。这说明在自锁条件下，必须施加反向驱动力 F_t 才能使滑块等速下滑。

2. 非矩形螺纹

非矩形螺纹是指牙侧角 $\beta \neq 0°$ 的三角形螺纹、梯形螺纹和锯齿形螺纹。

对比图 12-6a 所示的矩形螺纹和图 12-6b 所示的三角形螺纹可知，三角形螺纹在轴向载荷 F 的作用下，三角形螺纹的法向压力 $F_n = F/\cos\beta$，大于矩形螺纹的法向压力 $F_n = F$。

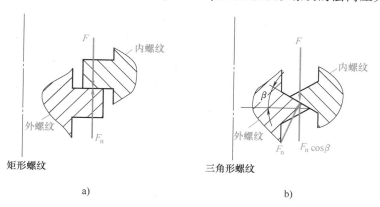

a)   b)

图 12-6 矩形螺纹与三角形螺纹的法向力

若把法向压力的增加看作摩擦系数的增加，则三角形螺纹的摩擦阻力可写为

$$F_f = fF_n = f\frac{F}{\cos\beta} = f_v F$$

式中　f_v——当量摩擦系数，即

$$f_v = \frac{f}{\cos\beta} = \tan\rho_v \tag{12-6}$$

式中　ρ_v——当量摩擦角；

　　　β——牙侧角。

当滑块沿非矩形螺纹等速上升时，可得到水平驱动力

$$F_t = F\tan(\varphi + \rho_v) \tag{12-7}$$

相应的驱动力矩

$$T = F_t\frac{d_2}{2} = F\frac{d_2}{2}\tan(\varphi + \rho_v) \tag{12-8}$$

当滑块沿非矩形螺纹等速下滑时，可得

$$F_t = F\tan(\varphi - \rho_v) \tag{12-9}$$

相应的力矩为

$$T = F\frac{d_2}{2}\tan(\varphi - \rho_v) \tag{12-10}$$

与矩形螺纹的分析相同，当螺纹升角 φ 小于当量摩擦角 ρ_v 时，螺旋副具有自锁特性，如果不施加驱动力矩，无论轴向驱动力 F 多大，都不能使螺旋副有相对运动。考虑极限情况，对非矩形螺纹的自锁条件可表示为

$$\varphi \leqslant \rho_v \tag{12-11}$$

由式（12-11）可见，牙侧角 β 越大，当量摩擦角 ρ_v 也相应增大，自锁条件越易满足。对细牙普通螺纹，螺旋升角 φ 小，自锁条件也易满足。故用于连接的紧固螺纹，为防止螺母在轴向力的作用下自动松脱，必须满足自锁条件，并且用较大牙侧角的三角形螺纹。

上述分析适用于各种螺旋传动和螺纹连接。当轴向载荷为阻力，阻止螺旋副相对运动时（如车床丝杠走刀时，切削力阻止刀架轴向移动；螺纹连接拧紧螺母时，材料变形的反弹力阻止螺母轴向移动；螺旋千斤顶举升重物时，重力阻止螺杆上升），相当于滑块沿斜面等速上升，应使用式（12-3）或式（12-8）。当轴向载荷为驱动力，与螺旋副相对运动方向一致时（如旋松螺母时，材料变形的反弹力与螺母移动方向一致；用螺旋千斤顶降落重物时，重力与下降方向一致），相当于滑块沿斜面等速下滑，应使用式（12-5）或式（12-9）。

机械效率是有效功与输入功之比，若按螺旋转一周计算，输入功为 $2\pi T$，升举滑块（重物）所做的有效功为 FP_h，故螺旋副的机械效率为

$$\eta = \frac{FP_h}{2\pi T} = \frac{\tan\varphi}{\tan(\varphi + \rho_v)} \tag{12-12}$$

由式（12-12）可知，当当量摩擦角 ρ_v 一定时，机械效率只是螺纹升角 φ 的函数。由 $\mathrm{d}\eta/\mathrm{d}\varphi = 0$ 可得，当 $\varphi = 45° - \rho_v/2$ 时机械效率最高。由于过大的螺纹升角制造困难，且效率增高也不显著，所以一般 φ 不大于 $25°$。

12.1.3　螺纹连接的基本类型及螺纹连接件

1. 螺纹连接的基本类型

常用的螺纹连接有螺栓连接、双头螺柱连接、螺钉连接、紧定螺钉连接四种类型。

（1）螺栓连接　螺栓连接的结构特点是两被连接件都比较薄、易于加工成通孔，并且孔中不需切制螺纹，装拆方便，如图 12-7 所示。螺栓连接又分为图 12-7a 所示的普通螺栓连接和图 12-7b 所示的铰制孔螺栓连接两种。普通螺栓连接中螺栓与被连接件孔之间有间隙，其优点是加工简便，对孔的尺寸精度和表面粗糙度没有过高的要求，一般用钻头粗加工即可，故应用最广。铰制孔螺栓连接中，其螺杆外径与被连接件孔（由高精度铰刀加工而成）的内径具有同一公称尺寸，并采用过渡配合而得到一种几乎无间隙的配合，适用于承受垂直于螺栓轴线的横向载荷。

（2）双头螺柱连接　如图 12-8a 所示，双头螺柱连接主要用于被连接件之一较厚或为了结构紧凑必须采用盲孔，且允许多次拆装而不损坏被连接件。

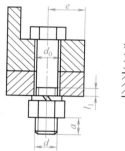 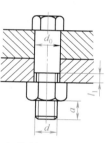

a) 普通螺栓连接　　b) 铰制孔螺栓连接

螺纹余留长度 l_1：

　　静载荷，$l_1 \geqslant （0.3 \sim 0.5）d$；

　　变载荷，$l_1 \geqslant 0.75d$；

　　冲击载荷或弯曲载荷，$l_1 \geqslant d$；

　　铰制孔用螺栓连接，$l_1 \approx d$。

螺纹伸出长度：$a = （0.2 \sim 0.3）d$。

螺栓轴线到边缘的距离：$e = d + （3 \sim 6）\text{mm}$。

通孔直径：$d_0 = 1.1d$

图 12-7　螺栓连接

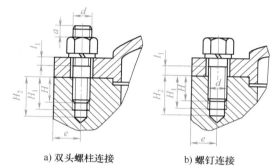

a) 双头螺柱连接　　b) 螺钉连接

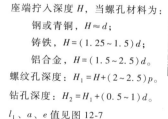

座端拧入深度 H，当螺孔材料为：

　　钢或青铜，$H \approx d$；

　　铸铁，$H = （1.25 \sim 1.5）d$；

　　铝合金，$H = （1.5 \sim 2.5）d$。

螺纹孔深度：$H_1 = H + （2 \sim 2.5）p$；

钻孔深度：$H_2 = H_1 + （0.5 \sim 1）d$。

l_1、a、e 值见图 12-7

图 12-8　双头螺柱连接和螺钉连接

（3）螺钉连接　如图 12-8b 所示，螺钉直接旋入被连接件的螺纹孔中，省去了螺母，结构比较简单。这种连接主要用于被连接件之一较厚且不需要经常拆卸的场合，以免被连接件的螺纹孔磨损后修复困难。

（4）紧定螺钉连接　如图 12-9 所示，紧定螺钉连接是利用紧定螺钉旋入并通过一个零件，其末端顶紧或嵌入另一个零件，以固定两个零件的相对位置，传递不大的转矩，多用于轴上零件的连接。

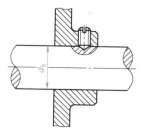

图 12-9　紧定螺钉连接

2. 螺纹连接件

螺纹连接件的类型很多，在机械制造中常见的螺纹连接件有螺栓、双头螺柱、螺钉、紧定螺钉、螺母和垫圈等，这些螺纹连接件的结构和尺寸都已标准化，设计时可根据相关标准选用。

（1）螺栓　螺栓的头部有多种形状，最常用的有六角头和小六角头两种，如图 12-10 所示。冷镦工艺生产的小六角头螺栓具有材料利用率高、生产率高、力学性能好和成本低等优点，但由于头部尺寸较小，不宜用于装拆频繁、被连接件强度低和易锈蚀的地方。

螺钉连接的特点是不用螺母，因此螺栓也可以不用螺母而当作螺钉使用，如图 12-8b 所示。

（2）双头螺柱　双头螺柱的两端都是螺纹，如图 12-11 所示。旋入被连接件螺纹孔的一端称为座端，另一端为螺母端，其公称长度为 l。

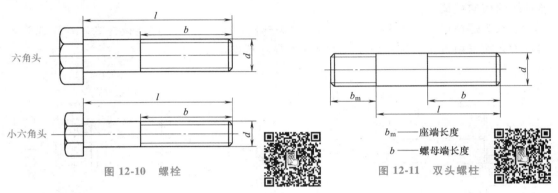

图 12-10　螺栓

b_m——座端长度

b——螺母端长度

图 12-11　双头螺柱

（3）螺钉、紧定螺钉　螺钉、紧定螺钉的头部有内六角、十字槽和一字槽等多种形式，如图 12-12 所示，以适应不同的拧紧程度。紧定螺钉的末端要顶住被连接件之一的表面或相应的凹坑，如图 12-9 所示。紧定螺钉末端具有锥端、平端、圆柱端等各种形状，如图 12-13 所示。

（4）螺母　螺母的形状有六角形和圆形等，六角形螺母根据厚度不同分为标准螺母和薄螺母两种，薄螺母用于空间尺寸受到限制的地方。图 12-14 所示为圆螺母，常用于轴上零件的轴向固定。

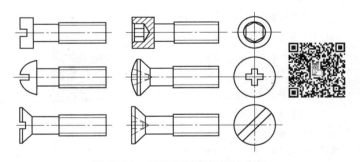

图 12-12　螺钉和紧定螺钉的头部

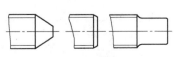

图 12-13　紧定螺钉的末端

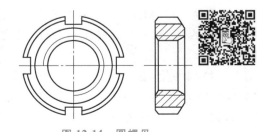

图 12-14　圆螺母

（5）垫圈　垫圈的作用是增加被连接件的支承面积，以减小接触处的压强和避免拧紧螺母时擦伤被连接件的表面。普通垫圈为呈环状的平垫圈。具有防松作用的垫圈为弹簧垫圈。

12.1.4　螺纹连接的预紧和防松

1. 螺纹连接的预紧

除个别情况外，螺纹连接在装配时必须拧紧，使螺纹连接受到预紧力的作用。对于重要的螺纹连接，应控制其预紧力。预紧的主要目的是增加连接紧密性、可靠性，以防止受载后被连接件间出现间隙或发生相对移动。

为使螺纹连接获得一定的预紧力 F'，所需的拧紧力矩（$T = FL$）应等于克服螺纹副相对转动的阻力矩 T_1 和螺母环形端面与被连接件接触面件的摩擦阻力矩 T_2 之和，如图 12-15 所示，即

$$T = T_1 + T_2 = \frac{F'd_2}{2}\tan(\varphi + \rho_v) + f_c F' r_f$$

（12-13）

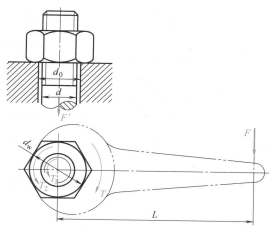

图 12-15　螺纹副的拧紧力矩

式中　F'——预紧力；

$\quad\quad f_c$——螺母与被连接件接触面之间的摩擦系数，无润滑时 $f_c = 0.15$；

$\quad\quad r_f$——螺母与被连接件接触面的摩擦半径，$r_f \approx (d_w + d_0)/2$，其中，$d_w$ 为螺母环形端面的外径，$d_w = 1.5d$，$d_0 \approx 1.1d$。

对于 M10～M68 的粗牙普通螺纹的钢制螺栓，螺纹升角 $\varphi = 1°42'～3°2'$，螺纹中径 $d_2 \approx 0.9d$，螺纹副的当量摩擦角 $\rho_v = \arctan 1.155f$（f 为摩擦系数，无润滑时 $f = 0.1～0.2$）。将上述各参数代入式（12-13）整理后可得

$$T \approx 0.2F'd$$

（12-14）

预紧力 F' 的值要根据螺纹连接的要求决定，见 12.1.5 节。为了充分发挥螺栓的工作能力和保证预紧可靠，螺栓预紧后的应力一般可达材料屈服强度的 50%～70%。

小直径的螺栓装配时应施加小的拧紧力矩，否则就容易将螺栓拉断。因此，对于重要的连接，尽可能不采用直径过小（小于 M12）的螺栓，必须使用时，应严格控制其拧紧力矩。

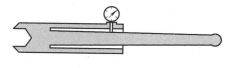

a) 测力矩扳手

通常螺纹连接拧紧的程度是凭工人经验来决定的。为保证连接的质量，重要的螺纹连接应按计算值控制拧紧力矩，采用测力矩扳手（图 12-16a）或定力矩扳手（图 12-16b）来获得所要求的拧紧力矩。

2. 螺纹连接的防松

静载荷或温度变化不大时，螺纹连接能够保证

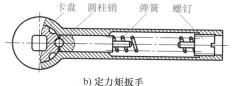

b) 定力矩扳手

图 12-16　测力矩扳手和定力矩扳手

连接自锁而不松脱，但在冲击、振动或变化载荷的作用下，螺纹副和接触面之间的摩擦力可能减小或瞬间消失，连接出现松动，导致连接失效。在高温或温度变化较大的情况下工作的连接，也可能产生松动。因此，为保证连接安全可靠，设计时必须考虑连接的防松。螺纹防松的实质在于防止螺纹副的相对转动。按照工作原理的不同，螺纹防松分为摩擦防松、机械防松和破坏螺纹副的防松。

1）摩擦防松如图 12-17 所示，常用的防松零件有对顶螺母、弹簧垫圈、锁紧螺母等。

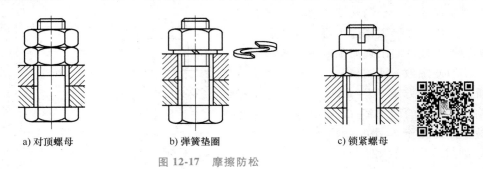

a) 对顶螺母　　　　　　b) 弹簧垫圈　　　　　　c) 锁紧螺母

图 12-17　摩擦防松

2）机械防松如图 12-18 所示，常用的防松零件有开槽螺母与开口销、止动垫圈、串联钢丝等。

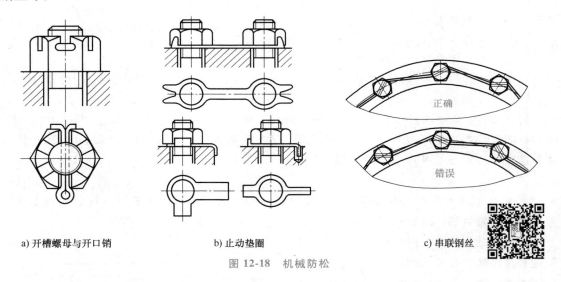

a) 开槽螺母与开口销　　　　　　b) 止动垫圈　　　　　　c) 串联钢丝

图 12-18　机械防松

3）破坏螺纹副的防松如图 12-19 所示，常用的防松方法有粘结法、冲点法等。

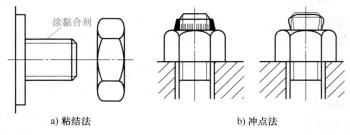

涂黏合剂

a) 粘结法　　　　　　b) 冲点法

图 12-19　破坏螺纹副的防松

12.1.5　螺栓连接的强度计算

螺纹连接的主要失效形式有：①螺栓杆拉断；②螺纹的压溃和剪断；③经常装拆时因磨损而发生滑扣现象。螺栓与螺母的螺纹牙及其他各部分结构尺寸是根据等强度原则，并考虑制造、装配等要求规定的。采用标准件时，螺栓连接的强度计算主要是确定螺纹的小径 d_1，然后按照标准确定螺纹的公称直径 d 及螺距 P，其他结构尺寸参数无须计算。

1. 松螺栓连接

松螺栓连接装配时不需要把螺母拧紧，在承受工作载荷前，除有关零件的自重外（自重一般很小，可忽略），连接并不受力，图 12-20 所示的吊钩尾部的连接是松螺栓连接的典型应用，当承受轴向工作载荷 F 时，其强度 σ 条件为

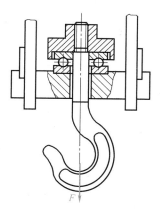

$$\sigma = \frac{4F}{\pi d_1^2} \leq [\sigma] \qquad (12\text{-}15)$$

式中　d_1——螺纹的小径，单位为 mm；

$[\sigma]$——材料的许用应力，单位为 MPa。

2. 紧螺栓连接

紧螺栓连接在装配时必须拧紧，在拧紧力矩的作用下，螺栓除受到预紧力 F' 的拉伸而产生拉应力以外，还要受到螺纹副内部的摩擦力矩而产生的扭转切应力，使螺栓处于拉伸和扭转的复合应力状态下工作。

图 12-20　吊钩尾部的连接

拉应力为

$$\sigma = \frac{F'}{\pi d_1^2 / 4}$$

扭转切应力为

$$\tau = \frac{T_1}{\pi d_1^3 / 16} = \frac{F' \tan(\varphi + \rho_v) d_2 / 2}{\pi d_1^3 / 16} = \frac{2 d_2}{d_1} \tan(\varphi + \rho_v) \frac{F'}{\pi d_1^2 / 4}$$

对于 M10～M68 的普通螺纹，取 d_2 / d_1 和 φ 的平均值，并取 $\tan \rho_v = f_v = 0.15$，得到 $\tau \approx 0.5\sigma$。按第四强度理论（最大形变能理论），求出螺栓预紧状态下的当量计算应力 σ_{ca} 为

$$\sigma_{ca} = \sqrt{\sigma^2 + 3\tau^2} = \sqrt{\sigma^2 + 3(0.5\sigma)^2} \approx 1.3\sigma$$

故紧螺栓螺纹部分的强度条件为

$$\sigma = \frac{4 \times 1.3 F'}{\pi d_1^2} \leq [\sigma] \qquad (12\text{-}16)$$

式中　$[\sigma]$——螺栓材料的许用应力，单位为 MPa，其值可由表 12-2 和表 12-3 计算得到。

表 12-2　紧螺栓连接的安全系数 S（不控制预紧力时）

材料	安全系数 S				
	静载荷 M6～M16	静载荷 M16～M30	静载荷 M30～M60	变载荷 M6～M16	变载荷 M16～M30
碳素钢	4～3	3～2	2～1.3	10～6.5	6.5
合金钢	5～4	4～2.5	2.5	7.5～5	5

表 12-3　紧螺栓连接的许用应力 $[\sigma]$

螺栓连接受载情况			许用应力	
松螺栓连接			$[\sigma]=R_{eL}/S$	$S=1.2\sim1.7$
紧螺栓连接	受轴向、横向载荷			控制预紧力时，$S=1.2\sim1.5$ 不严格控制预紧力时，查表 12-2
	铰制孔螺栓连接 受横向载荷	静载荷	$[\tau]=R_{eL}/2.5$ $[\sigma_p]=R_{eL}/1.25$（被连接件为钢） $[\sigma_p]=R_{eL}/(2\sim2.5)$（被连接件为铸铁）	
		变载荷	$[\tau]=R_{eL}/(3.5\sim5)$ $[\sigma_p]$ 按静载荷的 $[\sigma_p]$ 值降低 20%~30%	

螺栓、螺钉、螺柱的力学性能等级见表 12-4。

表 12-4　螺栓、螺钉、螺柱的力学性能等级（摘自 GB/T 3098.1—2010 和 GB/T 3098.2—2015）

性能等级	4.6	4.8	5.6	5.8	6.8	8.8 $d\leqslant16mm$	8.8 $d>16mm$	9.8 $d\leqslant16mm$	10.9	12.9
公称抗拉强度极限 R_m/MPa	400		500		600	800		900	1000	1200
公称下屈服极限 R_{eL}/MPa	240	320	300	400	480	640	640	720	900	1080
布氏硬度 HBW	114	124	147	152	181	245	250	286	316	380
推荐材料	15，Q235	15，Q215	25，35	15，Q235	45	35	35	35，45	40Cr，15MnVB	40CrMnSi，15MnVB

注：1. 性能等级栏中，"."前的数字为抗拉强度极限的 1/100 取整，"."后的数字为屈强比的 10 倍，即（R_{eL}/R_m）×10。

　　2. 规定性能等级的螺纹连接件在图样中只标出力学性能等级，不再标出材料牌号。

1）受横向载荷作用的紧螺栓连接。图 12-21 所示为承受横向载荷的紧螺栓连接，这时螺栓只受预紧力 F' 作用，被连接件间的正压力为 F'，其外载荷 F_R 是靠接合面产生的摩擦力来平衡的，根据平衡条件得

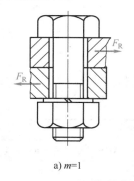

a) $m=1$

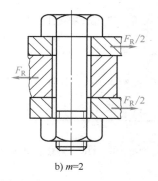

b) $m=2$

图 12-21　受横向载荷的紧螺栓连接

$$fF'm \geqslant KF_R$$

即
$$F' \geqslant \frac{KF_R}{fm} \tag{12-17}$$

式中 F'——预紧力，单位为 N；

f——被连接件接合面之间的摩擦系数；

m——被连接件的接合面数；

K——可靠系数，$K=1.1\sim1.3$。

若 $m=1$，$K=1.2$，$f=0.15$，则 $F' \geqslant 8F_R$，必将使螺栓的结构尺寸增大。另外，在振动、冲击、变载荷的作用下，由于摩擦系数的变动，连接的可靠性降低，有可能使连接松动，为避免该缺点，可采用图 12-22 所示的减载装置，用抗剪零件来承受横向载荷，螺栓只保证连接，所需预紧力减小，螺栓直径减小。也可采用螺杆与孔之间无间隙的铰制孔螺栓连接来承受横向载荷。这些减载装置中套筒、键、销和铰制孔螺栓可按受剪和挤压进行强度校核。图 12-23 所示为受横向载荷的铰制孔螺栓连接，其强度条件为

$$\tau = \frac{F}{m\dfrac{\pi d_0^2}{4}} \leqslant [\tau] \tag{12-18}$$

$$\sigma_p = \frac{F}{d_0 \delta} \leqslant [\sigma_p] \tag{12-19}$$

式中，δ 取 δ_1 和 $2\delta_2$ 两者的最小值；许用应力 $[\tau]$ 和许用挤压应力 $[\sigma_p]$ 见表 12-3。

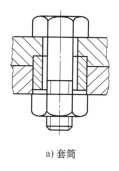

a) 套筒

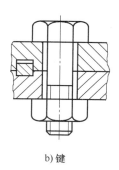

b) 键

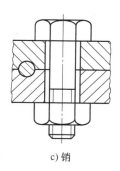

c) 销

图 12-22 承受横向载荷的抗剪零件

2）受轴向载荷作用的紧螺栓连接。受轴向工作载荷的紧螺栓预紧后，螺栓所受的总载荷 F_0 并不等于预紧力 F' 与轴向工作载荷 F 之和。其大小与预紧力、轴向工作载荷、螺栓和被连接件的刚度有关，须按弹性变形协调条件确定。螺栓和被连接件受载前后的受力和变形情况如图 12-24 所示。

图 12-24a 所示为螺母尚未拧紧时，各零件均不受力，也无变形。图 12-24b 所示为螺母已拧紧，但尚未承受工作载荷；此时，螺栓受预紧力 F' 的拉伸作用，

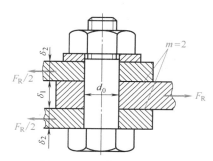

图 12-23 受横向载荷的铰制孔螺栓连接

其拉伸变形为 δ_B，相反，被连接件受到压力 F' 作用，产生压缩变形 δ_m。如图 12-24c 所示，当受工作载荷 F 后，螺栓所受拉力增至 F_0，其拉伸变形增加 $\Delta\delta_B$；此时被连接件由于螺栓的伸长而随之被放松，压缩变形减少 $\Delta\delta_m$，其减少量应等于螺栓的增长量，即 $\Delta\delta_m = \Delta\delta_B$，于是被连接件所受压力由原来的 F' 减小到 F''，F'' 称为残余预紧力。

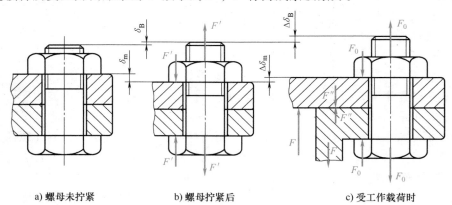

a) 螺母未拧紧   b) 螺母拧紧后   c) 受工作载荷时

图 12-24   螺栓和被连接件受载前后的受力和变形情况

连接中各力与变形之间的关系，可用图 12-25 所示的螺栓和被连接件的受力与变形关系图清楚地予以表示。图 12-25a、b 所示分别为预紧后螺栓与被连接件的受力与变形关系图，螺栓与被连接件的受力与变形按直线关系变化，刚度分别为 $C_B = \tan\gamma_B$、$C_m = \tan\gamma_m$。为便于分析，将图 12-25a、b 合并，得到图 12-25c。当有工作载荷 F 作用时，螺栓受力由 F' 增至 F_0，变形量由 δ_B 增至 $\delta_B + \Delta\delta_B$；被连接件受力由 F' 减到 F''，变形量由 δ_m 减到 $\delta_m - \Delta\delta_m$，如图 12-25d 所示。

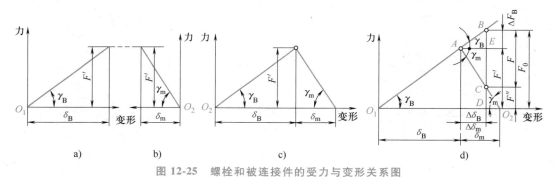

a)   b)   c)   d)

图 12-25   螺栓和被连接件的受力与变形关系图

根据上述分析，由螺栓的静力平衡条件可得

$$F_0 = F + F''$$

(12-20)

根据变形协调条件

$$\Delta\delta_B = \Delta\delta_m$$

其中

$$\Delta\delta_B = \frac{F_0 - F'}{C_B}, \quad \Delta\delta_m = \frac{F' - F''}{C_m}$$

整理后得

$$F'' = F' - \frac{C_m}{C_B + C_m}F$$

(12-21)

由式（12-20）可得 F_0 的另一表达式为

$$F_0 = F' + \frac{C_B}{C_B + C_m} F \qquad (12\text{-}22)$$

式（12-20）和式（12-22）说明螺栓所受总拉力 F_0 为预紧力 F' 与工作拉力 F 的一部分 ΔF_B 之和，工作拉力 F 的另一部分 ΔF_m 使被连接件的压力由 F' 减到 F''。这两部分的分配关系与螺栓和被连接件的刚度成正比。

$\dfrac{C_B}{C_B + C_m}$ 称为螺栓的相对刚度，其值与螺栓和被连接件的材料、尺寸、结构、工作载荷作用位置及连接中垫片的材料等因素有关。在一般计算中，若被连接件材料为钢铁，可按表 12-5 选取。

表 12-5 螺栓的相对刚度

被连接钢板间所用垫片	$C_B / (C_B + C_m)$
金属垫片（或无垫片）	0.2~0.3
皮革垫片	0.7
铜皮石棉垫片	0.8
橡胶垫片	0.9

当工作载荷 F 过大或预紧力 F' 过小时，接合面会出现缝隙，导致连接失去紧密性，并在载荷变化时发生冲击。为此，必须保证 $F'' > 0$。设计时，根据对连接紧密性的要求，F'' 可按下列参考值选取

对紧固连接：静载时，$F'' = (0.2 \sim 0.6) F$；变载时，$F'' = (0.6 \sim 1.0) F$。

对气密性连接：$F'' = (1.5 \sim 1.8) F$。

根据工作载荷 F 和工作要求选择残余预紧力 F''，用式（12-20）求螺栓总拉力 F_0，以对螺栓进行强度计算。为了保证所需 F''，应按式（12-21）求预紧力 F'，并在拧紧时予以保证。若 F' 已由其他条件确定，则用式（12-22）求 F_0，并用式（12-21）求 F''，以检验其是否达到需要值。

螺栓螺纹部分的强度条件为

$$\sigma = \frac{4 \times 1.3 F_0}{\pi d_1^2} \leq [\sigma] \qquad (12\text{-}23)$$

或设计公式为

$$d_1 \geq \sqrt{\frac{4 \times 1.3 F_0}{\pi [\sigma]}} \qquad (12\text{-}24)$$

例 12-1 图 12-26 所示为气缸盖的螺栓连接，气缸内径 $D = 200\text{mm}$，采用 8 个 M16 的普通螺栓，螺栓的性能等级是 4.8 级，试求气缸所能承受的最大压力。

解：（1）计算单个螺栓所能承受的总拉力 F_0 由表 12-4 查得，4.8 级螺栓的 $R_{eL} = 320\text{MPa}$。由于该连接要求有紧密性，故需要控制预紧力，由表 12-3 查得 $S = 1.5$，许用应力

$$[\sigma] = \frac{R_{eL}}{S} = \frac{320}{1.5}\text{MPa} = 213.33\text{MPa}$$

由表 12-1 查得 M16 的普通螺栓小径 $d_1 = 13.835\text{mm}$，根据式（12-23）得螺栓所能承受的总拉力

$$F_0 = \frac{\pi d_1^2 [\sigma]}{4 \times 1.3} = \frac{\pi \times 13.835^2 \times 213.33}{4 \times 1.3}\text{N} = 24656.79\text{N}$$

（2）计算螺栓所能承受的轴向工作载荷 F 气缸具有气密性要求，残余预紧力 $F'' = (1.5 \sim 1.8)F$，取 $F'' = 1.65F$，则

$$F_0 = F + F'' = F + 1.65F = 2.65F$$

由此得

$$F = \frac{F_0}{2.65} = \frac{24656.79}{2.65}\text{N} = 9304.45\text{N}$$

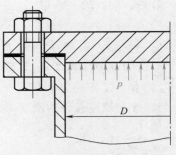

图 12-26 气缸盖的螺栓连接

（3）计算气缸所能承受的最大压力 p 气缸盖所受的轴向载荷

$$F_\Sigma = zF = 8 \times 9304.45\text{N} = 74435.59\text{N}$$

气缸所能承受的最大压力

$$p = \frac{4F_\Sigma}{\pi D^2} = \frac{4 \times 74435.59}{\pi \times 200^2}\text{MPa} = 2.37\text{MPa}$$

例 12-2 图 12-27 所示为刚性凸缘联轴器，材料为 HT100，凸缘之间用 8 个铰制孔用螺栓连接，螺杆无螺纹部分直径 $d_0 = 17\text{mm}$，材料性能等级为 8.8，试计算联轴器传递的转矩。若欲采用普通螺栓连接且传递同样的转矩，试确定螺栓的直径。

解：1. 计算联轴器所能传递的转矩

（1）计算铰制孔用螺栓连接所能承受的外剪切力 F_R

1）螺栓材料为 35 钢，按螺栓杆的剪切强度计算 $F_{R\tau}$。由

$$\tau = \frac{4F_{R\tau}}{\pi d_0^2 m} \leq [\tau]$$

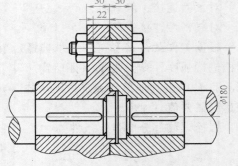

图 12-27 刚性凸缘联轴器

得

$$F_{R\tau} \leq \frac{\pi d_0^2 m [\tau]}{4}$$

由螺栓标准查得，$d_0 = 17\text{mm}$ 的铰制孔用螺栓公称直径为 16mm，性能等级按 8.8 时，$R_{eL} = 640\text{MPa}$，按静载荷计算

$$[\tau] = R_{eL}/2.5 = 640\text{MPa}/2.5 = 256\text{MPa}。$$

计算 $F_{R\tau}$ 得到

$$F_{R\tau} \leq \frac{\pi \times 17^2 \times 1 \times 256}{4}\text{N} = 58077.4\text{N}$$

2）两个半联轴器的材料为铸铁，按螺栓与孔壁的挤压强度计算剪切力 F_{Rp}。

$$\sigma_{\mathrm{p}}=\frac{F_{\mathrm{Rp}}}{d_0 h_{\min}}\leqslant[\sigma_{\mathrm{p}}]$$

$$F_{\mathrm{Rp}}\leqslant[\sigma_{\mathrm{p}}]d_0 h_{\min}$$

铸铁 HT100 的抗拉强度极限 $R_{\mathrm{m}}=100\mathrm{MPa}$，$\sigma_{\mathrm{p}}=R_{\mathrm{m}}/(2\sim2.5)$，取安全系数 $S=2.25$，则 $\sigma_{\mathrm{p}}=100\mathrm{MPa}/2.25=44.44\mathrm{MPa}$。所以得

$$F_{\mathrm{Rp}}\leqslant44.44\times17\times22\mathrm{N}=16622.22\mathrm{N}$$

因为

$$F_{\mathrm{Rp}}\leqslant F_{\mathrm{R\tau}}$$

所以

$$F_{\mathrm{R}}=F_{\mathrm{Rp}}=16622.22\mathrm{N}$$

（2）计算联轴器能传递的转矩 T

$$T=F_{\mathrm{R}}z\frac{180}{2}=16622.22\times8\times90\mathrm{N}\cdot\mathrm{mm}=11.97\times10^6\mathrm{N}\cdot\mathrm{mm}$$

所以该联轴器所能传递的最大转矩为 $11.97\times10^6\mathrm{N}\cdot\mathrm{mm}$。

2. 计算采用普通螺栓连接时传递同样转矩时的螺栓直径

（1）计算每个螺栓所需的预紧力 F'　由平衡条件（每个螺栓预紧力所产生的摩擦力矩之和应大于或等于转矩）

$$zfF'r=KT$$

得

$$F'=\frac{KT}{8fr}$$

其中，由两个半联轴器的材料为铸铁，取摩擦系数 $f=0.13$，$K=1.2$，$r=180\mathrm{mm}/2=90\mathrm{mm}$。所以

$$F'=\frac{1.2\times11.97\times10^6}{8\times0.13\times90}\mathrm{N}=1.53\times10^5\mathrm{N}$$

（2）计算螺栓直径 d_1

$$d_1\geqslant\sqrt{\frac{4\times1.3F'}{\pi[\sigma]}}$$

根据已知螺栓材料性能等级为 8.8，估计直径大于 16mm，其 $R_{\mathrm{eL}}=640\mathrm{MPa}$。

考虑螺栓的预紧力不一定严格控制，根据表 12-2，按 d_1 为 30mm 左右计算，安全系数 $S=4\sim2.5$，取 $S=2.5$，得到螺栓的许用应力为 $[\sigma]=640\mathrm{MPa}/2.5=256\mathrm{MPa}$。则

$$d_1\geqslant\sqrt{\frac{4\times1.3\times1.53\times10^5}{\pi\times256}}\mathrm{mm}=31.46\mathrm{mm}$$

查普通螺纹标准 GB/T 196—2003，螺距为 4mm 的 M36 螺栓的 $d_1=31.67\mathrm{mm}>31.46\mathrm{mm}$，故选 M36 螺栓。

12.1.6 螺栓组连接的结构设计

多数机械装置中的螺纹连接都是成组使用的，其中以螺栓组连接最具有典型性。因此，下面以螺栓连接为例，讨论它的结构设计和计算问题，其基本结论对双头螺柱和螺钉的成组连接同样适用。

设计螺栓组连接时，首先需选定螺栓的数目及布置形式，然后确定螺栓连接的结构尺寸。

螺栓组连接结构设计的主要目的，在于合理地确定连接接合面的几何形状和螺栓的布置形式，力求各螺栓和连接接合面间受力均匀，便于加工和装配。为此，设计时要综合考虑如下几方面问题。

1）被连接件的接合面的几何形状应设计成简单的、轴对称的几何形状，如图 12-28 所示。这样不但便于加工制造，而且便于对称布置螺栓，使螺栓组的对称中心与连接接合面的形心重合。

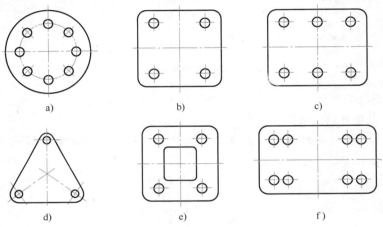

图 12-28 螺栓连接面的几何形状

2）螺栓的布置应留有合理的间距、边距，以满足操作所需的空间。各螺栓轴线间以及螺栓轴线和机体壁间的最小距离，应根据扳手所需活动空间大小来决定。图 12-29 所示的扳手空间尺寸可查阅有关标准。

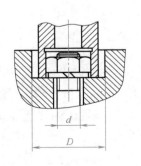 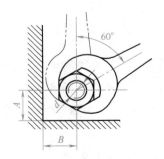 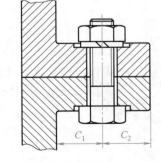

图 12-29 扳手空间尺寸

3）为便于分度，分布在同一圆周上的螺栓数量应取 4、6、8 等偶数，同组螺栓的直径、长度、材料应相同。

4）为避免螺栓产生附加弯曲应力，导致连接承载能力降低，在设计时，必须注意螺纹的精度等级以及使支承面平整。如图 12-30 所示，在锻件或铸件等未加工表面上安装螺栓时，常为倾斜、留有凸台或凹坑，以便于切削加工获得平整平面。

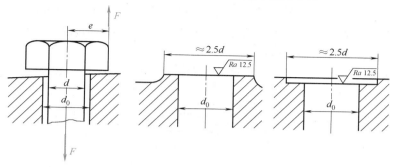

图 12-30 支承面的倾斜、凸台、沉头座孔

12.2 键连接和花键连接

12.2.1 键连接的功能、分类和结构形式

键是一种标准件，一般用来实现轴和旋转零件毂之间的周向固定以传递转矩，如图 12-31 所示，有些类型的键还能实现轴上零件的轴向固定或轴向滑动的导向。键连接的主要类型有平键连接、半圆键连接、楔键连接。

图 12-31 键的轴毂连接

1. 平键连接

平键有普通平键和导向平键。

普通平键用于静连接，如图 12-32a 所示，其工作面为两侧面，工作时靠键与键槽侧面

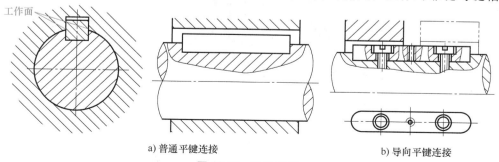

a) 普通平键连接　　　　　b) 导向平键连接

图 12-32 平键连接

的挤压来传递转矩。键的上表面和轮毂的键槽底面之间留有间隙。这种键连接定心性好，装拆方便，应用广泛。

导向平键用于动连接，如图 12-32b 所示。导向平键长度较长，为防止键在键槽中松动，常用螺钉固定在轴上的键槽中，轴上的零件可沿键做轴向移动。为便于拆卸，键上加工有起键螺钉孔，便于拧入螺钉使键退出键槽。

普通平键又分为 A 型（圆头）、B 型（方头）、C 型（单圆头）三种，如图 12-33 所示。

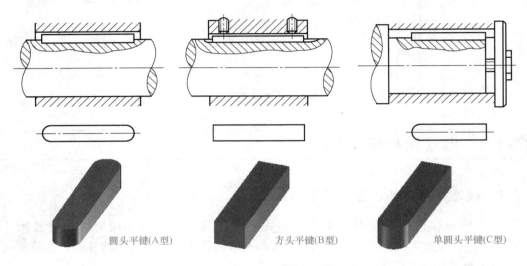

圆头平键(A型)　　　　方头平键(B型)　　　　单圆头平键(C型)

图 12-33　普通平键的三种形式

针对三种不同的平键，一般轴上键槽的加工方法为：A 型和 C 型平键用指形齿轮铣刀铣削，B 型平键用盘形齿轮铣刀铣削。旋转工件毂上的键槽一般用插削或拉削。

2. 半圆键连接

半圆键在工作时也是靠侧面来传递转矩，如图 12-34 所示。轴上的键槽用与半圆键尺寸相同的半圆键键槽铣刀铣出，所以键能在键槽中绕其几何中心摆动，以适应轮毂上键槽的斜度。锥形轴端采用半圆键连接在工艺上较为方便，但键槽较深，应力集中较大，对轴的强度削弱较大，故一般只用于载荷较小的静连接中。

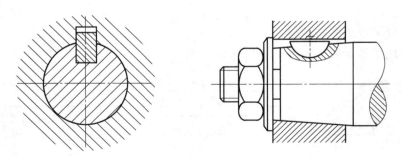

图 12-34　半圆键连接

3. 楔键连接

楔键的上下两面是工作面，两侧面与轮毂侧面间留有间隙，如图 12-35 所示。键的上表面及与它配合的轮毂键槽底面均有 1：100 的斜度。楔键连接结构简单，轴向固定不需要附加零件。楔键连接楔紧后，轴和轮毂的配合产生偏心和偏斜，使楔键的定心精度较低，故主要用于转速不高及毂类零件的定心精度要求不高的场合。

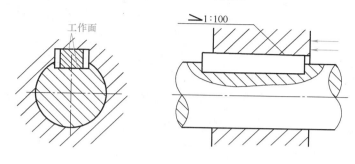

图 12-35 楔键连接

12.2.2 平键的选择与强度计算

1. 平键的选择

键的选择包括键的类型和尺寸两个方面。平键的主要尺寸是键的截面尺寸 $b \times h$（b 为键宽，h 为键高）及键长 L。$b \times h$ 根据轴的直径 d，由国家标准中查得，键的长度 L 按轴上零件的轮毂宽度而定，一般略小于轮毂的宽度，并符合国家标准中规定的尺寸系列。

2. 平键的强度计算

键的材料采用抗拉强度极限 R_m 不小于 600MPa 的碳素钢，通常用 45 钢。当轮毂用非铁金属或非金属材料时，键可用 20 钢或 Q235 钢。

平键连接的主要失效形式是键、轴槽和轮毂槽中较弱零件的工作面的压溃和磨损（动连接）。除非有严重过载时，一般不会出现键的剪断。

平键连接受力如图 12-36 所示，设载荷分布均匀，平键连接的挤压强度条件为

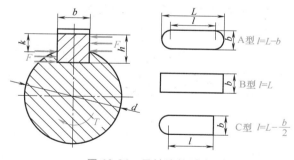

图 12-36 平键连接受力

$$\sigma_p = \frac{F}{kl} = \frac{2T}{dkl} \leqslant [\sigma_p] \qquad (12-25)$$

式中　F——圆周力，单位为 N；

　　　T——轴所传递的转矩，单位为 N·mm；

　　　k——键与轮毂槽的接触高度，单位为 mm，近似取 $k = h/2$；

　　　l——键的工作长度，单位为 mm；

$[\sigma_p]$——键连接中较弱材料的许用挤压应力，单位为 MPa，其值见表 12-6。

表 12-6　键连接的许用挤压应力和许用压强　　　　　（单位：MPa）

连接工作方式	连接中较弱零件的材料	$[\sigma_p]$ 或 $[p]$		
		静载荷	轻微冲击载荷	冲击载荷
静连接 $[\sigma_p]$	钢	125~150	100~120	60~90
	铸铁	70~80	50~60	30~45
动连接 $[p]$	钢	50	40	30

注：在键连接的组成零件（轴、键、轮毂）中，一般轮毂材料的强度较弱。

若强度不够，可适当增加键的长度或采用两个键按 180° 对称布置，考虑到两个键的载荷不均匀性，在强度校核中可按 1.5 个键计算。

12.2.3　花键连接

轴和轮毂孔周向均布的多个键和槽所构成的连接称为花键连接，如图 12-37 所示。齿的侧面为工作面。由于是多齿传递载荷，所以花键连接具有承载能力高、对轴的强度削弱程度小（齿槽浅，应力集中小）、定心好和导向性能好等优点，它适用于定心精度要求高、载荷大或经常滑移的连接。花键连接按齿形不同，可分为常用的矩形花键连接（图 12-38）和强度较高的渐开线花键连接（图 12-39）。

a) 外花键　　　　　b) 内花键

图 12-37　花键

1. 矩形花键

按齿高的不同，矩形花键的齿形尺寸在国家标准中规定了两个系列，即轻系列和中系列。轻系列的承载能力较小，多用于静连接或轻载连接。中系列用于中等载荷的连接。

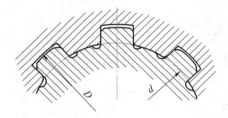

图 12-38　矩形花键连接

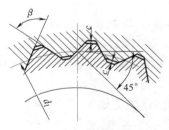

图 12-39　渐开线花键连接

矩形花键的定心方式为小径定心，如图 12-38 所示，即外花键和内花键的小径为配合面，其特点是定心精度高，稳定性好，可用磨削的方法消除热处理引起的变形，应用广泛。

2. 渐开线花键

渐开线花键的齿廓为渐开线，根据分度圆压力角 α 的不同，有 30° 和 45° 两种，如图 12-39 所示，齿顶高分别为 $0.5m$ 和 $0.4m$（m 为模数），d_1 为渐开线花键的分度圆直径。与渐开线齿轮相比，渐开线花键的齿较短，齿根较宽，不发生根切的最小齿数较小。

渐开线花键可以用制造齿轮的方法来加工，工艺性较好，制造精度也较高。花键齿的根部强度高，应力集中小，易于定心。当传递的转矩较大且轴径也较大时，易采用渐开线花键连接。压力角为45°的渐开线花键，由于齿形钝而短，与压力角30°的渐开线花键相比，对连接件的削弱较小，但齿的工作高度较小，故承载能力较低，多用于载荷较小、直径较小的静连接，特别适用于薄壁零件的轴毂连接。

渐开线花键的定心方式为齿形定心，当齿受载时，齿上的径向力能起到自动定心的作用，有利于各齿均匀承载。

12.2.4 花键连接的强度计算

花键连接既可用于静连接，又可用于动连接，一般只需验算挤压强度和耐磨性。以矩形花键为例，由国家标准查得大径 D、小径 d、键宽 B 和齿数 z，设备齿压力的合力作用在平均半径 r_m 处，，载荷不均匀系数 $K = 0.7 \sim 0.8$，则连接所能传递的转矩为

$$\begin{cases} 静连接，T = Kzhlr_m[\sigma_p] \\ 动连接，T = Kzhlr_m[p] \end{cases} \quad (12\text{-}26)$$

式中　l——齿的工作长度，单位为 mm；

h——齿的工作高度，单位为 mm，对于矩形花键，$h = \dfrac{D-d}{2} - 2C$，其中 C 为齿顶的倒角

尺寸，单位为 mm，而对于渐开线花键，$\alpha = 30°$ 时，$h = m$，$\alpha = 45°$ 时，$h = 0.8m$，

其中 m 为模数；

$[\sigma_p]$——许用挤压应力，单位为 MPa；

$[p]$——许用压强，单位为 MPa。

r_m——花键的平均半径，对于矩形花键，$r_m = \dfrac{D+d}{4}$，对于渐开线花键，$r_m = \dfrac{d_1}{2}$。

花键连接的零件多用抗拉强度极限不低于600MPa的钢材制造，多数需热处理，特别是在载荷下频繁移动的花键齿，应通过热处理获得足够的硬度以抵抗磨损。花键连接的许用挤压应力和许用压强见表12-7。

表 12-7　花键连接的许用挤压应力和许用压强　　　　（单位：MPa）

连接工作方式	工作条件与制造情况	$[\sigma_p]$或$[p]$	
		齿面未经热处理	齿面经热处理
静连接$[\sigma_p]$	不良	30~50	40~70
	中等	60~100	100~140
	良好	80~120	120~200
动连接$[p]$ （不在载荷下移动）	不良	15~20	20~35
	中等	20~30	30~60
	良好	25~40	40~70
动连接$[p]$ （在载荷下移动）	不良	—	3~10
	中等	—	5~15
	良好	—	10~20

12.3　销连接

销是标准件，用销将两个零件连接在一起，叫作销连接。销主要有圆柱销和圆锥销两类，主要用来确定零件之间的相对位置，并可传递不大的载荷，还可作为安全装置中的过载剪断元件。

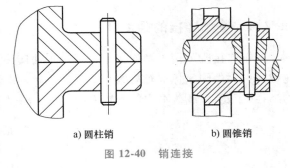

a) 圆柱销　　　　　b) 圆锥销

图 12-40　销连接

圆柱销如图 12-40a 所示，靠过盈配合固定在销孔中，多次装拆会降低其定位精度和可靠性。圆锥销如图 12-40b 所示，具有 1∶50 的锥度，可以自锁，安装方便，定位精度高，可多次装拆而不影响定位精度。

销的常用材料为 35 钢、45 钢。

12.4　不可拆连接

12.4.1　铆接

利用铆钉把两个以上的被铆件连接在一起的不可拆连接，称为铆钉连接，简称铆接。铆接是一种早就使用的简单的机械连接，其典型结构如图 12-41 所示。铆接主要是由铆钉 1 和被铆件 2、3 所组成的，有的还有辅助连接件盖板 4。这些基本元件在构造物上所形成的连接部分统称为铆接缝，简称铆缝。

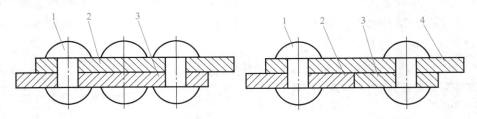

图 12-41　铆接的典型结构

1—铆钉　2、3—被铆件　4—辅助连接件盖板

铆钉用棒料在锻压机上制成，一端有预制头。把铆钉插入被铆件的重叠孔内，利用端模再制出另一端的铆成头，这个过程称为铆合。若钢铆钉直径小于 12mm，铆合时可不加热，称为冷铆；若钢铆钉直径大于 12mm，铆合时通常要把铆钉全部或局部加热，称为热铆。铝合金铆钉均用冷铆。

铆接具有工艺简单、抗振、耐冲击和牢固可靠等优点，但结构一般较为笨重，被连接件上制有钉孔，使强度受到较大的削弱，铆接时一般噪声很大，会影响工人的健康。因此，目前铆接除在桥梁、建筑、造船、重型机械及飞机制造等工业部门中仍采用外，应用已逐渐减少，并为焊接、胶接所代替。

12.4.2　焊接

借助加热（有时还要加压）使两个以上的金属件在连接处形成原子或分子间的结合而构成的不可拆连接，称为焊接。在仪器制造中，焊接是常用的一种不可拆连接。它主要应用于下列场合：

1）金属构架、容器和壳体结构的制造。

2）在机械零件制造中，用焊接代替铸造。

3）制造巨型或形状复杂的零件时，用分开制造再焊接的方法。

焊接可分为熔化焊（电弧焊、气焊、电渣焊等）、压焊（电阻焊、摩擦焊等）、钎焊，其中电弧焊应用最广。

电阻焊可分为对焊、点焊和缝焊等。图 12-42 所示为对焊的汽车排气阀，采用对焊可使耐热合金钢阀帽与普通钢阀杆结成一体。图 12-43 所示为点焊的 V 带带轮。

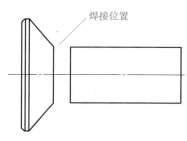

图 12-42　对焊的汽车排气阀

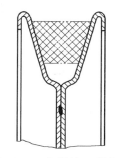

图 12-43　点焊的 V 带带轮

点焊主要用于焊接薄壁板零件。点焊对于低碳钢零件，厚度应在 10mm 以下；对于有色金属零件，厚度应在 3mm 以下。箱体类零件的毛坯通常是铸造的，但如果生产批量很小，在总成本中制模费将要占很大的比例，故往往不如采用焊接毛坯经济。此外，铸造的最小壁厚受铸造工艺的限制，经常大于强度和刚度的需要，如果改用焊接毛坯，就可采用较小的壁厚，重量可降低 30%。

12.5　螺旋传动

12.5.1　概述

螺旋传动主要用来把回转运动变为直线运动。

1. 按用途分类

根据用途不同，螺旋传动可分为以下三种。

（1）传力螺旋　传力螺旋以传力为主，用于举起重物或克服很大工作阻力的机械。这种螺旋要求用较小的转矩产生大的轴向力，一般为间歇工作，工作速度不高，且每次工作时间较短，一般还应具有自锁功能，如螺旋压力机、螺旋起重器（图 12-44）等。

（2）传导螺旋　传导螺旋以传递运动为主，在较长时间内连续工作，有时速度高，且要求具有较高的传动精度，例如机床进给机构的螺旋传动。

（3）调整螺旋　调整螺旋用于调整、固定零件或部件的相对位置，如机床、仪器及测试装置中的微调机构的螺旋。调整螺旋不经常转动，一般在空载下工作，具有可靠的自锁性。

2. 按螺旋副的摩擦性质分类

按照螺旋副的摩擦性质的不同，螺旋传动可分为以下三种。

（1）滑动螺旋传动　螺旋副相对运动产生的摩擦是滑动摩擦的传动称为滑动螺旋传动。滑动螺旋传动摩擦阻力大、传动效率低、磨损快，但结构简单，便于制造，易于自锁，应用广泛。

（2）滚动螺旋传动　螺旋副相对运动产生的摩擦是滚动摩擦的传动称为滚动螺旋传动，如图 12-45 所示。滚动螺旋传动螺杆与螺母螺纹表面被滚珠隔开，构成滚动摩擦，摩擦损失小，传动效率高，传动精度高，无自锁性，可以将直线运动变为旋转运动，但结构复杂，制造精度要求高。

（3）静压螺旋传动　静压螺旋传动是将压力油注入螺旋副内，使螺旋副在工作时工作面被油膜分开的螺旋传动，如图 12-46 所示。

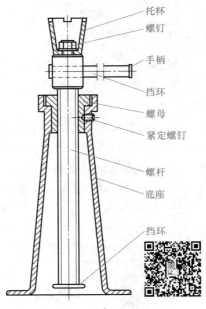

图 12-44　螺旋起重器

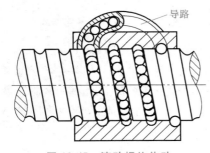

图 12-45　滚动螺旋传动

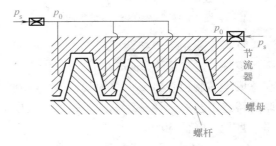

图 12-46　静压螺旋传动

12.5.2　滑动螺旋传动的设计和计算

本小节主要介绍滑动螺旋传动的设计和计算。

1. 耐磨性计算

螺旋副的磨损多发生在螺母上，螺旋副的耐磨性与螺纹工作面上的压强、相对滑动速度、螺纹表面的加工状况及润滑情况等很多因素有关，其中最主要的是螺纹工作面压强的大小，压强越大，接触面的润滑油越容易被挤出，易形成过度磨损。在一般情况下可限制螺纹工作表面的压力，以防止螺纹过度磨损。如图 12-47 所示，在轴向力 F 作用下，螺纹

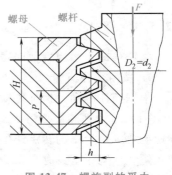

图 12-47　螺旋副的受力

圈数为 z 时，工作面压强 p 为

$$p = \frac{F}{A} = \frac{F}{\pi d_2 hz} \leqslant [p] \tag{12-27}$$

或

$$d_2 \geqslant \sqrt{\frac{FP}{\pi \varphi h [p]}} \tag{12-28}$$

式中　F——作用在螺杆上的轴向力，单位为 N；

$\quad\quad d_2$——螺纹中径，单位为 mm；

$\quad\quad P$——螺纹螺距，单位为 mm；

$\quad\quad h$——螺纹工作高度，单位为 mm，对于梯形或矩形螺纹，$h = 0.5P$，对于锯齿形螺纹，$h = 0.75P$；

$\quad\quad z$——螺杆与螺母相旋合部分的螺纹圈数，$z = H/P$，其中 H 为螺母高度，单位为 mm，一般为了减少螺纹牙受力不均，常取 $z \leqslant 10$；

$\quad\quad [p]$——许用压强，单位为 MPa，其值见表 12-8；

$\quad\quad \varphi$——高径比系数，$\varphi = H/d_2$，对于整体式螺母，一般 $\varphi = 1.2 \sim 2.5$，对于剖分式螺母，$\varphi = 2.5 \sim 3.5$。

表 12-8　滑动螺旋副的许用压强 $[p]$　　　　　　（单位：MPa）

配对材料		钢对铸铁	钢对青铜	淬火钢对青铜
许用压强	速度 $v < 12\text{m/min}$	$4 \sim 7$	$7 \sim 10$	$10 \sim 13$
	低速，如人力驱动等	$10 \sim 18$	$15 \sim 25$	—

按式（12-27）或式（12-28）计算出螺纹的中径 d_2 后，按国家标准选出相应的公称直径 d 和螺距 P。螺母高度 $H = \varphi d_2$，并进行圆整。

2. 螺杆的强度计算

螺杆受轴向力 F 和转矩 T 作用时，螺杆危险剖面上同时受压缩（或拉伸）应力和切应力作用。利用第四强度理论可求出危险截面的当量应力 σ_e，其强度条件为

$$\sigma_e = \sqrt{\sigma^2 + 3\tau^2} = \sqrt{\left(\frac{F}{A}\right)^2 + 3\left(\frac{T_1}{W_T}\right)^2} \leqslant [\sigma] \tag{12-29}$$

式中　F——螺杆所受的轴向力，单位为 N；

$\quad\quad A$——螺杆螺纹段危险截面的面积，$A = \pi d_1^2 / 4$，单位为 mm^2，其中 d_1 为螺杆螺纹的小径，单位为 mm；

$\quad\quad T_1$——螺杆所受的扭矩，$T_1 = F \tan(\lambda + \rho_v) d_2 / 2$，单位为 N·mm，其中 d_2 为螺杆螺纹的中径，单位为 mm；

$\quad\quad W_T$——螺杆螺纹段的抗扭截面因数，单位为 mm^3，$W_T = \pi d_1^3 / 16 = A d_1 / 4$；

$\quad\quad [\sigma]$——螺杆材料的许用应力，单位为 MPa，$[\sigma] = R_{eL} / S$，$S = 3 \sim 5$。

3. 螺杆的稳定性计算

对于长径比较大的受压螺杆，当轴向力 F 大于某一临界载荷 F_c 时，工作中可能发生侧向弯曲而失稳，因此必要时应验算螺杆的稳定性。临界载荷可按欧拉公式计算

$$F_{\mathrm{c}} = \frac{\pi^2 E I}{(\mu l)^2} \qquad (12\text{-}30)$$

式中　E——螺杆材料的拉压弹性模量，单位为 MPa；

　　　I——螺杆危险截面的惯性矩，单位为 mm^4，对于圆形 $I = \pi d_1^4 / 64$；

　　　l——螺杆的工作长度，单位为 mm；

　　　μ——螺杆的长度系数，与螺杆端部支承情况有关，其值见表 12-9。

表 12-9　螺杆的长度系数

螺杆端部支承情况	长度系数
两端固定	0.50
一端固定、一端不完全固定	0.60
一端铰支、一端不完全固定	0.70
两端不完全固定	0.75
两端铰支	1.00
一端固定、一端自由	2.00

因此，在正常情况下，螺杆承受的轴向力 F 必须小于临界载荷 F_{c}，则螺杆的稳定性条件为

$$F \leqslant \frac{F_{\mathrm{c}}}{S} \qquad (12\text{-}31)$$

式中　S——螺杆稳定性安全系数。

对于传力螺旋，$S = 3.5 \sim 5.0$；对于传导螺旋，$S = 2.5 \sim 4.0$；对于精密螺杆或水平螺杆，$S > 4.0$。

4. 螺纹牙齿强度的校核

防止沿螺母螺纹牙根部剪断的强度校核公式为

$$\tau = \frac{F}{\pi D b z} \leqslant [\tau] \qquad (12\text{-}32)$$

式中　b——螺纹牙根部的宽度。

对于梯形螺纹，$b = 0.65P$，对于锯齿形螺纹，$b = 0.74P$。需要校核螺杆螺纹牙的强度时，将式（12-32）中螺母的大径 D 换为螺杆的小径 d_1 即可。

对于铸铁螺母，取 $[\tau] = 40\mathrm{MPa}$；对于青铜螺母，取 $[\tau] = 30 \sim 40\mathrm{MPa}$。

思考与练习题

12-1　普通螺栓连接与铰制孔螺栓连接各是怎样受力的？

12-2　螺纹连接的类型有哪些？各应用于什么场合？

12-3　螺纹连接的防松原理和方法各有哪些？

12-4　图 12-48 所示为某机构的拉杆端部采用粗牙普通螺纹连接，已知拉杆所受的最大载荷 $F = 15\mathrm{kN}$，载荷平稳，拉杆螺纹的性能等级为 4.6 级，试确定拉杆螺纹的直径。

12-5　如图 12-49 所示结构，用两个 M12 的螺钉固定一牵引钩，若螺钉的材料为 Q235，装配时控制预紧力，被连接件接合面的摩擦系数 $f = 0.2$，求允许的牵引力 F 的大小。

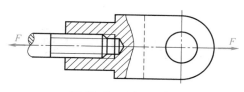

图 12-48　题 12-4 图

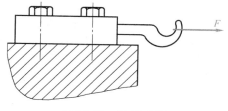

图 12-49　题 12-5 图

12-6　图 12-50 所示为一方形盖板用四个螺栓与箱体连接，盖板中心 O 点的吊环受拉力 $F_总 = 20000N$，设残余预紧力 $F'' = 0.6F$，F 为螺栓所受的轴向工作载荷。试求螺栓所受的总拉力 F_0，并确定螺栓直径。（螺栓材料的许用应力 $[\sigma] = 180MPa$。）

12-7　起重卷筒与大齿轮用 8 个普通螺栓连接在一起，如图 12-51 所示。已知卷筒直径 $D = 300mm$，螺栓分布圆直径 $D_0 = 450mm$，接合面间的摩擦系数 $f = 0.2$，可靠性系数 $K = 1.2$，起重钢索拉力 $F_Q = 50000N$，螺栓材料的许用应力 $[\sigma] = 100MPa$。试设计该螺栓组的螺栓直径。

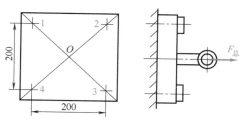

图 12-50　题 12-6 图

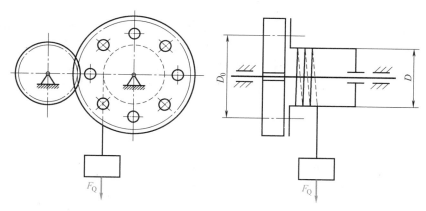

图 12-51　题 12-7 图

12-8　用两个普通螺栓连接长扳手，尺寸如图 12-52 所示。两件的接合面间的摩擦系数 $f = 0.15$，扳拧力 $F = 200N$，试计算两螺栓所受的力。若螺栓的材料为 Q235，试确定螺栓的直径。

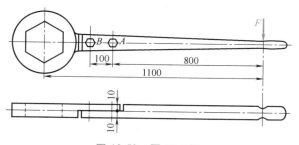

图 12-52　题 12-8 图

第 13 章

齿轮传动设计

本章提要

齿轮传动要求传动平稳且具有足够的承载能力。本章在第 9 章齿轮传动机构的基础上将进一步探讨齿轮的承载能力问题，再全面考虑运动关系、几何关系和强度关系，合理地设计齿轮的参数和结构。

13.1 齿轮的失效形式和设计准则

按照工作条件不同，齿轮传动可分为闭式齿轮传动和开式齿轮传动。闭式齿轮传动封闭在刚性的箱体内，因而能保证良好的润滑和工作条件，大多数齿轮都采用闭式传动。开式齿轮传动的齿轮是外露的，不能保证良好的润滑，容易落入灰尘、杂质，故容易磨损，只适用于低速传动。按照齿面硬度不同，齿轮传动可分为硬齿面（齿面硬度>350HBW）齿轮传动和软齿面（齿面硬度≤350HBW）齿轮传动。

13.1.1 失效形式

齿轮传动的失效主要发生在轮齿部分，常见的失效形式主要有以下五种。

1. 轮齿折断

在载荷作用下，轮齿像悬臂梁一样承受弯曲，齿根部分的弯曲应力最大，并且齿根的过渡圆角处有应力集中。当交变的弯曲变应力多次重复作用，将在齿根部分产生疲劳裂纹，随着疲劳裂纹的逐步扩展，最后导致轮齿的疲劳折断，如图 13-1 所示。轮齿折断是齿轮传动中最严重的失效形式，必须避免，可适当增大齿根过渡圆角半径并减小表面粗糙度值，以减小应力集中；合理提高齿轮的制造安装精度，正确选择材料和热处理方式，以及对齿根部位进行喷丸、碾压等强化处理，可以提高轮齿抗折断的能力。

2. 齿面疲劳点蚀

轮齿在工作时，齿面受到脉动循环的接触应力 σ_H，在 σ_H 的反复作用下，轮齿的表层材料起初出现微小的疲劳裂纹，然后裂纹扩展，最后致使齿面表层的金属微粒剥落，形成齿面麻点，如图 13-2 所示，这种现象称为齿面疲劳点蚀。随着点蚀的发展，这些小的点蚀坑会连成一片，形成明显的齿面损伤。点蚀通常发生在轮齿靠近节线的齿根面上，这是因为轮齿在节线附近啮合时，同时啮合齿对数量少，接触应力大，而且相对滑动速度小，润滑油膜不易形成。发生点蚀后，齿廓形状被破坏，齿轮在啮合过程中会产生剧烈振动，噪声增大，以至于齿轮不能正常工作而使传动失效。

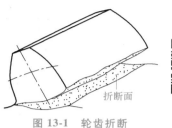

折断面

图 13-1　轮齿折断

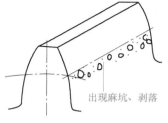

出现麻坑、剥落

图 13-2　齿面疲劳点蚀

齿面疲劳点蚀是软齿面闭式齿轮传动最主要的失效形式。对于开式齿轮传动，因其齿面磨损的速度较快，当齿面还没有形成疲劳裂纹时，表层材料已被磨掉，故通常见不到点蚀现象。加大齿轮分度圆直径（或中心距）、提高齿面硬度、减小齿面表面粗糙度值、合理选用润滑油黏度等都能提高齿面的抗点蚀能力。

3. 齿面磨损

在齿轮传动中，当轮齿的工作齿面间落入砂粒、切屑等磨料性杂质时，齿面将被逐渐磨损。齿面磨损严重时，就会破坏轮齿的正确齿廓形状，从而引起冲击、振动和噪声，甚至因轮齿变薄而发生轮齿折断。齿面磨损如图 13-3 所示。齿面磨损是开式齿轮传动的主要失效形式。

可通过改善密封和润滑条件、提高齿面硬度等来提高抗磨损能力，但将开式齿轮传动改用闭式齿轮传动是避免齿面磨损的最有效办法。

4. 齿面胶合

在高速、重载的齿轮传动中，齿面间压力大、齿面相对滑动速度大、摩擦发热多，使啮合点处瞬时温度过高，润滑失效，相啮合的齿面金属尖峰直接接触并相互粘连，而随着两齿面的相对滑动，粘着的地方又被撕开，以致在齿面上留下犁沟状伤痕，这种现象称为齿面胶合，如图 13-4 所示。

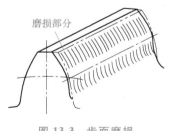

磨损部分

图 13-3　齿面磨损

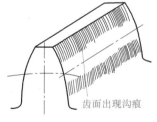

齿面出现沟痕

图 13-4　齿面胶合

在低速、重载的齿轮传动中，也会因为压力大、润滑效果差而使相啮合的齿面间的油膜发生破坏，产生冷粘着现象，但此时齿面间没有明显的瞬时高温，又称冷胶合。

在上述两种齿轮传动中均可能发生齿面胶合，而齿面胶合通常出现在齿面相对滑动速度较大的齿顶和齿根部位。齿面发生胶合后，不但齿面温度升高，也会使轮齿失去正确的齿廓形状，引起冲击、振动和噪声并导致失效。可通过减小模数、降低齿高，以降低滑动系数；

提高齿面硬度和减小齿面表面粗糙度值、采用抗胶合能力强的齿轮材料和加入极压添加剂的润滑油等来减少齿面胶合的发生。

5. 轮齿塑性变形

由于齿轮齿面间过大的压应力以及相对滑动和摩擦造成两齿面的相互碾压，以致齿面材料因屈服而产生沿摩擦力方向的塑性流动，甚至齿体也发生塑性变形，这种现象称为轮齿塑性变形，如图 13-5 所示。轮齿塑性变形常发生在重载或频繁起动的软齿面齿轮上。

图 13-5　轮齿塑性变形

轮齿的塑性变形破坏了轮齿的正确啮合位置和齿廓形状，使之不能正确啮合，适当提高齿面硬度和润滑油黏度可防止或减轻轮齿的塑性变形。

13.1.2　设计准则

齿轮传动的设计取决于齿轮可能出现的失效形式。

对于软齿面闭式齿轮传动，其主要失效形式是齿面疲劳点蚀，所以，一般先按齿面接触疲劳强度进行设计，然后校核齿根弯曲疲劳强度。

对于硬齿面闭式齿轮传动，因抗疲劳点蚀能力较强，所以通常按齿根弯曲疲劳强度设计，然后校核齿面接触疲劳强度。

对于开式传动的齿轮，由于其主要失效形式是弯曲疲劳折断和齿面磨损，而轮齿磨薄后往往会发生轮齿折断，故目前多是按齿根弯曲疲劳强度进行设计，并用适当增大模数的办法来减少磨损的影响。

🔧 13.2　齿轮材料及热处理和齿轮传动的精度

13.2.1　齿轮材料及热处理

1. 齿轮材料

齿轮材料应具有足够的硬度，从而获得较高的抗点蚀、抗胶合及耐磨损等能力。轮心应有足够的强度和韧性，以便有足够的弯曲强度。常用的齿轮材料有优质碳素钢、合金结构钢、铸钢和铸铁等，一般多用锻件或轧制钢材。当齿轮较大（直径为 $400\sim600$mm）而轮坯不易锻造时，可采用铸钢。开式低速传动可采用灰铸铁，球墨铸铁有时可代替铸钢。表 13-1 列出了齿轮常用材料及其力学性能。

表 13-1　齿轮常用材料及其力学性能

材料牌号	热处理方法	齿面硬度	接触疲劳极限 σ_{Hlim}/MPa	弯曲疲劳极限 σ_{FE}/MPa
	正火	156~217HBW	350~400	280~340
45	调质	197~286HBW	550~620	410~480
	表面淬火	40~50 HRC	1120~1150	680~700

（续）

材料牌号	热处理方法	齿面硬度	接触疲劳极限 σ_{Hlim}/MPa	弯曲疲劳极限 σ_{FE}/MPa
40Cr	调质	217～286HBW	650～750	560～620
	表面淬火	48～55 HRC	1150～1210	700～740
35SiMn	调质	207～286HBW	650～760	550～610
	表面淬火	45～50 HRC	1130～1150	690～700
40MnB	调质	241～286HBW	680～760	580～610
	表面淬火	45～55 HRC	1130～1210	690～720
38SiMnMo	调质	241～286HBW	680～760	580～610
	表面淬火	45～55 HRC	1130～1210	690～720
	氮碳共渗	57～63 HRC	880～950	790
20CrMnTi	渗氮	>850 HV	1000	715
	渗碳淬火,回火	56～62 HRC	1500	850
20Cr	渗碳淬火,回火	56～62 HRC	1500	850
38CrMoAlA	调质	255～321HBW	710～790	600～640
	渗氮	>850 HV	1000	720
ZG310-570	正火	163～197HBW	280～330	210～250
ZG340-640	正火	179～207HBW	310～340	240～270
ZG35SiMn	调质	241～269HBW	590～640	500～520
	表面淬火	45～53 HRC	1130～1190	690～720
HT300	时效	187～255HBW	330～390	100～150
QT500-7	正火	170～230HBW	450～540	260～300
QT600-3	正火	190～270HBW	490～580	280～310

2. 齿轮常用的热处理方法

（1）表面淬火　表面淬火一般用于中碳钢和中碳合金钢，例如 45 钢、40Cr 等。表面淬火后轮齿变形不大，可不磨齿，齿面硬度可达 52～56 HRC。由于齿面接触强度高，耐磨性好，而齿心部分未淬硬，仍有较高的韧性，故能承受一定的冲击载荷。表面淬火的方法有高频淬火和火焰淬火。

（2）渗碳淬火　渗碳钢是碳的质量分数为 0.15%～0.25% 的低碳钢和低碳合金钢，例如20 钢、20Cr 等。渗碳淬火后齿面硬度可达 52～62 HRC，齿面接触强度高，耐磨性好，而齿心部分仍保持有较高的韧性，常用于受冲击载荷的重要齿轮传动。通常渗碳淬火后需要磨齿。

（3）调质　调质一般用于中碳钢和中碳合金钢，例如 45 钢、40Cr、35SiMn 等。调质处理后齿面硬度一般为 220～286HBW。因硬度不高，可在热处理以后精切齿形，且在使用中易于磨合。

（4）正火　正火可消除内应力，细化晶粒，改善材料的力学性能和可加工性。对机械强度要求不高的齿轮可用中碳钢正火处理。直径较大的齿轮可用铸钢正火处理。

（5）渗氮 渗氮是一种化学热处理方法，渗氮后不再进行其他热处理，齿面硬度可达 50~62 HRC。因渗氮处理温度低，轮齿变形小，故适用于难以磨齿的场合，如内齿轮。常用的渗氮钢为 38CrMoAlA。

上述五种热处理方法中，经调质和正火两种处理后的齿面硬度较低（≤350HBW），为软齿面；经其他三种处理后的齿面硬度较高，为硬齿面。软齿面的加工工艺过程简单，适用于一般传动。当大、小齿轮都是软齿面时，考虑到小齿轮的齿根较薄，弯曲强度较低，且受载次数较多，故在选择材料和热处理时，一般使小齿轮的齿面硬度比大齿轮高 30~50HBW，以使小齿轮的弯曲疲劳极限稍高于大齿轮，大、小齿轮轮齿的弯曲强度相近。硬齿面齿轮的承载能力较强，但需专门设备磨齿，常用于要求结构紧凑或生产批量大的齿轮。当大、小齿轮都是硬齿面时，小齿轮的硬度应略高，也可与大齿轮相等。

13.2.2 齿轮传动的精度

在制造和装配齿轮时，不可避免地会产生误差，如齿形误差、齿距误差、齿向误差、齿轮轴线误差等。误差对齿轮传动性能会带来以下三方面的影响。

1）相啮合齿轮在一转范围内的实际转角与理论转角不一致，即影响传递运动的准确性。

2）瞬时传动比不能保持恒定不变，齿轮在一转范围内会出现多次重复的转速波动，尤其在高速传动中将引起振动、冲击和噪声，即影响传动的平稳性。

3）齿向误差会引起轮齿的载荷分布不均匀，当传递较大转矩时，易引起轮齿早期失效，即影响载荷分布的均匀性。

国家标准 GB/T 10095.1—2022 规定圆柱齿轮有 13 个精度等级，用 0~12 由高到低依次排列，常用的是 6~9 级精度。齿轮传动精度等级可根据齿轮的不同类型、传动的用途、圆周速度等从表 13-2 中选取。

表 13-2 齿轮传动精度等级的选择及应用

精度等级	圆周速度 v/（m/s）			应用
	直齿圆柱齿轮	斜齿圆柱齿轮	直齿锥齿轮	
6 级	≤15	≤30	≤12	高速重载的齿轮传动,如飞机、汽车和机床制造中的重要齿轮;分度机构的齿轮传动
7 级	≤10	≤15	≤8	高速中载或中速重载的齿轮传动,如标准系列变速箱的齿轮,汽车和机床制造中的齿轮
8 级	≤6	≤8	≤4	机械制造中对精度无特殊要求的齿轮
9 级	≤4	≤6	≤1.5	低速及对精度要求低的传动

13.3 直齿圆柱齿轮的强度计算

13.3.1 受力分析和计算载荷

为了计算轮齿的强度，设计轴和轴承，需要先分析轮齿上的作用力。

1. 受力分析

对于直齿圆柱齿轮传动，若不考虑齿面间的摩擦力，则轮齿间的相互作用力为法向力 F_n，为了便于分析计算，以两齿廓在节点 C 处接触进行受力分析，如图 13-6 所示，并将法向力 F_n 分解为相互垂直的两个分力：圆周力和径向力。

$$\begin{cases} \text{圆周力} \quad F_t = \dfrac{2T_1}{d_1} \\[2mm] \text{径向力} \quad F_r = F_t \tan\alpha \\[2mm] \text{法向力} \quad F_n = \dfrac{F_t}{\cos\alpha} \end{cases} \qquad (13\text{-}1)$$

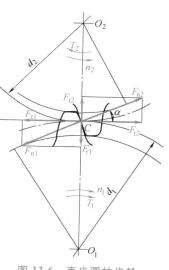

图 13-6　直齿圆柱齿轮
传动的受力分析

式中　T_1——作用在主动小齿轮上的转矩，单位为

$\quad\quad$ N·mm，$T_1 = 9.55 \times 10^6 \dfrac{P}{n_1}$；

$\quad\quad$ P——所传递的功率，单位为 kW；

$\quad\quad$ n_1——小齿轮的转速，单位为 r/min；

$\quad\quad$ d_1——小齿轮的分度圆直径，单位为 mm；

$\quad\quad$ α——分度圆压力角，单位为（°）。

作用于主动齿轮和从动齿轮上的各力均大小相等、方向相反。在主动齿轮上，圆周力是阻力，其方向与力作用点的圆周速度方向相反。在从动齿轮上，圆周力是驱动力，其方向与力作用点的圆周速度方向相同。径向力的方向对于两齿轮都是由力作用点指向轮心。总之，作用于轮齿上的力总是指向其工作齿面的。

2. 计算载荷

在实际传动中，由于原动机及工作机运转不平稳，齿轮的制造误差以及支承刚度等的影响，齿轮上所受的实际载荷一般都大于名义载荷 F_n，所以在进行齿轮强度计算时，为了考虑这些影响，应当按计算载荷 F_c 进行计算，即

$$F_c = KF_n \qquad (13\text{-}2)$$

式中　K——载荷系数，其值见表 13-3。

表 13-3　载荷系数 K

原动机	载荷系数 K		
	工作机均匀载荷	工作机中等冲击载荷	工作机大的冲击载荷
电动机	1~1.2	1.2~1.6	1.6~1.8
多缸内燃机	1.2~1.6	1.6~1.8	1.9~2.1
单缸内燃机	1.6~1.8	1.8~2.0	2.2~2.4

注：1. 斜齿、圆周速度低、精度高、齿宽系数小时取小值，直齿、圆周速度高、精度低、齿宽系数大时取大值。

$\quad\quad$ 2. 齿轮在两轴承之间对称布置时取小值，齿轮在两轴承之间不对称布置及悬臂布置时取大值。

13.3.2　齿面接触强度的计算

齿面接触强度的计算主要针对闭式齿轮传动齿面的接触疲劳点蚀失效来进行，齿面疲劳点蚀与齿面的接触应力有关。如图 13-7 所示，齿轮传动在节点处多为一对轮齿啮合，接触

应力较大，一般点蚀都先发生在节线附近。因此，可选择齿轮传动的节点作为接触应力的计算点，齿面接触应力可按赫兹公式计算，即

$$\sigma_H = \sqrt{\frac{F_n}{\pi b} \cdot \frac{\dfrac{1}{\rho_1} \pm \dfrac{1}{\rho_2}}{\dfrac{1-\mu_1^2}{E_1} + \dfrac{1-\mu_2^2}{E_2}}} \tag{13-3}$$

式中 F_n——作用于齿廓上的法向载荷，单位为 N，$F_n = \dfrac{KF_t}{\cos\alpha}$；

E_1、E_2——两齿轮材料的弹性模量，单位为 MPa；

μ_1、μ_2——两齿轮材料的泊松比。

式（13-3）中的"±"符号，"+"号用于外啮合，"−"号用于内啮合。

由图 13-7 可知，节点处的齿廓曲率半径

$$\rho_1 = \frac{d_1}{2}\sin\alpha, \rho_2 = \frac{d_2}{2}\sin\alpha$$

设 $u = d_2/d_1 = z_2/z_1$，可得

$$\frac{1}{\rho_1} \pm \frac{1}{\rho_2} = \frac{u \pm 1}{u} \cdot \frac{2}{d_1\sin\alpha}$$

式中，u（$\geqslant 1$）为齿数比。齿数比 u 与传动比 i 的关系为：当小齿轮 1 为主动齿轮做减速传动时，两者相同，$u = i_{12}$；当大齿轮 2 为主动齿轮做增速传动时，两者互为倒数，$u = 1/i_{21}$。

综合上述，齿面接触应力可表示为

$$\sigma_H = \sqrt{\frac{1}{\pi\left(\dfrac{1-\mu_1^2}{E_1} + \dfrac{1-\mu_2^2}{E_2}\right)}} \sqrt{\frac{2}{\sin\alpha\cos\alpha}} \sqrt{\frac{(u \pm 1)F_t}{ubd_1}}$$

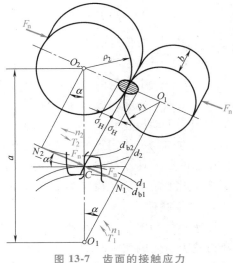

图 13-7 齿面的接触应力

设 $Z_E = \sqrt{\dfrac{1}{\pi\left(\dfrac{1-\mu_1^2}{E_1} + \dfrac{1-\mu_2^2}{E_2}\right)}}$，与两齿轮的材料性能有关，称为弹性系数，单位为 $\sqrt{\text{MPa}}$，

其值见表 13-4；设 $Z_H = \sqrt{\dfrac{2}{\sin\alpha\cos\alpha}}$，称为区域系数，对于标准直齿轮，$\alpha = 20°$ 时，$Z_H = 2.5$。

经整理，可得齿面接触强度的校核公式为

$$\sigma_H = Z_E Z_H \sqrt{\frac{KF_t}{bd_1} \cdot \frac{u \pm 1}{u}} \leqslant [\sigma_H] \tag{13-4}$$

引入齿宽系数 $\phi_d = \dfrac{b}{d_1}$，并将 $F_t = \dfrac{2T_1}{d_1}$ 代入式（13-4）得

$$\sigma_H = Z_E Z_H \sqrt{\frac{2KT_1}{\phi_d d_1^3} \cdot \frac{u \pm 1}{u}} \leqslant [\sigma_H]$$

经变换，得到的齿面接触强度设计公式为

$$d_1 \geqslant \sqrt[3]{\frac{2KT_1}{\phi_d} \frac{u \pm 1}{u} \left(\frac{Z_H Z_E}{[\sigma_H]}\right)^2} \qquad (13\text{-}5)$$

表 13-4　弹性系数 Z_E　　　　　　　　　　（单位：$\text{MPa}^{\frac{1}{2}}$）

齿轮 1 材料	弹性系数 Z_E				
	齿轮 2 材料为灰铸铁	齿轮 2 材料为球墨铸铁	齿轮 2 材料为铸钢	齿轮 2 材料为锻钢	齿轮 2 材料为夹布胶木
锻钢	162.0	181.4	188.9	189.8	56.4
铸钢	161.4	180.5	188.0	—	—
球墨铸铁	156.6	173.9	—	—	—
灰铸铁	143.7	—	—	—	—

　　两齿轮啮合时，虽然两齿轮的接触应力相等，但两者的许用接触应力不一定相等，设计时应取两配对齿轮的许用接触应力 $[\sigma_{H1}]$ 和 $[\sigma_{H2}]$ 中的较小值代入式（13-5）中进行计算。

$$[\sigma_H] = \frac{\sigma_{Hlim}}{S_H}$$

式中　σ_{Hlim}——试验齿轮失效概率为 1/100 时的接触疲劳强度极限，与轮齿的齿面硬度有关，其值见表 13-1；

　　　S_H——安全系数，其最小值见表 13-5。

表 13-5　最小安全系数 S_{Hmin}、S_{Fmin} 的参考值

使用要求	S_{Hmin}	S_{Fmin}
高可靠度（失效概率 1/10000）	1.5	2.0
较高可靠度（失效概率 1/1000）	1.25	1.6
一般可靠度（失效概率 1/100）	1.0	1.25

注：对一般工业用齿轮传动，可选用一般可靠度。S_{Hmin} 为接触强度计算最小安全系数，S_{Fmin} 为齿根弯曲强度计算最小安全系数。

　　由式（13-4）和式（13-5）可知，若齿轮传动的材料、齿数比 u 和齿宽系数 ϕ_d（或齿宽）等条件一定时，由齿面接触疲劳强度所决定的承载能力仅与齿轮分度圆直径或中心距的大小有关。如果分度圆直径 d_1、d_2 相等，其他条件也一致，两对齿轮，不论其模数 m_1、m_2 是否相等，其接触疲劳强度基本相同。因此，模数 m 不能作为衡量齿轮接触疲劳强度的依据。

13.3.3　齿根弯曲强度的计算

　　轮齿的弯曲疲劳折断与齿根弯曲应力有关，在进行齿根弯曲应力计算时，把轮齿视为悬臂梁，按最危险的情况来计算齿根处的弯曲应力：假定全部载荷 F_n 由一对轮齿来承担，载荷作用在齿顶时，齿根所受的弯曲力矩最大，其在危险截面处产生弯曲应力 σ_F 也最大。

　　危险截面的位置可用 30° 切线法确定，即作与轮齿对称中心线成 30° 夹角并与齿根圆角相切的斜线，通过两切点并平行于齿轮轴线的截面就是危险截面，如图 13-8 所示，图中 s_F 为齿根危险截面的齿厚，h_F 为力作用点到危险截面的距离，即弯曲力臂长。由法向力 F_n 的

水平分力 $F_n\cos\alpha_F$ 和 h_F 确定齿根处的弯矩 M，由齿宽 b、齿厚 s_F 确定齿根处的抗弯截面系数 W。弯曲应力公式为

$$\sigma_F = \frac{M}{W} = \frac{6KF_n h_F \cos\alpha_F}{bs_F^2}$$

$$= \frac{6KF_t h_F \cos\alpha_F}{bs_F^2 \cos\alpha} = \frac{KF_t}{bm} \cdot \frac{6\dfrac{h_F}{m}\cos\alpha_F}{\left(\dfrac{s_F}{m}\right)^2 \cos\alpha}$$

设

$$Y_{Fa} = \frac{6\dfrac{h_F}{m}\cos\alpha_F}{\left(\dfrac{s_F}{m}\right)^2 \cos\alpha} \qquad (13\text{-}6)$$

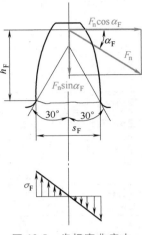

图 13-8　齿根弯曲应力

式中，Y_{Fa} 称为齿形系数。因 h_F 和 s_F 均与模数 m 成正比，故 Y_{Fa} 与影响齿廓形状的参数（z、x、α 等）有关，与模数 m 无关，标准外齿轮的齿形系数见表 13-6。

考虑齿根危险截面处的过渡圆角所引起的应力集中，以及弯曲应力以外的压应力及切应力对齿根危险截面弯曲应力的影响，引入应力修正系数 Y_{Sa}，标准外齿轮的应力修正系数见表 13-6，从而得到直齿轮弯曲强度的校核公式为

$$\sigma_F = \frac{KF_t}{bm} Y_{Fa} Y_{Sa} = \frac{2KT_1}{bd_1 m} Y_{Fa} Y_{Sa} = \frac{2KT_1}{bm^2 z_1} Y_{Fa} Y_{Sa} \leqslant [\sigma_F] \qquad (13\text{-}7)$$

引入齿宽系数 $\phi_d = \dfrac{b}{d_1}$，由式（13-7）得到齿根弯曲疲劳强度的设计公式为

$$m \geqslant \sqrt[3]{\frac{2KT_1}{\phi_d z_1^2} \cdot \frac{Y_{Fa} Y_{Sa}}{[\sigma_F]}} \qquad (13\text{-}8)$$

表 13-6　标准外齿轮的齿形系数 Y_{Fa} 和应力修正系数 Y_{Sa}

$z(z_v)$	17	18	19	20	21	22	23	24	25	26	27	28	29
Y_{Fa}	2.97	2.91	2.85	2.8	2.76	2.72	2.69	2.65	2.62	2.60	2.57	2.55	2.53
Y_{Sa}	1.52	1.53	1.54	1.55	1.56	1.57	1.575	1.58	1.59	1.595	1.60	1.61	1.62
$z(z_v)$	30	35	40	45	50	60	70	80	90	100	150	200	∞
Y_{Fa}	2.52	2.45	2.40	2.35	2.32	2.28	2.24	2.22	2.20	2.18	2.14	2.12	2.06
Y_{Sa}	1.625	1.65	1.67	1.68	1.70	1.73	1.75	1.77	1.78	1.79	1.83	1.865	1.97

在式（13-7）和式（13-8）中，$[\sigma_F]$ 为许用弯曲应力，其计算公式为

$$[\sigma_F] = \frac{\sigma_{FE}}{S_F}$$

式中　σ_{FE}——试验轮齿失效概率为 1/100 时的齿根弯曲疲劳极限，其值见表 13-1，若轮齿两面工作，即双向受载，则应将表 13-1 中的 σ_{FE} 值乘以 0.7；

　　　　S_F——安全系数，其最小值见表 13-5，一般情况下，取 $S_F = 1.25$，当齿轮损坏会引

起严重后果时，取 $S_F = 1.5$。

应当注意，对于齿数比 $u \neq 1$ 的齿轮传动，不仅相啮合两齿轮的齿根弯曲应力大小不等（因大、小齿轮的系数 Y_{Fa}、Y_{Sa} 不同），而且两齿轮的许用弯曲应力 $[\sigma_F]$ 也不一定相等，因此应该用式（13-7）分别校核两个齿轮的弯曲强度。

在用弯曲强度设计一对齿轮传动时，应以 $\dfrac{Y_{Fa1} Y_{Sa1}}{[\sigma_{F1}]}$ 和 $\dfrac{Y_{Fa2} Y_{Sa2}}{[\sigma_{F2}]}$ 中的较大者代入式（13-8），方可保证两齿轮均满足弯曲疲劳强度条件，并将求得的模数 m 圆整为标准模数。

13.3.4 齿轮传动主要参数的选择

1. 齿数 z_1 和模数 m

闭式齿轮传动一般转速较高，为了提高传动的重合度和平稳性，小齿轮的齿数宜选多一些，软齿面齿轮传动可取 $z_1 = 18 \sim 30$，硬齿面齿轮传动可取 $z_1 = 17 \sim 20$。一对齿轮的齿数以互为质数较好，以防止轮齿的磨损集中于某几个齿上，造成齿轮过早报废。

按齿面接触强度设计时，求得 d_1 后，可按经验公式 $m = (0.01 \sim 0.02)a$ 确定模数 m，或按 z_1 计算模数 m，并圆整为标准值，应在保证齿根弯曲强度的条件下选取尽量小的模数 m，但对传递动力的齿轮，模数 m 不小于 1.5mm，以免短期过载时发生轮齿折断。对开式齿轮传动应将计算出的模数 m 增大 $10\% \sim 15\%$，以考虑磨损的影响。

2. 齿宽系数 ϕ_d

增大轮齿宽度 b，可使齿轮直径 d_1、d_2 和中心距 a 减小；但齿宽过大，将使载荷沿齿宽分布不均匀，所以应参考表 13-7，合理选择齿宽系数 ϕ_d。由 $b = \phi_d d_1$ 得到的齿宽应加以圆整。考虑到两齿轮装配时的轴向错位会导致实际啮合齿宽减小，故通常使小齿轮比大齿轮稍宽一些。一般小齿轮齿宽 $b_1 = b_2 + (5 \sim 10)$mm，强度计算时取 $b = b_2$。

表 13-7 齿宽系数 ϕ_d

齿轮相对于轴承的位置	齿宽系数 ϕ_d	
	软齿面	硬齿面
对称布置	0.8 ~ 1.4	0.4 ~ 0.9
非对称布置	0.2 ~ 1.2	0.3 ~ 0.6
悬臂布置	0.3 ~ 0.4	0.2 ~ 0.25

3. 齿数比 u

一对齿轮的齿数比不宜选得过大，否则不仅大齿轮直径太大，而且整个齿轮传动的外廓尺寸也会增大。一般对于直齿圆柱齿轮传动，$u \leqslant 5$；对于斜齿圆柱齿轮传动，u 可取 $6 \sim 7$。

例 13-1 设计一用于带式输送机的单级齿轮减速器中的直齿圆柱齿轮传动。已知减速器的输入功率 $P = 8$kW，输入转速 $n_1 = 800$r/min，传动比 $i = 3$，齿轮对称布置，输送机单向运转。

解：1. 选择材料并确定许用应力

（1）选择材料及热处理　采用软齿面齿轮传动。小齿轮选用 45 钢，调质处理，齿面平均硬度为 230HBW；大齿轮选用 45 钢，正火处理，齿面平均硬度为 200HBW。

（2）确定许用应力　因大齿轮硬度低，许用接触应力也小，故进行接触强度设计时应用 $[\sigma_{H2}]$ 代入公式。

由表13-1查得 $\sigma_{Hlim1} = 580MPa$，$\sigma_{Hlim2} = 370MPa$；$\sigma_{FE1} = 440MPa$，$\sigma_{FE2} = 310MPa$。

由表13-5查得最小安全系数 $S_{Hmin} = 1.0$，$S_{Fmin} = 1.25$。则许用应力分别为

$$[\sigma_{H1}] = \frac{\sigma_{Hlim1}}{S_{Hmin}} = 580MPa，\quad [\sigma_{H2}] = \frac{\sigma_{Hlim2}}{S_{Hmin}} = 370MPa$$

$$[\sigma_{F1}] = \frac{\sigma_{FE1}}{S_{Fmin}} = 352MPa，\quad [\sigma_{F2}] = \frac{\sigma_{FE2}}{S_{Fmin}} = 248MPa$$

2. 按齿面接触强度设计

（1）试选齿轮精度等级和齿宽系数、确定载荷系数　由表13-2，假定齿轮的圆周速度 $v \leqslant 6m/s$，选齿轮精度等级为8级。由表13-7，考虑对称布置，软齿面，取齿宽系数 $\phi_d = 1$。由表13-3，考虑减速器由电动机驱动，载荷为中等冲击，以及直齿轮、精度、齿宽系数等，取载荷系数 $K = 1.4$。

（2）求小齿轮转矩

$$T_1 = 9.55 \times 10^6 \frac{P_1}{n_1} = 9.55 \times 10^6 \times \frac{8}{800} N \cdot mm = 9.55 \times 10^4 N \cdot mm$$

（3）查表13-4得弹性系数

$$Z_E = 189.8\sqrt{MPa}$$

（4）对标准直齿轮节点区域系数

$$Z_H = 2.5$$

（5）齿数比　因为是减速传动，所以齿数比 $u = i = 3$。

（6）按齿面接触强度设计　由式（13-5）有

$$d_1 \geqslant \sqrt[3]{\frac{2KT_1}{\phi_d} \frac{u+1}{u} \left(\frac{Z_H Z_E}{[\sigma_H]}\right)^2} = \sqrt[3]{\frac{2 \times 1.4 \times 9.55 \times 10^4}{1} \times \frac{3+1}{3} \times \left(\frac{189.8 \times 2.5}{370}\right)^2} mm = 83.66mm$$

3. 参数选择

（1）齿数 z_1、z_2　由于采用软齿面闭式齿轮传动，故取 $z_1 = 24$，$z_2 = iz_1 = 3 \times 24 = 72$。

（2）齿轮的模数

$$m = \frac{d_1}{z_1} = \frac{83.66}{24} mm = 3.49mm$$

由表9-1选取第一系列标准模数 $m = 4mm$。

4. 齿根弯曲疲劳强度校核

由表13-6查得齿形系数 $Y_{Fa1} = 2.65$，$Y_{Fa2} = 2.23$；查得应力修正系数 $Y_{Sa1} = 1.58$，$Y_{Sa2} = 1.75$。

分别将许用弯曲应力 $[\sigma_{F1}] = 352MPa$，$[\sigma_{F2}] = 248MPa$ 代入式（13-7）中，得

$$\sigma_{F1} = \frac{2KT_1 Y_{Fa1} Y_{Sa1}}{\phi_d z_1^2 m^3} = \frac{2 \times 1.4 \times 9.55 \times 10^4 \times 2.65 \times 1.58}{1 \times 24^2 \times 4^3} MPa = 30.4MPa \leqslant [\sigma_{F1}]$$

$$\sigma_{F2} = \sigma_{F1} \frac{Y_{Fa2} Y_{Sa2}}{Y_{Fa1} Y_{Sa1}} = 30.4 \times \frac{2.23 \times 1.75}{2.65 \times 1.58} MPa = 28.3MPa \leqslant [\sigma_{F2}]$$

5. 计算齿轮的主要几何尺寸

（1）分度圆直径

$$d_1 = mz_1 = 4 \times 24\text{mm} = 96\text{mm}$$

$$d_2 = mz_2 = 4 \times 72\text{mm} = 288\text{mm}$$

（2）齿宽

$$b_2 = b = \phi_\text{d} d_1 = 1 \times 96\text{mm} = 96\text{mm}$$

$$b_1 = b_2 + (5 \sim 10)\text{mm} = 101 \sim 106\text{mm}，\ 取\ b_1 = 102\text{mm}$$

（3）中心距

$$a = \frac{d_1 + d_2}{2} = \frac{96 + 288}{2}\text{mm} = 192\text{mm}$$

13.4　斜齿圆柱齿轮的强度计算

13.4.1　受力分析

两斜齿轮轮齿间的相互作用力为法向力 F_n，同直齿圆柱齿轮的分析方法一样，为便于分析计算，按在节点 C 处啮合进行受力分析，如图 13-9 所示，将法向力 F_n 分解为相互垂直的三个分力，即圆周力 F_t、径向力 F_r 和轴向力 F_a，由图可知各力数值大小的计算公式为

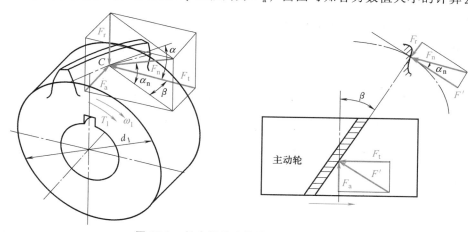

图 13-9　斜齿圆柱齿轮传动的受力分析

$$\begin{cases} 圆周力\ F_\text{t} = \dfrac{2T_1}{d_1} \\[2mm] 径向力\ F_\text{r} = F_\text{t}\tan\alpha_\text{n}/\cos\beta \\[2mm] 轴向力\ F_\text{a} = F_\text{t}\tan\beta \end{cases} \tag{13-9}$$

式中　β——斜齿轮的螺旋角；

　　　α_n——齿廓法面压力角。

圆周力 F_t 和径向力 F_r 的方向确定与直齿轮传动相同。主动齿轮轴向力的方向 F_a 可用

左、右手定则判定，即左旋主动齿轮用左手，右旋主动齿轮用右手，除拇指以外四指握的方向与主动齿轮的转向相同，拇指的指向即为主动齿轮所受轴向力 F_a 的方向。而从动齿轮轴向力的方向与主动齿轮轴向力的方向相反。

螺旋角 β 取得越大，则重合度也越大，传动平稳，但轴向力随之增大，因而会增加轴承的负担。一般取 $\beta = 8° \sim 20°$。

13.4.2　强度计算

对于斜齿圆柱齿轮啮合传动，载荷作用在法面上，而法面齿形近似于当量齿轮的齿形，因此，斜齿轮传动的强度计算可转换为当量齿轮的强度计算。由于斜齿轮传动的接触线是倾斜的，长度增大，且重合度增加等使斜齿轮传动的接触应力下降，故斜齿轮的承载能力比相同尺寸的直齿轮传动有所提高。通常对于螺旋角 $\beta = 8° \sim 20°$，精度等级为 $7 \sim 8$ 级的斜齿轮传动，齿面接触强度和齿根弯曲强度的计算公式经简化处理后如下。

齿面接触强度校核公式为

$$\sigma_H = 3.2 Z_E \sqrt{\frac{KT_1}{bd_1^2} \frac{u \pm 1}{u}} \leqslant [\sigma_H] \tag{13-10}$$

齿面接触强度设计公式为

$$d_1 \geqslant \sqrt[3]{\left(\frac{3.2 Z_E}{[\sigma_H]}\right)^2 \frac{KT_1}{\phi_d} \frac{u \pm 1}{u}} \tag{13-11}$$

式（13-10）和式（13-11）中各参数所代表的意义、单位均与直齿轮传动相同，但应当注意：

1）对于斜齿轮，$d_1 = m_n z_1 / \cos\beta$，所以由式（13-11）求得 d_1 后，还应选取齿数 z_1 和初选螺旋角 β_0，才能求出模数 m_n，并取标准值。

2）由公式 $a_0 = \frac{1}{2} m_n (z_1 + z_2) / \cos\beta$ 求出中心距 a_0 后，一般应圆整为 a，并由 $\cos\beta = m_n (z_1 + z_2) / (2a)$ 求出实际螺旋角 β，同时，也应按实际模数 m_n 和实际螺旋角 β 重新求得 d_1。

齿根弯曲强度校核公式为

$$\sigma_F = \frac{1.6 KT_1 Y_{Fa}}{bm_n^2 z_1} \leqslant [\sigma_F] \tag{13-12}$$

齿根弯曲强度设计公式为

$$m_n \geqslant \sqrt[3]{\frac{1.6 KT_1}{\phi_d z_1^2} \frac{Y_{Fa}}{[\sigma_F]}} \tag{13-13}$$

式（13-12）和式（13-13）中 m_n 为斜齿轮的法向模数，Y_{Fa} 为齿形系数，应按斜齿轮的当量齿轮的齿数来确定，其值由表 13-6 查取。按齿根弯曲强度设计时，应以 $Y_{Fa}/[\sigma_F]$ 的较大者代入设计公式（13-13）。

🔩 13.5　直齿锥齿轮传动

13.5.1　直齿锥齿轮的当量齿轮和当量齿数

图 13-10 所示为锥齿轮传动，线段 OC 称为锥距，过大端齿廓上的 C 点作 OC 的垂

线与两轮轴线分别交于 O_1 和 O_2 点。分别以 OO_1 和 OO_2 为轴线，以 O_1C 和 O_2C 为母线作两个圆锥 O_1CA 和 O_2CB，这两个圆锥称为背锥。背锥与锥齿轮相切于大端分度圆 CA 和 CB，并与分度圆锥直角相截。若将锥齿轮大端齿形向两背锥内表面投影，并将两背锥展开，则得到两扇形齿轮。

两扇形齿轮的分度圆半径为 O_1C 和 O_2C，轮齿的模数为锥齿轮大端模数，并取标准压力角。扇形齿轮的齿数为锥齿轮的真实齿数。若将扇形齿轮补全为一个完整的圆柱齿轮，则该圆柱齿轮称为锥齿轮的当量齿轮。由图 13-10 可知，当量齿轮齿数 z_v 和分度圆半径 r_v 为

$$\begin{cases} r_v = \dfrac{mz}{2\cos\delta} = \dfrac{mz_v}{2} \\ z_v = \dfrac{z}{\cos\delta} \end{cases}$$

（13-14）

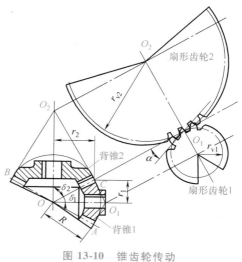

图 13-10　锥齿轮传动

13.5.2　受力分析

锥齿轮轮齿的受力从小端到大端不是均匀分布的，但工程上为计算方便，把齿面上的分布载荷简化为集中作用在齿宽中点 C 处的法向力 F_n，如图 13-11 所示。当忽略摩擦力时，法向力 F_n 可分解为相互垂直的三个分力，即圆周力 F_t、径向力 F_r 和轴向力 F_a，各力的计算公式为

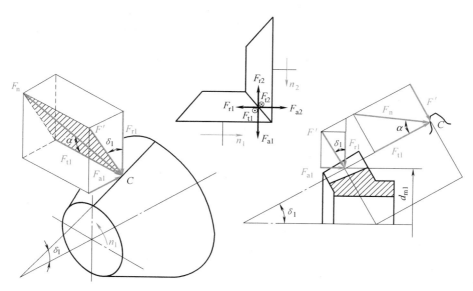

图 13-11　直齿锥齿轮受力分析

$$\begin{cases} F_{t1} = \dfrac{2T_1}{d_{m1}} \\[2mm] F_{r1} = F_{t1}\tan\alpha\cos\delta_1 \\[2mm] F_{a1} = F_{t1}\tan\alpha\sin\delta_1 \\[2mm] F_n = \dfrac{F_{t1}}{\cos\alpha} \end{cases} \tag{13-15}$$

式中　d_{m1}——小齿轮齿宽中点的分度圆直径，单位为 mm，$d_{m1}=d_1（1-0.5\phi_R）$，$\phi_R=b/R$，

其中 R 为锥顶距，$R=\dfrac{1}{2}\sqrt{d_1^2+d_2^2}$。

圆周力 F_t 和径向力 F_r 的方向判定方法同圆柱齿轮，轴向力 F_a 的方向对两齿轮都是由小端指向大端。根据作用力与反作用力关系有 $F_{r1}=-F_{a2}$、$F_{a1}=-F_{r2}$、$F_{t1}=-F_{t2}$。

13.5.3　强度计算

1. 接触疲劳强度计算

锥齿轮强度计算的基本原理与圆柱齿轮相同，通常把锥齿轮传动转化为齿宽中点的一对当量直齿圆柱齿轮进行计算，并将当量齿轮的参数用大端的参数来表示，取当量齿轮的有效工作宽度 $b_v=0.8b$，可得接触强度校核公式为

$$\sigma_H = 2.5Z_E\sqrt{\dfrac{4KT_1}{0.85\phi_R(1-0.5\phi_R)^2 d_1^3 u}} \leqslant [\sigma_H] \tag{13-16}$$

接触强度设计公式为

$$d_1 \geqslant 1.84\sqrt[3]{\dfrac{4KT_1}{0.85\phi_R(1-0.5\phi_R)^2 u}\left(\dfrac{Z_E}{[\sigma_H]}\right)^2} \tag{13-17}$$

式中　d_1——小齿轮大端的分度圆直径，单位为 mm；

ϕ_R——齿宽系数，一般取 $\phi_R=0.25\sim0.3$。

2. 齿根弯曲强度计算

齿根弯曲强度校核公式为

$$\sigma_F = \dfrac{4KT_1 Y_{Fa}Y_{Sa}}{0.85\phi_R(1-0.5\phi_R)^2 z_1^2 m^3\sqrt{1+u^2}} \leqslant [\sigma_F] \tag{13-18}$$

齿根弯曲强度设计公式为

$$m \geqslant \sqrt[3]{\dfrac{4KT_1}{0.85\phi_R(1-0.5\phi_R)^2 z_1^2\sqrt{1+u^2}}\dfrac{Y_{Fa}Y_{Sa}}{[\sigma_F]}} \tag{13-19}$$

式中　m——大端模数；

Y_{Fa}、Y_{Sa}——根据当量齿轮的齿数 $z_v=\dfrac{z}{\cos\delta}$，由表 13-6 查得。

计算模数 m 时，应比较 $\dfrac{Y_{Fa1}Y_{Sa1}}{[\sigma_{F1}]}$ 和 $\dfrac{Y_{Fa2}Y_{Sa2}}{[\sigma_{F2}]}$ 的大小，取大值代入式（13-19）中。

🎯 13.6 齿轮的结构设计

为了制造和生产各类符合工作要求的齿轮，需要考虑确定齿轮的整体结构形式和各部分的结构尺寸。齿轮的整体结构形式取决于齿轮直径大小、毛坯种类、材料、制造工艺要求和经济性等因素。轮体各部分尺寸通常按经验公式或经验数据确定。

齿顶圆直径 $d_a \leqslant 500mm$ 时，一般采用锻造或铸造毛坯。根据齿轮直径大小不同，常采用以下几种结构形式。

1）若圆柱齿轮的齿根圆到键槽底面的径向距离 $e \leqslant 2.5m(m_n)$，如图 13-12a 所示，以及锥齿轮小端齿根圆到键槽底面的径向距离 $e < 1.6m$，如图 13-12b 所示，可将齿轮与轴制成一体，称为齿轮轴，如图 13-12c、d 所示。齿轮轴的刚度大，但轴的材料必须与齿轮相同，某些情况下可能会造成材料浪费或不便于加工。

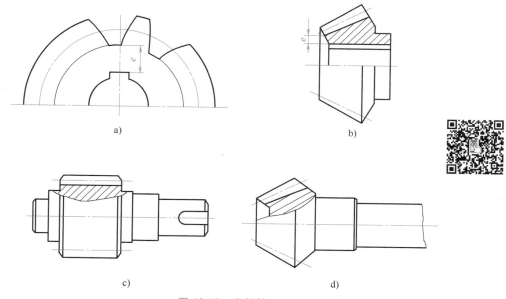

图 13-12　齿轮轴

2）对于齿顶圆直径 $d_a \leqslant 160mm$，且 e 超过上述尺寸界线的齿轮，可采用实心式齿轮，如图 13-13 所示。

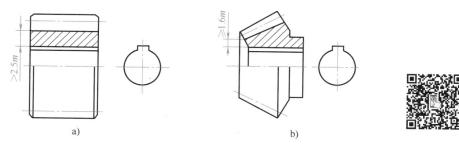

图 13-13　实心式齿轮

3) 对于齿顶圆直径 $160\text{mm} < d_a \leqslant 500\text{mm}$ 的齿轮，常采用腹板式齿轮，如图 13-14 所示。

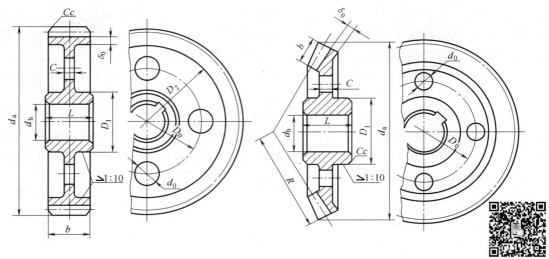

a) 圆柱齿轮：$D_1 = 1.6d_h$；$D_2 = d_a - 100m_n$；
$D_0 = 0.5(D_1 + D_2)$；$d_0 = 0.25(D_2 - D_1)$；
$C = 0.3b$；$\delta_0 = (2.5 \sim 4)m_n > 8\text{mm}$；
$L = (1.2 \sim 1.5)d_h$；并使 $L \geqslant b$

b) 锥齿轮：$D_1 = 1.6d_h$；$L = (1 \sim 1.2)d_h$；$\delta_0 = (3 \sim 4)m$，
但不小于10mm；$C = (0.2 \sim 0.3)b$；
D_0、d_0 由结构设计确定

图 13-14　腹板式齿轮

4) 对于齿顶圆直径 $d_a > 500\text{mm}$ 的齿轮，常采用轮辐式齿轮，如图 13-15 所示。

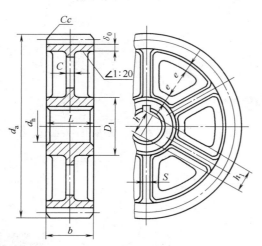
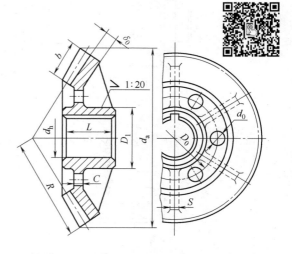

a) 圆柱齿轮：$D_1 = 1.6d_h$（铸钢），$D_1 = 1.8d_h$（铸铁）；
$L = (1.2 \sim 1.5)d_h \geqslant b$；$h = 8.0d_h$，$h_1 = 8.0h$；$C = 0.2h$；
$S = h/6 \geqslant 10\text{mm}$；$\delta_0 = (2.5 \sim 4)m_n \geqslant 8\text{mm}$；$e = 0.8\delta_0$

b) 锥齿轮：$D_1 = 1.6d_h$（铸钢），$D_1 = 1.8d_h$（铸铁）；$L = (1.2 \sim 1.5)d_h$；
$\delta_0 = (3 \sim 4)m \geqslant 10\text{mm}$；$C = (0.1 \sim 0.17)R \geqslant 10\text{mm}$；$S = 0.8C \geqslant 10\text{mm}$；
D_0、d_0 由结构设计确定

图 13-15　轮辐式齿轮

13.7 齿轮传动的效率和润滑

13.7.1 齿轮传动的效率

齿轮传动的功率损失主要包括：
1）啮合中的摩擦损失。
2）润滑油被搅动的油阻损失。
3）轴承的摩擦损耗。
考虑到上述损耗，采用滚动轴承时齿轮传动的平均效率见表 13-8。

表 13-8 齿轮传动的平均效率

传动类型	平均效率		
	6 级或 7 级精度的闭式传动	8 级精度的闭式传动	脂润滑的开式传动
圆柱齿轮传动	0.98	0.97	0.95
锥齿轮传动	0.97	0.96	0.94

13.7.2 齿轮传动的润滑

闭式齿轮传动的润滑方式主要取决于齿轮的圆周速度 v。当 $v \leqslant 12\mathrm{m/s}$ 时，多采用油池润滑，大齿轮浸油一定高度，齿轮运转时就将润滑油带到啮合区，同时也甩到箱壁上，借以散热。当速度较大时，大齿轮浸油深度约为 1 个齿高，如图 13-16 所示。

当 $v > 12\mathrm{m/s}$ 时，不宜采用油池润滑，最好采用喷油润滑，用油泵直接将润滑油喷到啮合区，如图 13-17 所示。

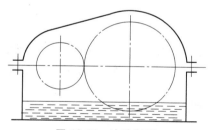

图 13-16 油池润滑

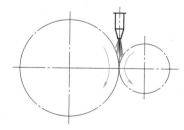

图 13-17 喷油润滑

13.8 蜗杆传动

13.8.1 失效形式、设计准则和材料的选择

1. 失效形式

蜗杆传动的主要失效形式为齿面点蚀、齿面胶合、齿面磨损和轮齿折断等，但是由于蜗杆传动在齿面间有较大的相对滑动，与齿轮相比，其磨损、点蚀和胶合的现象更易发生，而

且失效通常发生在蜗轮轮齿上。

2. 设计准则

在闭式蜗杆传动中，蜗轮轮齿多因齿面胶合或齿面点蚀而失效，因此，通常按齿面接触疲劳强度进行设计。此外，由于闭式蜗杆传动散热较为困难，为避免齿面胶合，还应进行热平衡计算。

在开式蜗杆传动中，蜗轮轮齿多因齿面磨损和轮齿折断而失效，因此，应以保证齿根弯曲疲劳强度作为开式蜗杆传动的主要设计准则。

3. 材料的选择

基于蜗杆传动的特点，蜗杆副的材料组合首先要求具有良好的减摩、耐磨、易于磨合的性能和抗胶合能力。此外，也要求蜗杆副有足够的强度。

蜗杆绝大多数采用碳钢或合金钢制造，其螺旋面硬度越高、表面粗糙度值越小，耐磨性就越好。对于高速重载的蜗杆，常用 20Cr、20CrMnTi 等合金钢渗碳淬火，表面硬度可达 56~62HRC；或用 45 钢、40Cr 等钢表面淬火，硬度可达 45~55HRC；淬硬蜗杆表面应磨削或抛光。一般蜗杆可采用 40 钢、45 钢等碳钢调质处理，硬度为 217~255HBW。在低速或手摇传动中，蜗杆也可不经热处理。

在高速、重要的传动中，蜗轮常用铸造锡青铜 ZCuSn10P1 制造，它的抗胶合和耐磨性能好，允许的滑动速度 v_s 可达 25m/s，易于切削加工，但价格贵。在滑动速度 $v_s < 12$m/s 的蜗杆传动中，可采用含锡量低的铸造锡锌铅青铜 ZCuSn5Pb5Zn5 或无锡青铜，例如铸造铝铁青铜 ZCuAl10Fe3，它的强度较高，价廉，但切削性能差，抗胶合能力较差，宜用于配对经淬火的蜗杆滑动速度 $v_s < 10$m/s 的传动；在滑动速度 $v_s < 2$m/s 的蜗杆传动中，蜗轮也可用球墨铸铁、灰铸铁制造。但蜗轮材料的选取并不完全取决于滑动速度 v_s 的大小，对重要的蜗杆传动，即使 v_s 值不大，也常采用锡青铜制作蜗轮。

13.8.2 普通圆柱蜗杆的强度计算

1. 蜗杆传动的受力分析

蜗杆传动的受力分析和斜齿圆柱齿轮传动的受力分析相似，如图 13-18 所示，将啮合节点 C 处的齿间法向力 F_n 分解为三个互相垂直的分力：圆周力 F_t、轴向力 F_a 和径向力 F_r。蜗杆为主动件，作用在蜗杆上的圆周力 F_{t1} 的方向与蜗杆在该点的圆周速度的方向相反；蜗轮是从动件，作用在蜗轮上的圆周力 F_{t2} 的方向与蜗轮在该点的圆周速度的方向相同。当蜗杆轴与蜗轮轴的交错角 $\Sigma = 90°$ 时，作用于蜗杆上的圆周力 F_{t1} 等于蜗轮上的轴向力 F_{a2}，但二者方向相反；作用于蜗轮上的圆周力 F_{t2} 等于蜗杆上的轴向力 F_{a1}，二者方向亦相反，蜗杆的轴向力方向也须用主动轮左、右手定则判定。蜗杆、蜗轮上的径向力 F_{r1}、F_{r2} 都分别由啮合节点

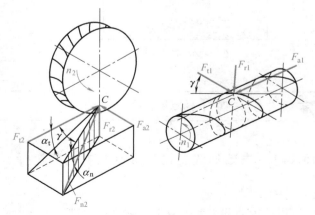

图 13-18 蜗杆传动的受力分析

C 沿半径方向指向各自的中心，且大小相等、方向相反。如果 T_1 和 T_2 分别表示作用于蜗杆和蜗轮上的转矩，则各力的大小按式（13-20）确定。

$$\begin{cases} F_{t1} = F_{a2} = \dfrac{2T_1}{d_1} \\[3mm] F_{t2} = F_{a1} = \dfrac{2T_2}{d_2} = \dfrac{2T_1 i\eta}{d_2} \\[3mm] F_{r1} = F_{r2} \approx F_{a1}\tan\alpha \\[3mm] F_{n1} = F_{n2} \approx \dfrac{F_{a1}}{\cos\alpha_n\cos\gamma} = \dfrac{2T_2}{d_2\cos\alpha_n\cos\gamma} \end{cases} \tag{13-20}$$

式中　T_1、T_2——蜗杆和蜗轮轴上的转矩，单位为 N·mm；

　　　　i、η——传动比和传动效率；

　　　　d_1、d_2——蜗杆和蜗轮的分度圆直径，单位为 mm；

　　　　α——压力角，$\alpha = 20°$。

2. 蜗杆传动的齿面接触强度计算

蜗轮齿面胶合与齿面磨损在蜗杆传动中虽属常见的失效形式，但目前尚无成熟的计算方法；不过它们均随齿面接触应力的增加而加剧，因此可统一作为齿面接触强度进行条件性计算，并在选取许用接触应力 $[\sigma_H]$ 的值时考虑齿面胶合和齿面磨损失效的影响。这样，蜗轮齿面接触强度计算便成为蜗杆传动最基本的轮齿强度计算。

蜗杆传动的齿面接触强度计算与斜齿轮类似，也是以赫兹公式为计算基础。将蜗杆作为齿条，蜗轮作为斜齿轮，以其节点处啮合的相应参数代入赫兹公式，对于钢制蜗杆和青铜或铸铁制的蜗轮可得：

蜗轮齿面接触强度的校核公式

$$\sigma_H = \frac{480}{mz_2}\sqrt{\frac{KT_2}{d_1}} \leqslant [\sigma_H] \tag{13-21}$$

蜗轮齿面接触强度的设计公式

$$m^2 d_1 \geqslant \left(\frac{480}{[\sigma_H]z_2}\right)^2 KT_2 \tag{13-22}$$

式中　$[\sigma_H]$——蜗轮的许用接触应力，单位为 MPa，可查表 13-9 和表 13-10 确定；

　　　　T_2——作用在蜗轮上的转矩，单位为 N·mm；

　　　　K——载荷系数，用来考虑载荷集中和动载荷的影响，$K = 1 \sim 1.3$，当载荷平稳、滑动速度低以及制造和安装精度较高时，取低值；

　　　　d_1——蜗杆分度圆直径。

表 13-9　锡青铜蜗轮的许用接触应力 $[\sigma_H]$（一）　　　　　　（单位：MPa）

蜗轮材料	铸造方法	适用滑动速度 $v_s/(\text{m/s})$	许用接触应力 $[\sigma_H]$	
			蜗杆齿面硬度≤350HBW	蜗杆齿面硬度>45HRC
10-1 锡青铜	砂型	≤12	180	200
	金属型	≤25	200	220

（续）

蜗轮材料	铸造方法	适用滑动速度 v_s/(m/s)	许用接触应力 $[\sigma_H]$	
			蜗杆齿面硬度≤350HBW	蜗杆齿面硬度>45HRC
5-5-5锡青铜	砂型	≤10	110	125
	金属型	≤12	135	150

表 13-10 锡青铜蜗轮的许用接触应力 $[\sigma_H]$（二） （单位：MPa）

滑动速度 v_s/(m/s)			0.5	1	2	3	4	6	8
许用接触应力 $[\sigma_H]$	10-3 锡青铜	淬火钢[1]	250	230	210	180	160	120	90
	HT150、HT200	渗碳钢	130	115	90	—	—	—	—
	HT150	调质钢	110	90	70	—	—	—	—

[1] 蜗杆未经淬火时，将表中 $[\sigma_H]$ 值降低20%。

根据式（13-22）求得 $m^2 d_1$ 后，再按表9-6确定 m 及 d_1 的标准值。蜗轮轮齿弯曲强度所限定的承载能力，大都超过齿面点蚀和热平衡计算所限定的承载能力。一般情况下，蜗轮轮齿折断的情况很少发生，当蜗轮采用脆性材料并承受强烈冲击时，应进行弯曲强度计算，如果需要验算时，可参阅有关文献。

13.8.3 蜗杆传动的效率计算、润滑和热平衡计算

1. 蜗杆传动的效率计算

闭式蜗杆传动的效率为

$$\eta = \eta_1 \eta_2 \eta_3 \tag{13-23}$$

式中 η_1——啮合效率；

η_2——搅油效率，一般 $\eta_2 = 0.94 \sim 0.99$；

η_3——轴承效率，对于滚动轴承，$\eta_3 = 0.99 \sim 0.995$，对于滑动轴承，$\eta_3 = 0.97 \sim 0.99$。

上述三项效率中，啮合效率 η_1 是三项效率中的最低值，可按螺旋副的效率公式计算。当蜗杆为主动件时，有

$$\eta_1 = \frac{\tan\gamma}{\tan(\gamma + \rho_v)} \tag{13-24}$$

式中 ρ_v——蜗杆与蜗轮轮齿面间的当量摩擦角。

当量摩擦角 ρ_v 与蜗杆蜗轮的材料、表面情况、相对滑动速度及润滑条件有关。啮合中，齿面间的滑动有利于油膜的形成，所以滑动速度越大，当量摩擦角越小。表13-11为试验所得的当量摩擦角，当需要初步估计总效率时，可按表13-12选取。

分析式（13-24）可知，当蜗杆导程角 γ 接近于45°时，啮合效率 η_1 达到最大值。在此之前，η_1 随 γ 的增大而增大，故动力传动中常用多头蜗杆以增大 γ。但大导程角的蜗杆制造困难，所以在实际应用中 γ 很少超过27°。

表 13-11 蜗杆传动的当量摩擦角 ρ_v

蜗轮齿圈材料		锡青铜		无锡青铜	灰铸铁	
蜗杆齿面硬度		≥45HRC	其他情况	≥45HRC	≥45HRC	其他情况
当量摩擦角 ρ_v	$v_s = 0.01$m/s	6°17′	6°51′	10°12′	10°12′	10°45′
	$v_s = 0.05$m/s	5°09′	5°43′	7°58′	7°58′	9°05′
	$v_s = 0.10$m/s	4°34′	5°09′	7°24′	7°24′	7°58′
	$v_s = 0.25$m/s	3°43′	4°17′	5°43′	5°43′	6°51′
	$v_s = 0.50$m/s	3°09′	3°43′	5°09′	5°09′	5°43′
	$v_s = 1.00$m/s	2°35′	3°09′	4°00′	4°00′	5°09′
	$v_s = 1.50$m/s	2°17′	2°52′	3°43′	3°43′	4°34′
	$v_s = 2.00$m/s	2°00′	2°35′	3°09′	3°09′	4°00′
	$v_s = 2.50$m/s	1°43′	2°17′	2°52′		
	$v_s = 3.00$m/s	1°36′	2°00′	2°35′		
	$v_s = 4.00$m/s	1°22′	1°47′	2°17′		
	$v_s = 5.00$m/s	1°16′	1°40′	2°00′		
	$v_s = 8.00$m/s	1°02′	1°29′	1°43′		
	$v_s = 10.0$m/s	0°55′	1°22′			
	$v_s = 15.0$m/s	0°48′	1°09′			
	$v_s = 24.0$m/s	0°45′				

表 13-12 蜗杆传动的效率 η

蜗杆头数 z_1	效率 η	
	闭式传动	开式传动
1	0.7~0.75	0.6~0.7
2	0.75~0.82	
3	0.87~0.92	

2. 蜗杆传动的润滑

由式（9-27）可知，蜗杆齿与蜗轮齿之间的相对滑动速度很大，这是蜗杆传动应注意的问题。相对滑动速度的大小对齿面润滑情况、磨损及胶合都有相当大的影响。相对滑动速度大时，容易形成油膜，但若润滑不良并且相对滑动速度太大，则传动效率将显著降低，并且容易产生胶合和磨损。一般蜗杆传动用润滑油的牌号为 L-CKE，重载及有冲击时用 L-CKE/P。蜗杆传动润滑油的黏度和润滑方式见表 13-13。

表 13-13 蜗杆传动润滑油的黏度和润滑方式

滑动速度 v_s/(m/s)	≤1.5	>1.5~3.5	>3.5~10	>10
黏度 v_{40}/(mm²/s)	>612	414~506	288~352	198~242
润滑方式	油浴润滑		油浴润滑或喷油润滑	喷油润滑

用油浴润滑时，常采用蜗杆下置式传动，由蜗杆带油润滑。但当蜗杆的线速度 $v_1 > 4\mathrm{m/s}$ 时，为减小搅油损失，常将蜗杆置于蜗轮之上，形成上置式传动，由蜗轮带油润滑。

3. 蜗杆传动的热平衡计算

热平衡就是要求蜗杆传动正常连续工作时，由摩擦产生的热量应小于或等于箱体表面散发的热量，以保证温升不超过许用值。蜗杆传动的发热量较大，对于闭式传动，如果散热不充分，温升过高，就会使润滑油黏度降低，减小润滑作用，导致齿面磨损加剧，甚至引起齿面胶合。所以，对于连续工作的闭式蜗杆传动，应进行热平衡计算。转化为热量的摩擦耗损功率为

$$P_S = 1000P(1-\eta) \tag{13-25}$$

经箱体表面散发热量的相当功率为

$$P_C = \alpha_t A(t_1 - t_2) \tag{13-26}$$

达到热平衡时，$P_S = P_C$，则蜗杆传动的热平衡条件为

$$t_1 = \frac{1000P(1-\eta)}{\alpha_t A} + t_2 \leqslant [t] \tag{13-27}$$

式中　　P——传动输入的功率，单位为 kW；

　　　　α_t——散热系数，单位为 W/(m^2·℃)，当通风良好时，$\alpha_t = (14 \sim 17.5)\mathrm{W/(m^2 \cdot ℃)}$，当通风不良时，$\alpha_t = (8.5 \sim 10.5)\mathrm{W/(m^2 \cdot ℃)}$；

　　　　A——有效散热面积，指内部有油浸溅且外部与流通空气接触的箱体表面积，单位为 m^2；

　　　　η——传动总效率；

　　t_1、t_2——润滑油的工作温度和环境温度，单位为℃；

　　　　$[t]$——允许的润滑油工作温度，一般取 $[t] = 70 \sim 75℃$。

在设计中，如果 $t_1 > [t]$，可采用下列措施以增加传动的散热能力。

1）在蜗轮箱体外表面上铸出或焊上散热片，以增加散热面积，散热片本身面积作 50% 计算。

2）在蜗杆轴上装风扇时，可取 $\alpha_t = 21 \sim 28\mathrm{W/(m^2 \cdot ℃)}$，如图 13-19a 所示。

3）用上述方法散热能力仍不够时，可在箱体油箱内安装蛇形水管，用循环水冷却，如图 13-19b 所示。

4）对于温控要求较高的蜗杆传动，采用压力喷油循环润滑，如图 13-19c 所示。

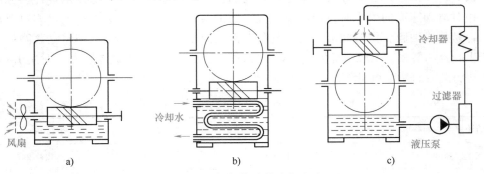

图 13-19　蜗杆传动的冷却方法

13.8.4 蜗杆和蜗轮的结构

1. 蜗杆的结构

蜗杆通常和轴制成一体，称为蜗杆轴。对于铣削的蜗杆，轴径 d 可大于 d_{f1}，以增加蜗杆刚度，如图 13-20a 所示；对于车制的蜗杆，如图 13-20b 所示，轴径 d 应比蜗杆根圆直径 d_{f1} 小 4mm。只有在蜗杆根圆直径很大（$d_{f1}/d \geqslant 1.7$）时，才可将蜗杆齿圈和轴分别制造，然后再套装在一起。

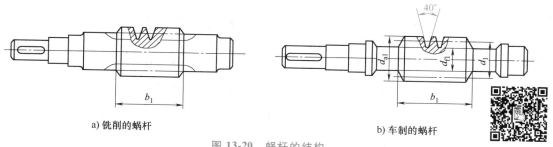

a) 铣削的蜗杆　　　　　　　　　　　　　　　b) 车制的蜗杆

图 13-20　蜗杆的结构

2. 蜗轮的结构

铸铁蜗轮和直径小于 100mm 的青铜蜗轮适宜制成整体式，如图 13-21a 所示。为了节省贵重的铜合金，直径较大的蜗轮通常采用组合结构，即齿圈用青铜制造，而轮心用钢或铸铁制成。采用组合结构时，齿圈和轮心间可以用 H7/s5 或 H7/s6 的过盈配合连接。为了工作可靠，沿着结合面圆周装上 4~8 个螺钉，螺钉孔的中心线均向材料较硬的一边偏移 2~3mm，以便于钻孔，如图 13-21b 所示。当蜗轮直径大于 600mm 时，或是在磨损后需要更换齿圈的场合，轮圈与轮心也可用铰制孔用螺栓连接，如图 13-21c 所示。对于大批量生产的蜗轮，常将青铜齿圈直接镶铸在铸铁轮心上，如图 13-21d 所示，为了防止滑动应在轮心上预制出槽。

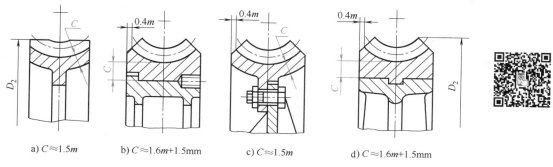

a) $C \approx 1.5m$　　b) $C \approx 1.6m+1.5mm$　　c) $C \approx 1.5m$　　d) $C \approx 1.6m+1.5mm$

图 13-21　蜗轮的结构

注：m 为蜗轮模数，m 和 C 的单位均为 mm。

例 13-2　一单级闭式蜗杆传动，已知输入功率 $P = 7.5$kW，蜗杆转速 $n_1 = 960$r/min，蜗轮转速 $n_2 = 48$r/min，工作机载荷平稳，单向连续回转。室温 $t_2 = 20℃$，润滑油的允许工作温度 $[t] = 75℃$。试求箱体散热面积 A。

解：（1）选择材料并确定许用应力

由蜗杆转速和功率值，初步确定齿面滑动速度 $v_s = 6\text{m/s}$，蜗轮材料选用 ZCuSn5Pb5Zn5，砂模铸造；蜗杆材料选用 45 钢，表面淬火 45~50HRC。由表 13-9 查得蜗轮的许用接触应力 $[\sigma_H] = 128\text{MPa}$。

（2）选择蜗杆头数 z_1 和蜗轮齿数 z_2

由传动比 $i = n_1/n_2 = 960/48 = 20$，查表 9-7 取 $z_1 = 2$，则 $z_2 = iz_1 = 20 \times 2 = 40$。

（3）按齿面接触强度设计

$$T_2 = 9.55 \times 10^6 \frac{P_2}{n_2} = 9.55 \times 10^6 \frac{P_1 \eta}{n_2}$$

取 $\eta = 0.81$，则

$$T_2 = 9550 \times 10^3 \times \frac{7.5 \times 0.81}{48} \text{N} \cdot \text{mm} = 1208672 \text{N} \cdot \text{mm}$$

载荷平稳，取 $K = 1.05$。

将已知数据代入式（13-22），得

$$m^2 d_1 \geq \left(\frac{480}{128 \times 40}\right)^2 \times 1.05 \times 1208672 \text{mm}^3 = 11155 \text{mm}^3$$

查表 9-6，取 $m = 10\text{mm}$，$d_1 = 112\text{mm}$。

蜗杆导程角为

$$\gamma = \arctan \frac{z_1 m}{d_1} = \arctan \frac{2 \times 10}{112} = 10.1247°(10°07'30'')$$

（4）验算滑动速度

$$v_s = \frac{\pi d_1 n_1}{60 \times 1000 \times \cos\gamma} = \frac{\pi \times 112 \times 960}{60 \times 1000 \times \cos 10.1247} \text{m/s} = 5.72\text{m/s}$$

与原假设接近，材料选用合适。

（5）主要尺寸计算

由表 9-8 中的公式计算可得：$d_2 = 400\text{mm}$，$a = 256\text{mm}$，$d_{a1} = 132\text{mm}$，$d_{f1} = 88\text{mm}$，$d_{a2} = 420\text{mm}$，$d_{f2} = 376\text{mm}$，$d_{e2} = 430\text{mm}$，$R_{e2} = 84\text{mm}$，$b = 99\text{mm}$，$L = 170\text{mm}$（磨削时再加长 36mm）。

（6）热平衡计算

按式（13-27）

$$t_1 = \frac{1000P(1-\eta)}{\alpha_t A} + t_2 \leq [t]$$

式中，$P = 7.5\text{kW}$；通风良好，取 $\alpha_t = 15\text{W}/(\text{m}^2 \cdot \text{℃})$；取润滑油的允许工作温度 $[t] = 75\text{℃}$，室温 $t_2 = 20\text{℃}$。

由

$$\eta = \eta_1 \eta_2 \eta_3$$

取 $\eta_2 = 0.94$，$\eta_3 = 0.995$，因 $v_s = 5.72\text{m/s}$，查表 13-11 得 $\rho_v \approx 1°14'30''$，代入计算

$$\eta_1 = \frac{\tan\gamma}{\tan(\gamma+\rho_v)} = \frac{\tan10°07'30''}{\tan(10°07'30''+1°14'30'')} = 0.88$$

故 $\eta = 0.88\times0.94\times0.995 = 0.83$，和原假设接近。

（7）箱体散热面积计算

$$A = \frac{1000P(1-\eta)}{\alpha_t([t]-t_2)} = \frac{1000\times7.5\times(1-0.83)}{15\times(75-20)}\text{m}^2 = 1.55\text{m}^2$$

（8）箱体设计

略。

思考与练习题

13-1 一对齿轮传动，如何判断大、小齿轮中哪个齿轮的齿面不易产生疲劳点蚀？哪个齿轮不易产生弯曲疲劳折断？并简述其理由。

13-2 轮齿折断一般起始于轮齿的哪一侧？全齿折断和局部齿折断通常在什么情况下发生？轮齿疲劳折断和过载折断的特征是什么？

13-3 为什么要用计算载荷设计齿轮传动？计算载荷与名义载荷之间有何种关系？载荷系数主要考虑了哪些因素？

13-4 在二级圆柱齿轮传动中，如果其中有一级用斜齿圆柱齿轮传动，那么它一般被用在高速级还是低速级？为什么？

13-5 直齿圆柱齿轮齿面接触应力计算公式推导中的力学模型是如何建立的？计算的是何处的应力？运用什么计算公式来计算？

13-6 直齿圆柱齿轮齿根弯曲应力计算公式推导中的力学模型是如何建立的？危险截面如何确定？力的作用点在何处？运用什么计算公式来计算？

13-7 图 13-22 所示为二级圆柱齿轮减速器，已知高速级小齿轮为右旋，那么第二级小齿轮的旋向如何确定才能使中间轴上的轴向力最小？

13-8 图 13-23 所示为锥齿轮-斜齿圆柱齿轮二级减速器，欲使轴Ⅱ上的轴向力最小，试确定斜齿轮 3、4 的旋向，并画出作用在斜齿轮 3 和锥齿轮 2 上的圆周力、轴向力和径向力的方向。

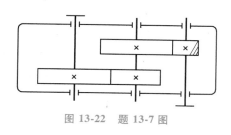

图 13-22 题 13-7 图

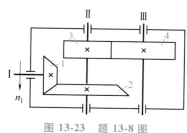

图 13-23 题 13-8 图

13-9 图 13-24 所示为斜齿轮-锥齿轮-蜗杆传动机构，试解答问题：

1）合理确定齿轮 1、2 和蜗轮 6 的螺旋线方向。

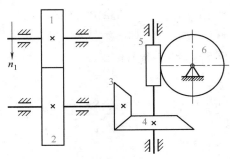

图 13-24   题 13-9 图

2）画出斜齿轮 2、锥齿轮 3 及蜗轮 6 所受力的方向。

3）标出各传动件的回转方向。

13-10   试设计物料搅拌机传动装置所用的一种斜齿圆柱齿轮减速器中的齿轮传动。已知：电动机功率 $P_1 = 22\text{kW}$，转速 $n = 970\text{r/min}$，用联轴器与减速器的高速级连接，减速器的传动比为 4.6，单向传动，单班制工作，预期寿命为 10 年。

13-11   试设计一种闭式圆柱齿轮传动，已知 $P_1 = 7.5\text{kW}$，$n_1 = 1450\text{r/min}$，$n_2 = 700\text{r/min}$；两班制工作，寿命为 8 年，齿轮对轴承为不对称布置，传动平稳，齿轮精度 7 级。

第 14 章

轴与联轴器

本章提要

　　轴和联轴器是机械传动中常用的重要零部件。一切做回转运动的传动零件（如带轮、齿轮等），都必须安装在轴上才能传递运动和动力，所以轴的主要用途是支撑回转零件并传递运动和动力。联轴器主要用来连接轴与轴或连接轴与其他回转零件，以传递运动和转矩。

14.1　轴

14.1.1　轴的分类和材料

1. 轴的分类

轴的分类、特点和应用见表 14-1。本章主要讨论阶梯轴的设计。

表 14-1　轴的分类、特点和应用

类型		简图	特点和应用
按承受载荷分类	传动轴		工作中主要传递转矩而不承受弯矩或承受很小弯矩的轴，如汽车发动机和后桥之间的轴
	心轴		工作中只承弯矩而不传递转矩的轴，可分为固定心轴和转动心轴，如机车车辆的轴
	转轴		工作中既承受弯矩又传递转矩的轴，如齿轮减速器中的轴

（续）

类型			简图	特点和应用
按形状分类	直轴	光轴		形状简单，易于加工，但轴上零件不易装配及定位，主要用于心轴和传动轴
		阶梯轴		易于满足轴上零件的安装和定位要求，主要应用于转轴
	曲轴			通过连杆将回转运动转化成直线运动，常用于往复式机械中
	钢丝软轴			由多组钢丝分层卷绕而成，具有良好的挠性，可以把回转运动灵活地传到任何位置，常用于振捣器等设备中

2. 轴的材料及其选择

轴在工作时所受的应力大多为变应力，故它的失效形式常为疲劳失效。因此，轴的材料应具有足够的疲劳强度，对应力集中的敏感性低，同时要求加工工艺性好、价格合理。

轴常用的材料主要是碳素钢、合金钢、高强度铸铁和球墨铸铁。

碳素钢比合金钢价廉，对应力集中的敏感性较低，可以用热处理或化学热处理的办法提高其耐磨性和抗疲劳强度，故应用广泛。其中最常见的是 45 钢。

合金钢比碳素钢具有更好的力学性能和热处理性能，对应力集中较为敏感，但价格较高，多用于特殊要求的轴。在传递较大功率，并要求减小尺寸与质量，提高轴颈的耐磨性以及处于高温、低温条件下工作的轴，常采用合金钢。常用的合金钢有 40Cr、40CrNi、30Cr13 等。

球墨铸铁常用于制造一些如曲轴、凸轮轴等形状复杂的轴。球墨铸铁对应力集中的敏感性低，耐磨性好，具有吸振性良好、强度较高、价格低廉等优点，但铸造质量不易控制，可靠性较差。轴的常用材料及其主要力学性能见表 14-2。

表 14-2 轴的常用材料及其主要力学性能

材料	热处理	毛坯直径 d/mm	硬度 （HBW）	强度极限 R_m/MPa	屈服极限 R_{eL}/MPa	弯曲疲劳极限 σ_{-1}/MPa	应用说明
Q235	—	—	—	440	240	200	用于载荷不大或不重要的轴
35	正火	≤100	150～185	520	270	250	有较好的塑性和适当的强度，可用于一般的曲轴和转轴等
45	正火	≤100	170～217	600	300	275	用于较重要的轴，应用最广
	调质	≤200	217～255	650	360	300	

（续）

材料	热处理	毛坯直径 d/mm	硬度（HBW）	强度极限 R_m/MPa	屈服极限 R_{eL}/MPa	弯曲疲劳极限 σ_{-1}/MPa	应用说明
40Cr	调质	≤100	241~286	750	550	350	用于载荷较大而无很大冲击的重要轴
		>100~300	241~266	700	550	340	
20Cr	渗碳淬火回火	≤60	56~62HRC	650	400	280	用于强度、韧性和耐磨性均较高的轴
35CrMo	调质	≤100	207~269	750	550	390	用于重载荷的轴
40MnB	调质	25	—	1000	800	485	用于强度、韧性和耐磨性均较高的轴
		≤200	241~286	750	500	335	

一般转轴的强度计算过程大致可分为三步：首先是按转矩初估轴径，确定轴的最小直径；然后根据所得的直径进行结构设计，确定各段轴的直径和长度尺寸；最后按轴的当量弯矩进行强度校核。心轴和传动轴可以看成是转轴的特例。

14.1.2 轴径的初步估算

对于转轴，由于在结构设计之前轴的跨距未知，无法计算弯矩，所以设计轴时通常是按照转矩初步估算轴的最小轴径，弯矩的影响则用降低许用应力的方法来考虑；然后以此作为结构设计的依据进行后面各轴段的设计。

轴受转矩作用时，其剪切强度条件为

$$\tau = \frac{T}{W_T} = \frac{9.55 \times 10^6 \frac{P}{n}}{0.2d^3} \leqslant [\tau] \qquad (14\text{-}1)$$

由此得到轴的基本轴径估算公式为

$$d \geqslant \sqrt[3]{\frac{9.55 \times 10^6 \frac{P}{n}}{0.2[\tau]}} = A\sqrt[3]{\frac{P}{n}} \qquad (14\text{-}2)$$

式中　d——轴的直径，单位为 mm；

　　　τ——轴剖面中的最大扭转切应力，单位为 MPa；

　　　T——轴所传递的转矩，单位为 N·mm；

　　　W_T——抗扭截面系数；单位为 mm³；

　　　P——轴传递的功率，单位为 kW；

　　　n——轴的转速，单位为 r/min；

　　　$[\tau]$——许用扭转切应力，单位为 MPa，其值见表 14-3；

　　　A——由轴的材料和受载情况确定的系数，其值见表 14-3。

由式（14-2）计算出的直径为轴的最小直径 d_{min}，若该剖面有键槽时，应将计算得到的 d_{min} 适当增大。对于直径 $d>100$mm 的轴颈，有一个键槽时增大 3%，有两个键槽时增大

7%；对于直径 $d \leqslant 100\mathrm{mm}$ 的轴颈，有一个键槽时增大 5%~7%，有两个键槽时增大 10%~15%。然后将轴颈圆整为标准直径。

表 14-3　轴的常用材料的许用扭转切应力 $[\tau]$ 和 A 值

轴的材料	Q235、20	35	45	40Cr、35SiMn
$[\tau]$/MPa	12~20	20~30	30~40	40~52
A	160~135	135~118	118~107	107~98

14.1.3　轴的结构设计

轴的结构设计的目的是合理地确定轴的外部形状和全部尺寸。由于影响轴结构设计的因素很多，故轴没有标准的结构形式。在满足规定功能和设计要求的前提下，轴的结构设计方案具有较大的灵活性。通常，轴的结构设计应满足以下基本要求：

1）便于轴上零件（如齿轮、轴承等）的装拆和调整。

2）轴和轴上零件要有准确的工作位置，轴上零件应在轴上可靠地固定，并能传递必要的载荷。

3）轴要具有良好的加工工艺性。

4）轴的受力要合理、应力集中小、工作能力强、节省材料和减轻重量。

从这些要求出发，轴通常设计成中间粗、两端细的阶梯形，这种阶梯轴用料省，各截面接近等强度，便于加工制造，而且利于轴上零件的装拆、定位和固定。下面以图 14-1 所示的单级减速器输出轴为例，逐项讨论上述轴结构设计的基本要求。

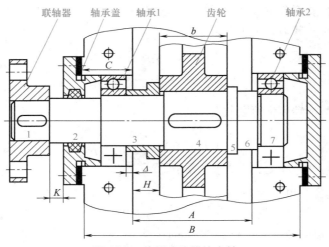

图 14-1　单级减速器输出轴

1. 轴上零件的轴向定位和固定

轴上零件安装时，要有准确的轴向工作位置，即定位。对于工作时不允许轴向移动的轴上零件，受力后不允许改变其工作位置，即要求可靠地固定。轴的结构设计时，常用的轴向定位与固定方法有以下几种。

（1）轴环与轴肩　如图 14-2 所示，这种方法结构简单，定位可靠，能承受较大的轴向载荷，广泛应用于齿轮类零件和滚动轴承的轴向定位，但轴径变化处会产生应力集中。设计时应注意：为保证定位准确，轴上的过渡圆角半径 r 应小于相配零件毂孔的圆角 R 或倒角 C；对于定位轴肩，轴肩高度 h 应大于 R 或 C，通常取 h=(2~3)R 或 h=(2~3)C；对于非定位轴肩，主要目的是便于轴上零件的装拆，其轴肩不必很高，一般取 h=1~2mm 即可；滚动轴承的定位轴肩高度应根据轴承标准查取相关的安装尺寸，轴环宽度 b=1.4h。

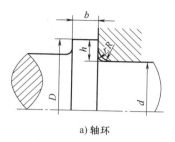
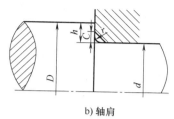

a) 轴环　　　　　　　　　　b) 轴肩

图 14-2　轴环与轴肩

（2）套筒　如图 14-3 所示，这种方法常用于相邻的两个零件之间，起定位和固定作用。由于套筒与轴的配合较松，故不宜用于转速很高的轴。图中套筒既对齿轮起固定作用，也对轴承起定位作用。为保证定位可靠，与齿轮轮毂相配的轴段长度 l 应略小于轮毂宽度 B，即 B-l=2~3mm。

（3）圆螺母　当不便于采用套筒或套筒太长时，可采用圆螺母进行轴向固定，如图 14-4 所示。圆螺母固定可靠，可承受较大的轴向力，但在轴上需切制螺纹和退刀槽，削弱了轴的强度，因此常用于应力不大的轴端。

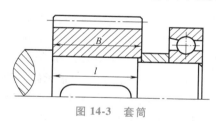

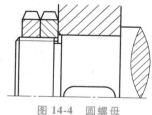

图 14-3　套筒　　　　　　　　　　图 14-4　圆螺母

（4）弹性挡圈和紧定螺钉　当受较小的轴向力时，可用弹性挡圈（图 14-5）或紧定螺钉（图 14-6）。这两种定位方式结构简单、紧凑，但弹性挡圈需在轴上切槽，将引起应力集中。紧定螺钉不适合转速较高的轴上零件定位，但可兼有周向定位作用。

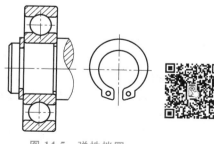
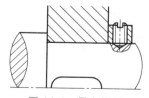

图 14-5　弹性挡圈　　　　　　　　图 14-6　紧定螺钉

（5）轴端挡圈和圆锥面　如图 14-7 所示，常用螺钉将挡圈固定在轴的端面，与轴肩或锥面配合，固定轴端零件。这种方法固定可靠，能承受较大的轴向力。圆锥面装拆方便，宜用于高速、冲击载荷及对中性要求高的场合。

2. 轴上零件的周向固定

轴上零件除进行轴向固定外，还需进行周向固定，使零件与轴一起转动以满足机器传递转矩的功能需要。常用的周向定位零件有键、花键、紧定螺钉、销或过盈配合等。周向固定方式详见12.2节。

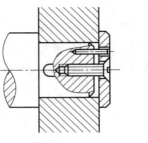 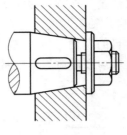

a) 轴端挡圈与轴肩   b) 轴端挡圈与圆锥面

图 14-7   轴端挡圈和圆锥面

3. 轴的各段直径和长度的确定

下面以图14-1所示的单级减速器输出轴为例，讨论在进行轴的结构设计时，应注意的几个关键结构尺寸的确定。

1）在确定轴的径向尺寸时，凡有配合要求的轴段，如图14-1所示的4段，尽量采用标准直径。安装滚动轴承、联轴器、密封圈等标准件的轴段，如图14-1所示的1、2、3段，应符合各标准件内径系列的规定。套筒的内径应与相配轴径相同，并用过渡配合。

2）轴的各轴段长度的确定要综合考虑箱体的结构、齿轮和轴承润滑方式及联轴器的拆装等。为了避免与箱体内壁相互干涉，齿轮左侧端面与左侧箱体内壁之间应留有足够的间隙 H，一般取 $H=10\sim15\mathrm{mm}$，右侧尺寸的确定方法相同。故整个箱体左、右两侧内壁之间的距离 $A=2H+b$，应圆整，b 为齿轮宽度。

3）轴承座端面位置的确定应考虑在紧固上、下轴承座的连接螺栓时的扳手空间，取 $C=\delta+C_1+C_2+(5\sim10)\mathrm{mm}$，其中，$\delta$ 为箱体壁厚，C_1、C_2 为由连接螺栓直径确定的扳手空间尺寸，可由机械设计手册查得。由此可得，两轴承座端面间的距离 $B=A+2C$，应圆整。

4）轴承端面至箱体内壁距离的确定。轴承端面至箱体内壁距离 Δ 的确定与轴承的润滑方式有关。当传动件圆周速度 $v\geqslant2\mathrm{m/s}$ 时，轴承可采用润滑油润滑，此时可取 $\Delta=3\sim8\mathrm{mm}$；当 $v<2\mathrm{m/s}$ 时，轴承采用润滑脂润滑，需在轴承与传动件之间安装挡油板，此时可取 $\Delta=10\sim15\mathrm{mm}$。

5）轴的外伸长度与轴端零件及轴承端盖的结构尺寸有关。外伸长度 K 值的确定原则是不影响轴承端盖与联轴器的拆卸，如图14-8a、b所示。当轴承端盖与轴端零件都不需要拆卸，或不影响轴承端盖连接螺栓的拆卸时，如图14-8c所示，轴承端盖与轴端零件的间距 K 应尽量小，不相碰即可，一般取 $K=5\sim8\mathrm{mm}$。

轴的各段结构尺寸的确定原则如下。

1）第1段——根据转矩初估轴径 d_1，并满足联轴器内径要求。长度 l_1 根据联轴器的尺寸确定，且比联轴器的长度短 $2\sim3\mathrm{mm}$。

2）第2段——靠轴肩满足联轴器的轴向定位，则定位轴肩的高度 $h=C+(2\sim3)\mathrm{mm}$，C 为传动件的倒角，故轴径 $d_2=d_1+2h$。在轴承端盖与轴承选择好以后，根据轴承的位置以及轴的外伸长度 K，通过作图确定长度 l_2。

3）第3段——为便于轴承的安装，轴径 $d_3=d_2+(1\sim2)\mathrm{mm}$，且满足轴承的内径系列。由齿轮与轴承的安装位置，通过作图确定长度 l_3。

4）第4段——为便于齿轮的安装，轴径 $d_4=d_3+(1\sim2)\mathrm{mm}$。为了便于齿轮的固定，长度 l_4 的尺寸应比齿轮的轮毂宽度短 $2\sim3\mathrm{mm}$。

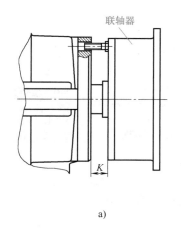
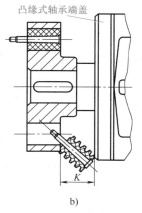
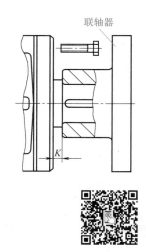

图 14-8　轴的外伸长度的确定

5）第 5 段——靠轴环满足给齿轮进行轴向定位，故轴径 $d_5 = d_4 + 2h$。轴环的长度一般取 $l_5 = 1.4h$。

6）第 6 段——满足轴承的轴向定位要求，应符合轴承拆卸尺寸，轴径 d_5 可查轴承手册。长度 l_6 可通过作图确定。

7）第 7 段——轴径的确定方法同第 3 段，即轴径 $d_7 = d_3$。长度 l_7 可取等于轴承宽度。

这样整根轴的结构尺寸全部确定。另外，轴上安装的键的尺寸 $b \times h$ 可根据轴的直径查机械设计手册得到，键的长度一般取 $L = 0.8l$，l 为有键槽的轴段的长度。

4. 轴的加工和装配工艺性

设计时应使轴的结构便于加工、测量，以及便于轴上零件装拆和维修，力求减少工作量，提高生产率。为了便于加工，减少加工刀具的数量及换刀时间，应尽量使轴上直径相近处的过渡圆角、倒角、键槽、越程槽、退刀槽等尺寸各自统一。无特殊要求时，同一轴上不同轴段的各键槽应布置在轴的同一条母线上，如图 14-9a 所示，这样可减少铣削键槽时工件的装夹次数。为了便于轴上零件的装配，轴端应加工出倒角（一般为 45°），且轴的配合直径应圆整为标准值，过盈配合轴段应加工出导向锥面，如图 14-9b 所示。需要磨削的轴段，应留出砂轮越程槽，如图 14-10a 所示。需要车制螺纹的轴段应有螺纹退刀槽，如图 14-10b 所示。轴的结构越简单，加工工艺性越好，因此在满足功能要求的前提下，应尽量简化轴的结构形状。

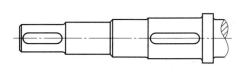

a) 键槽在同一条母线上　　　　　　　　b) 导向锥面

图 14-9　轴的结构工艺性

5. 提高轴的强度、刚度的措施

（1）合理布置轴上零件的位置　轴上零件的合理布置可改善轴的受力状况，提高轴的强度和刚度。图 14-11 所示为起重机卷筒的两种布置方案。在图 14-11a 所示的结构中，大齿

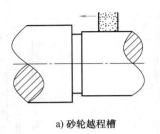 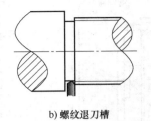

a) 砂轮越程槽   b) 螺纹退刀槽

图 14-10　砂轮越程槽和螺纹退刀槽

轮和卷筒连接成一体，转矩经大齿轮直接传给卷筒，故卷筒轴只承受弯矩而不传递转矩。而在图 14-11b 所示的结构中，轴既受弯矩又受转矩。在起重同样的载荷 W 时，图 14-11a 所示结构的轴径可小于图 14-11b 所示结构的轴径。

再如，当动力从两轮输出时，为减小轴上转矩，应将输入轮布置在中间，如图 14-12a 所示，这时轴的最大转矩为 T_1。而在图 14-12b 所示的布置中，轴的最大转矩为 T_1+T_2。

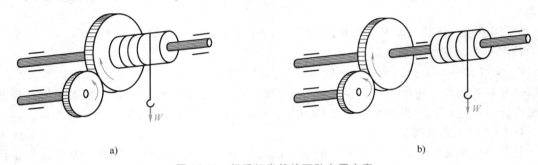

a)　　　　　　　　　　　　b)

图 14-11　起重机卷筒的两种布置方案

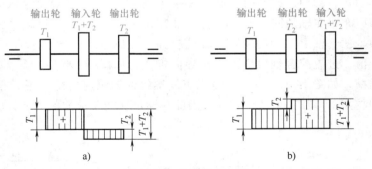

a)　　　　　　　　　　b)

图 14-12　传动轮的布置

（2）合理设计轴上零件与轴的配合结构　改进轴上零件与轴的配合结构也可减小轴的载荷，图 14-13 所示为卷筒的轮毂与轴的配合，图 14-13a 所示卷筒的轮毂配合面很长，如果把轮毂配合面分成两段，如图 14-13b 所示，

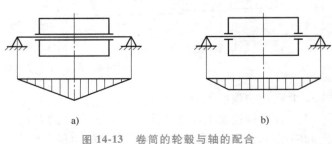

a)　　　　　　b)

图 14-13　卷筒的轮毂与轴的配合

可减小轴的弯矩，同时还改善了轴孔的配合。

（3）减小应力集中 轴的截面突然发生变化的地方，都会产生应力集中现象。因此对于阶梯轴来说，在截面尺寸变化处应采用圆角过渡，圆角半径不宜过小，并尽量避免在轴上，特别是应力较大的部位，开横孔、切口或凹槽。必须开横孔时，孔边要倒圆。在重要的结构中，可采用卸载槽（图14-14a）、过渡肩环（图14-14b）和凹切圆角（图14-14c），以减小应力集中。增大轴肩圆角半径，也可减小局部应力。

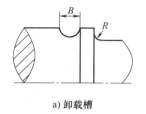
a）卸载槽

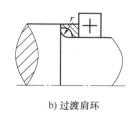
b）过渡肩环

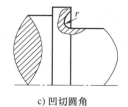
c）凹切圆角

图 14-14 减小应力集中的措施

当轴毂连接采用过盈配合时，轴的配合边缘处为应力集中源。为了减小应力集中，除了在保证传递载荷的前提下尽量减少过盈量外，还可在轴上加工卸载槽，如图14-14a所示，卸载槽加工在轮毂上也可起到同样效果。

14.2 轴的强度计算

14.2.1 轴的计算简图

轴的结构初步设计之后，应进行校核计算。首先作出轴的计算简图，然后按照力学方法进行计算。在绘制轴的计算简图时可以遵照下面几点假设条件进行。

1）将阶梯轴简化为一简支梁。

2）齿轮、带轮等传动件作用于轴上的分散力，在一般计算中，简化为集中力，并作用在轮缘宽度的中点，如图14-15a、b所示。

3）轴承的支承反力的作用点随轴承类型和布置方式不同，简化计算时，常取轴承宽度中点为力的作用点，如图14-15c所示。图14-15d所示的 a 值可查滚动轴承手册得到。

4）作用在轴上的转矩，在一般计算中，简化为从动件轮毂宽度的中点算起的转矩。

在上述假设条件的基础上，按弯扭合成组合强度进行校核，校核步骤大致如下。

1）作出轴的空间受力简图。

2）将外载荷分解为水平面和竖直面的分力。

3）分别求出水平面轴承支反力 F_H 和竖直面内轴承支反力 F_V，并绘制出水平面弯矩图 M_H 和竖直面弯矩图 M_V。

4）计算合成弯矩 $M = \sqrt{M_H^2 + M_V^2}$，并作出合成弯矩图。

5）作转矩 T 图。

6）弯扭合成强度校核。

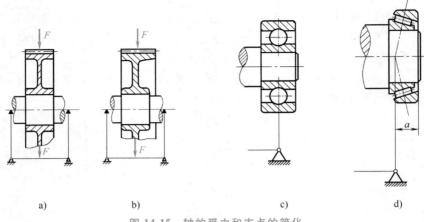

a)　　　　　　　b)　　　　　　　c)　　　　　　　d)

图 14-15　轴的受力和支点的简化

14.2.2　按弯扭合成强度计算

已知轴的弯矩和扭矩后，可针对某些危险截面（即弯矩和扭矩大而轴颈可能强度不足的截面）作弯扭合成强度校核计算。

通常由弯矩所产生的弯曲应力 σ 是对称循环变应力，而由扭矩所产生的扭转切应力 τ 则常常不是对称循环变应力。为了考虑两者循环特性不同的影响，引入折合系数 α，则按第三强度理论，计算应力

$$\sigma_{ca} = \sqrt{\sigma^2 + 4(\alpha\tau)^2} \qquad (14\text{-}3)$$

对于不变的转矩，取 $\alpha \approx 0.3$；对于脉动循环变化的转矩，取 $\alpha \approx 0.6$；对于对称循环变化的转矩，取 $\alpha = 1$；一般情况或转矩变化规律不清楚的，按脉动循环变化处理。

轴的弯扭合成强度条件为

$$\sigma_{ca} = \sqrt{\left(\frac{M}{W}\right)^2 + 4\left(\frac{\alpha T}{2W}\right)^2} = \frac{\sqrt{M^2 + (\alpha T)^2}}{0.1d^3} = \frac{M_{ca}}{0.1d^3} \leqslant [\sigma_{-1b}] \qquad (14\text{-}4)$$

式中　d——危险截面轴的直径，单位为 mm；

　　　W——轴的抗弯截面系数，单位为 mm^3，$W = \pi d^3/32 \approx 0.1d^3$；

　$[\sigma_{-1b}]$——材料在对称循环状态下的许用弯曲应力，单位为 MPa，其值见表 14-4。

表 14-4　轴的许用弯曲应力　　　　　　　　　　　（单位：MPa）

材料	R_m	$[\sigma_{+1b}]$	$[\sigma_{0b}]$	$[\sigma_{-1b}]$
碳素钢	400	130	70	40
	500	170	75	45
	600	200	95	55
	700	230	110	65
合金钢	800	270	130	75
	900	300	140	80
	1000	330	150	90

（续）

材料	R_m	$[\sigma_{+1b}]$	$[\sigma_{0b}]$	$[\sigma_{-1b}]$
铸钢	400	100	50	20
	500	120	70	40

注：$[\sigma_{0b}]$、$[\sigma_{+1b}]$ 分别为材料在脉动循环和静应力状态下的许用弯曲应力。

例 14-1 设计图 14-16 所示的带式输送机使用的单级斜齿圆柱齿轮减速器的输出轴。减速器的输入轴通过带传动与电动机相连接，输出轴通过联轴器与工作机相连接。已知输出轴传递的功率 $P_2 = 10\text{kW}$，转速 $n_2 = 200\text{r/min}$，齿轮模数 $m_n = 4\text{mm}$，压力角 $\alpha_n = 20°$，大齿轮齿数 $z_2 = 78$，螺旋角 $\beta = 12.08°$，齿轮轮毂宽度 $b = 80\text{mm}$。工作时为单向连续运转，载荷较平稳。

解：（1）选择轴的材料，确定许用应力 选用 45 钢并经正火处理，由表 14-2 查得其硬度为 170～217HBW，抗拉强度 $R_m = 600\text{MPa}$，由表 14-4 查得其许用弯曲应力 $[\sigma_{-1b}] = 55\text{MPa}$。

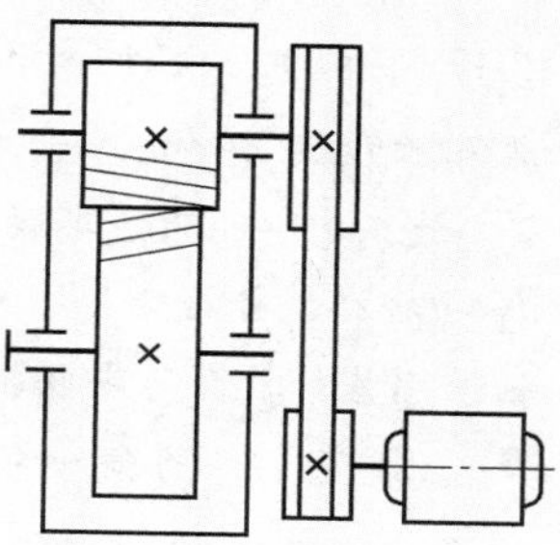

（2）计算作用在齿轮上的各分力的大小 转矩

$$T_2 = 9.55 \times 10^6 \times \frac{P_2}{n_2} = \left(9.55 \times 10^6 \times \frac{10}{200}\right)\text{N} \cdot \text{mm} = 477500\text{N} \cdot \text{mm}$$

输出轴上大齿轮的分度圆直径

$$d_2 = m_n z_2 / \cos\beta = (4 \times 78 / \cos 12.08°)\text{mm} = 319.065\text{mm}$$

圆周力

$$F_{t2} = \frac{2T_2}{d_2} = (2 \times 477500 / 319.065)\text{N} = 2993\text{N}$$

径向力

$$F_{r2} = F_{t2}\tan\alpha_n / \cos\beta = (2993 \times \tan 20° / \cos 12.08°)\text{N} = 1114\text{N}$$

轴向力

$$F_{a2} = F_{t2}\tan\beta = (2993 \times \tan 12.08°)\text{N} = 641\text{N}$$

图 14-16 带式输送机

（3）按扭转强度估算轴的最小直径 根据式（14-2），由表 14-3 取 $A = 115$，可得

$$d \geq A\sqrt[3]{\frac{P}{n}} = \left(115 \times \sqrt[3]{\frac{10}{200}}\right)\text{mm} = 42.37\text{mm}$$

考虑轴上键槽的影响，计算最小直径增大 3%，故 $d_{min} = 44.66\text{mm}$。

（4）轴的结构设计

1）确定轴的结构方案。因为是单级齿轮减速器，故将齿轮布置在箱体内壁的中央、轴承对称地布置在齿轮的两边。采用角接触球轴承，右轴承从轴的右端装入，靠轴肩定位。齿轮和左轴承从轴的左端装入，齿轮右侧端面用轴环定位，齿轮和左轴承之间用套筒进行定位。左、右轴承均采用轴承端盖。采用弹性套柱销联轴器，半联轴器靠轴肩定位。齿轮和半联轴器采用普通平键进行周向固定。轴结构设计草图如图 14-17 所示。

2）确定各轴段直径和长度。

① 段——由 T_2 和 n_2 选择联轴器型号为 LT7 弹性套柱销联轴器（按 GB/T 4323—

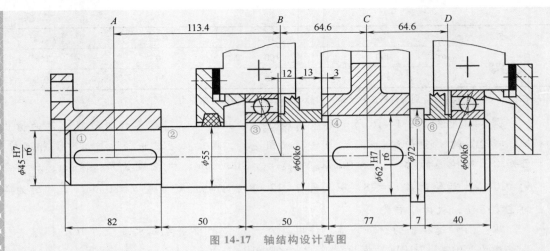

图 14-17　轴结构设计草图

2017），根据轴径的标准系列（按 GB/T 3852—2017），最终确定 $d_1 = 45\text{mm}$；联轴器的毂孔长度为 84mm，确定 $l_1 = 82\text{mm}$。

② 段——为使半联轴器定位，定位轴肩高度 $h = C + (2 \sim 3)\text{mm}$，孔倒角 C 取 3mm，则 $d_2 = d_1 + 2h$，并符合标准密封内径，确定 $d_2 = 55\text{mm}$；考虑到半联轴器和轴承端盖的拆卸，取轴承端盖外端面与半联轴器的距离为 30mm，取轴承端盖的宽度为 20mm，确定 $l_2 = 50\text{mm}$。

③ 段——为便于轴承的装拆，$d_3 > d_2$，且符合滚动轴承的内径系列。查 GB/T 292—2023，暂选滚动轴承型号为 7212C，内径为 $d_3 = 60\text{mm}$，轴承宽度为 $B = 22\text{mm}$。因为速度因数 $d_3 \times n_2 = (60 \times 200)\text{mm} \cdot \text{r} \cdot \text{min}^{-1} = 1.2 \times 10^4 \text{mm} \cdot \text{r} \cdot \text{min}^{-1} < 16 \times 10^4 \text{mm} \cdot \text{r} \cdot \text{min}^{-1}$，查表 15-14 得轴承选用脂润滑。故轴承端面与齿轮之间需加挡油板，取 $\Delta = 12\text{mm}$。取齿轮端面与箱体内壁之间距离 $H = 13\text{mm}$，则

$$l_3 = B + \Delta + H + 3\text{mm} = (22 + 12 + 13 + 3)\text{mm} = 50\text{mm}$$

④ 段——此段轴肩没有定位要求，为了方便齿轮的安装，取 $d_4 = d_3 + 2\text{mm} = (60 + 2)\text{mm} = 62\text{mm}$；为使套筒端面可靠地压紧齿轮，配合轴段长度应比齿轮轮毂宽度短 2 ~ 3mm，故取 $l_4 = b - 3\text{mm} = (80 - 3)\text{mm} = 77\text{mm}$。

⑤ 段——取齿轮右端定位轴环高度 $h = 5\text{mm}$，则 $d_5 = d_4 + 2h = (62 + 2 \times 5)\text{mm} = 72\text{mm}$。取 $l_5 = 1.4h = (1.4 \times 5)\text{mm} = 7\text{mm}$。

⑥ 段——取 $d_6 = d_3 = 60\text{mm}$；取 $l_6 = (22 + 12 + 6)\text{mm} = 40\text{mm}$。

3）确定轴承及齿轮作用力的位置。如图 14-17 所示，先确定轴承支点位置，查 7212C 轴承，其支点尺寸 $a = 22.6\text{mm}$，因此轴的支承点到齿轮载荷作用的点的距离 $\overline{BC} = \overline{CD} = 64.6\text{mm}$。

（5）校核轴的强度

1）绘出轴的受力图，如图 14-18a 所示。

2）作水平面内的弯矩图，如图 14-18b 所示。

轴承支反力

$$F_{HB} = F_{HD} = \frac{F_{t2}}{2} = \frac{2993}{2}\text{N} = 1496.5\text{N}$$

截面 C 处的弯矩

$$M_{HC} = F_{HB}l_{BC} = (1496.5 \times 0.0646) \text{N} \cdot \text{m} = 96.67 \text{N} \cdot \text{m}$$

3）作竖直平面内的弯矩图，如图 14-18c 所示。

轴承支反力：

$$F_{VB} = \frac{F_{r2}}{2} - \frac{F_{a2}d_2}{2l_{BD}} = \left(\frac{1114}{2} - \frac{641 \times 319.065}{2 \times 129.2} \right) \text{N} = -234.49 \text{N}$$

$$F_{VD} = \frac{F_{r2}}{2} + \frac{F_{a2}d_2}{2l_{BD}} = \left(\frac{1114}{2} + \frac{641 \times 319.065}{2 \times 129.2} \right) \text{N} = 1348.49 \text{N}$$

截面 C 左侧的弯矩

$$M_{VC1} = F_{VB}l_{BC} = (-234.49 \times 0.0646) \text{N} \cdot \text{m} = -15.15 \text{N} \cdot \text{m}$$

截面 C 右侧的弯矩

$$M_{VC2} = F_{VD}l_{CD} = (1348.49 \times 0.0646) \text{N} \cdot \text{m} = 87.11 \text{N} \cdot \text{m}$$

4）做合成弯矩图，如图 14-18d 所示。

$$M_{C1} = \sqrt{M_{HC}^2 + M_{VC1}^2}$$

$$= \sqrt{96.67^2 + (-15.15)^2} \text{N} \cdot \text{mm} = 97.85 \text{N} \cdot \text{mm}$$

$$M_{C2} = \sqrt{M_{HC}^2 + M_{VC2}^2}$$

$$= \sqrt{96.67^2 + 87.11^2} \text{N} \cdot \text{mm} = 130.13 \text{N} \cdot \text{mm}$$

5）作扭矩图，如图 14-18e 所示。

$$T = 477500 \text{N} \cdot \text{mm} = 477.5 \text{N} \cdot \text{m}$$

6）按弯扭合成强度校核轴的强度，如图 14-18f 所示。取应力折合系数 $\alpha = 0.6$，则齿宽中点处当量弯矩

$$M_{ca1} = \sqrt{M_{C1}^2 + (\alpha T)^2}$$

$$= \sqrt{97.85^2 + (0.6 \times 477.5)^2} \text{N} \cdot \text{mm}$$

$$= 302.75 \text{N} \cdot \text{mm}$$

$$M_{ca2} = \sqrt{M_{C2}^2 + (\alpha T)^2}$$

$$= \sqrt{130.13^2 + (0.6 \times 477.5)^2} \text{N} \cdot \text{mm}$$

$$= 314.67 \text{N} \cdot \text{mm}$$

计算危险截面 C 处的轴径

$$d \geq \sqrt[3]{\frac{M_{ca2}}{0.1[\sigma_{-1b}]}} = \sqrt[3]{\frac{314.67 \times 10^3}{0.1 \times 54}} \text{mm} = 38.77 \text{mm}$$

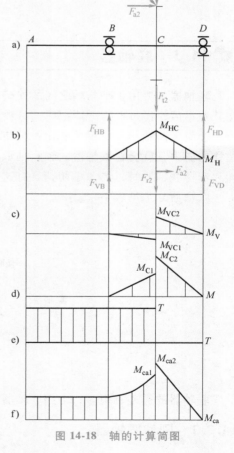

图 14-18 轴的计算简图

因 C 处有键槽，故将轴径增大 3%，即 38.77mm×1.03＝39.93mm。而轴结构设计草图（图 14-17）中，此处轴径为 62mm，故强度足够。

7）绘制轴的工作图。略。

14.2.3　轴的刚度计算

轴受载后将产生弯曲和扭转变形，前者用挠度 y 或偏转角 θ 表示，后者用扭转角 φ 表示。若轴的变形过大，则将会影响轴及轴上零件的工作能力。对刚度要求较高的轴，除进行强度设计或校核外，还要进行弯曲刚度和扭转刚度的计算，使其满足以下刚度条件：

$$y \leqslant [y] \tag{14-5}$$

$$\theta \leqslant [\theta] \tag{14-6}$$

$$\varphi \leqslant [\varphi] \tag{14-7}$$

式中　　y、$[y]$——挠度、许用挠度，单位为 mm；

　　　　θ、$[\theta]$——偏转角、许用偏转角，单位为 rad；

　　　　φ、$[\varphi]$——扭转角、许用扭转角，单位为 (°)/m。

y、θ、φ 的计算，可参照材料力学中的有关公式及方法，$[y]$、$[\theta]$、$[\varphi]$ 可从机械设计手册中查得。

14.3　联轴器

联轴器主要用于轴与轴之间的连接，以传递运动和转矩。用联轴器连接的两根轴，只有在其停车后，经过拆卸才能把它们分离。制造及安装误差、承载后的变形及温度变化的影响等，会引起两轴相互位置的变化，致使不能保证严格的对中。如果联轴器没有适应两轴相对位移的能力，就会在联轴器、轴和轴承中产生附加的载荷，甚至引起强烈振动。这就要求设计和选择联轴器时，要考虑使其具有这方面的能力。

联轴器分类见表 14-5。

表 14-5　联轴器分类

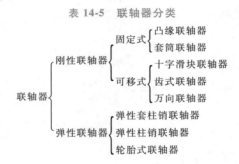

联轴器的类型有很多，常用联轴器都已标准化。

14.3.1　刚性联轴器

刚性联轴器可分为固定式刚性联轴器和可移式刚性联轴器两种。

1. 固定式刚性联轴器

固定式刚性联轴器结构简单、价格低廉，但是在传递载荷时无法补偿两轴间的相对位移，不能缓冲吸振。

（1）凸缘联轴器　凸缘联轴器是固定式刚性联轴器中应用最为广泛的一种联轴器，其结构如图 14-19 所示，其型号和尺寸可根据传递的转矩和转速从机械设计手册中选取。

凸缘联轴器结构简单，工作可靠，刚性好，使用和维护方便，可传递大的转矩，但它对两轴的对中性要求较高。它主要用于两轴对中精度良好、载荷平稳、转速不高的传动场合。

（2）套筒联轴器　套筒联轴器采用键、销等连接方式与两轴相连，其结构如图 14-20 所示。套筒将被连接的两轴连成一体。采用键连接时，可传递较大的转矩，但必须用紧定螺钉进行轴向固定；采用圆锥销连接时，只能传递较小的转矩。该联轴器结构简单紧凑，径向尺寸较小，易于制造。但这种联轴器装拆不方便，两轴对中性要求较高。它常用于低速、轻载、无冲击、要求径向尺寸紧凑或空间受限制的场合。

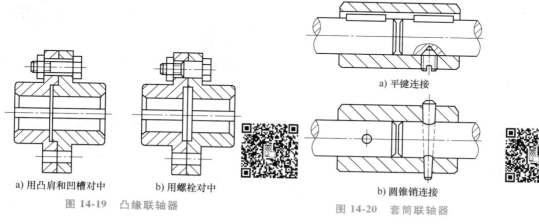

a) 用凸肩和凹槽对中　　b) 用螺栓对中

图 14-19　凸缘联轴器

a) 平键连接

b) 圆锥销连接

图 14-20　套筒联轴器

2. 可移式刚性联轴器

可移式刚性联轴器是利用联轴器中元件间的相对滑动来补偿两轴间的相对偏移，此类联轴器承载能力较大，但缺乏缓冲、吸振的能力，不宜用于有冲击振动的场合。可移式刚性联轴器的组成零件间构成的动连接，具有某一方向或几个方向的活动度，因此能补偿两轴间的相对位移。

（1）齿式联轴器　齿式联轴器如图 14-21 所示。该联轴器承载能力高，并允许有较大的偏移量，安装精度要求不高，但结构较复杂，质量较大，成本较高。它适用

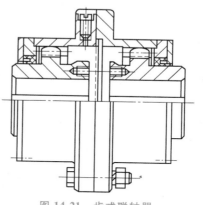

图 14-21　齿式联轴器

于高速、正反转多变、频繁起动的场合，在重型机械和起重设备中应用较广。

（2）十字滑块联轴器　如图 14-22 所示，十字滑块联轴器是由两个端面上开有凹槽的半联轴器 1、3 和两侧有凸榫的中间滑块 2 组成的。中间滑块上两面凸榫在直径方向上相互垂直，安装时分别嵌入 1、3 的凹槽中。半联轴器 1、3 分别固定在主、从动轴上。

十字滑块联轴器结构简单，径向尺寸较小，工作面易磨损。它用于两轴间相对径向位移较大、轴的刚度较大、无剧烈冲击、传递转矩大而转速不高的两轴连接，工作时应注意润滑。

（3）万向联轴器　图 14-23 所示为以十字轴作为中间件的万向联轴器。十字轴的四端用

铰链分别与轴1、轴2上的叉形接头相连。当一轴的位置固定后，另一轴可以在任意方向偏斜 ω 角，允许的角位移较大。该联轴器传递转矩范围较大、结构紧凑、维护方便，广泛应用于汽车、多头钻床等机器的传动系统中。

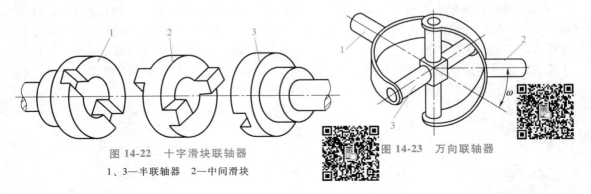

图 14-22　十字滑块联轴器

1、3—半联轴器　2—中间滑块

图 14-23　万向联轴器

14.3.2　弹性联轴器

弹性联轴器因装有弹性元件，不但可以靠弹性元件的变形来补偿两轴间的相对位移，而且具有缓冲、吸振的能力，故这种联轴器广泛应用于经常正反转、起动频繁的场合。

1. 弹性柱销联轴器

弹性柱销联轴器的弹性元件为尼龙材料的柱销，其结构如图 14-24 所示。该联轴器能传递很大的转矩，结构简单，制造容易，而且柱销的耐磨性好；它允许被连接两轴有一定的轴向位移以及少量的径向位移和角位移。它适应于轴向窜动较大、正反转变化较多或起动频繁、对缓冲要求不高的场合。

2. 弹性套柱销联轴器

弹性套柱销联轴器的结构与凸缘联轴器相似，只是用带有弹性套的柱销代替了连接螺栓。弹性套的材料采用橡胶，截面形状如图 14-25 所示，半联轴器与轴的配合孔可制成锥形或圆柱形，装弹性套的半联轴器通常与从动轴相连接。

弹性套柱销联轴器结构简单，装拆方便，成本较低，常用来连接载荷较平稳，需正反转或起动频繁，传递中小转矩的高、中速轴。

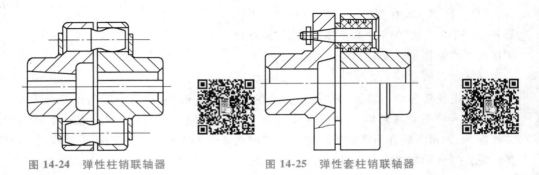

图 14-24　弹性柱销联轴器　　　　图 14-25　弹性套柱销联轴器

3. 轮胎式联轴器

轮胎式联轴器中间的弹性元件是由橡胶或橡胶织物制成的轮胎环，两端用压板和螺钉分别固结在两个半联轴器的凸缘上，其结构如图14-26所示。

轮胎式联轴器结构简单可靠，但易于变形，因此它允许的相对位移较大。轮胎式联轴器适用于起动频繁、正反向运转、有冲击振动、两轴间有较大的相对位移以及潮湿多尘之处。它的径向尺寸庞大，但轴向尺寸较窄，有利于缩短串接机组的总长度。

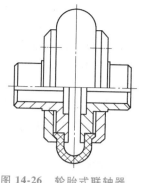

图14-26 轮胎式联轴器

14.3.3 联轴器的选择

标准联轴器的选择包括联轴器的类型选择和型号选择。

1. 联轴器的类型选择

选择联轴器类型的原则是联轴器的使用要求和类型特性一致。通常对中低速和对中精度、刚性较好的轴，可选固定式刚性联轴器，否则应选具有补偿能力的可移式刚性联轴器；对轴线相交的两轴，选用万向联轴器；对速度较高且有冲击或振动的轴，选用弹性联轴器；对大功率重载传动的轴，选用齿式联轴器。

2. 联轴器的型号选择

选择合适的联轴器类型后，可按转矩、轴直径和转速等确定联轴器的型号和结构尺寸。考虑起动引起的动载荷及过载等现象，在名义转矩 T 中引入工作情况系数 K_A，得到联轴器的计算转矩 T_C 为

$$T_C = K_A T$$

(14-8)

式中　T——名义转矩，单位为 N·mm；

　　　K_A——工作情况系数，见表14-6。

表14-6　工作情况系数 K_A

工作机工作情况	工作机实例	工作情况系数 K_A			
		原动机为电动机或汽轮机	原动机为四缸以上内燃机	原动机为双缸内燃机	原动机为单缸内燃机
转矩变化很小	发电机、小型通风机、小型离心泵	1.3	1.5	1.8	2.2
转矩变化小	透平压缩机、木工机床、运输机	1.5	1.7	2.0	2.4
转矩变化中等	搅拌机、增压泵、往复式压缩机、压力机	1.7	1.9	2.2	2.6
转矩变化中等，有冲击	拖拉机、织布机、水泥搅拌机	1.9	2.1	2.4	2.8
转矩变化大，有较大冲击	造纸机、挖掘机、起重机、碎石机	2.3	2.5	2.8	3.2
转矩变化大，有强烈冲击	压延机、轧钢机	3.1	3.3	3.6	4.0

选择联轴器型号时还应满足：计算转矩不超过联轴器最大许用转矩；轴径应符合联轴器的孔径范围；转速不超过联轴器的许用转速。

思考与练习题

14-1　轴按承受的载荷情况，可分为哪三种类型？并举例说明。

14-2 对轴的材料有什么要求？轴的常用材料有哪些？各适用于什么场合？

14-3 轴的结构设计为什么要按转矩初估轴的最小直径？

14-4 常见的轴为什么多为阶梯轴？确定各轴段的直径和长度时要考虑哪些问题？

14-5 轴上零件的轴向固定有哪些方法？各有何特点？轴上零件的周向固定有哪些方法？各有何特点？

14-6 在齿轮减速器中，为什么低速轴的直径要比高速轴的直径大得多？

14-7 常用联轴器有哪些类型？各有什么优缺点？在选用联轴器的类型时应考虑哪些因素？

14-8 齿式联轴器为什么能补偿综合位移？

14-9 图 14-27 所示为齿轮减速器的输出轴，试指出轴的结构设计的不正确之处，并另绘图改正。

14-10 试分析图 14-28 所示的卷扬机中各轴所受的载荷，并判定各轴的类型（忽略轴的自重和轴承中的摩擦）。

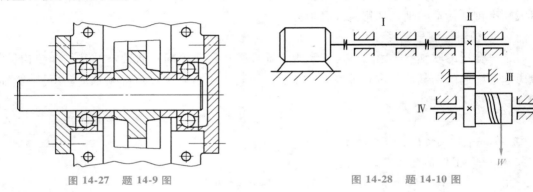

图 14-27 题 14-9 图   图 14-28 题 14-10 图

14-11 设计一带式输送机使用的单级斜齿圆柱齿轮减速器的输出轴。减速器输入轴通过 V 带传动与电动机相连接，输出轴通过联轴器与工作机相连接。输送机单向连续运转。已知输出轴传递的功率 $P = 10\text{kW}$，转速 $n = 200\text{r/min}$，大齿轮的齿宽 $b_2 = 80\text{mm}$，齿数 $z_2 = 78$，模数 $m_n = 5\text{mm}$，压力角 $\alpha_n = 20°$，螺旋角 $\beta = 9°22'$，载荷较平稳。

14-12 电动机与离心泵之间用联轴器连接。已知电动机功率 $P = 11\text{kW}$，转速 $n = 960\text{r/min}$，电动机外伸端直径为 42mm，水泵轴直径为 38mm。试选择联轴器型号。

第 15 章

轴　承

本章提要

根据轴承中摩擦性质的不同，轴承可分为滚动轴承和滑动轴承两大类。滚动轴承摩擦系数小，起动阻力小，而且它已标准化，选用、润滑、维护都很方便，因此在一般机器中应用较广。但在高速、高精度、重载、结构上要求剖分等场合，又必须采用滑动轴承，这是因为滑动轴承具有一些滚动轴承不能替代的特点。滑动轴承的主要优点是：结构简单，制造、装拆方便；具有良好的耐冲击性和吸振性能，运转平稳，旋转精度高，寿命长。其主要缺点是：维护复杂，润滑条件要求高，当轴承处于边界润滑状态时，摩擦和磨损较严重。

15.1　滑动轴承

15.1.1　摩擦状态

根据摩擦表面间的润滑情况，摩擦分为干摩擦、边界摩擦及液体摩擦。

1. 干摩擦

两摩擦表面间无任何润滑剂或保护膜时，固体表面直接接触的摩擦称为干摩擦，如图15-1a所示。此时，必然有大量的摩擦功损耗和严重的磨损。干摩擦在滑动轴承中表现为强烈的升温，甚至把轴瓦烧毁，所以在滑动轴承中不允许出现干摩擦。

2. 边界摩擦

两摩擦表面间有润滑油存在，由于润滑油与金属表面的吸附作用，在金属表面会形成一层边界油膜，它可能是物理吸附膜，也可能是化学反应膜。边界油膜的厚度小于$1\mu m$，不足以将两金属表面分隔开来，在相互运动时，两金属表面微观的凸峰部分仍将相互接触，这种摩擦称为边界摩擦，也称为边界润滑，如图15-1b所示。由于边界油膜也有较好的润滑作用，故摩擦系数f较小，$f = 0.1 \sim 0.3$，磨损也较轻。

3. 液体摩擦

若两摩擦表面有充足的润滑油，且满足一定的条件，则在两摩擦表面间形成较厚的压力油膜，相对运动的两表面被液体完全隔开，如图15-1c所示，没有物体表面间的摩擦，只有液体间的摩擦，这种摩擦称为液体摩擦，也称为液体润滑，属于内摩擦。液体摩擦的摩擦系数f最小，$f = 0.001 \sim 0.01$，不会发生金属表面的磨损，是理想的摩擦状态，但实现液体摩擦必须具备一定的条件。

在一般机器中，两摩擦表面间多处于干摩擦、边界摩擦和液体摩擦的混合状态，称为混合摩擦。

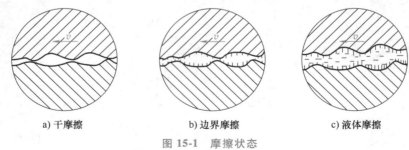

a) 干摩擦　　　　　　b) 边界摩擦　　　　　　c) 液体摩擦

图 15-1　摩擦状态

15.1.2　滑动轴承的结构形式

滑动轴承按所受载荷的方向主要分为：径向滑动轴承，又称向心滑动轴承，主要承受径向载荷；推力滑动轴承，主要承受轴向载荷。

1. 径向滑动轴承

径向滑动轴承根据其结构形式可分为整体式径向滑动轴承和剖分式径向滑动轴承两大类。

图 15-2 所示为整体式径向滑动轴承的结构，它主要由轴承座和轴瓦组成，轴瓦压装在轴承座中。对于载荷小、速度低的不重要场合，可以不用轴瓦。这种轴承结构简单、成本低廉，但轴瓦磨损后，轴承间隙过大时将无法调整，且轴颈只能从端部装入，装拆很不方便。因此，整体式径向滑动轴承常用于低速、轻载或间歇性工作的机器中，如某些农业机械和手动机械等。

图 15-3 所示为剖分式径向滑动轴承的结构。根据所受载荷的方向，剖分面最好与载荷方向近于垂直。剖分面有水平剖分面和倾斜剖分面。为防止轴承盖和轴承座横向错位并便于装配时对中，轴承盖和轴承座的剖分面均制成阶梯状。剖分式径向滑动轴承结构简单，装拆方便，剖分面间放调整垫片，当轴瓦剖分面磨损后，适当减少垫片，并进行刮瓦，就可调节轴颈与轴承间的间隙。

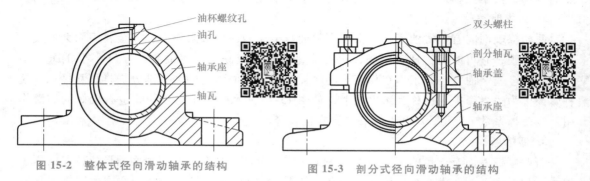

图 15-2　整体式径向滑动轴承的结构　　　　图 15-3　剖分式径向滑动轴承的结构

2. 推力滑动轴承

图 15-4 所示为推力滑动轴承的结构形式。轴颈端面与推力轴瓦组成摩擦副，实心端面

推力轴颈如图 15-4a 所示，由于磨合或工作时，支承面上的压强分布极不均匀，越接近边缘部分磨损越快，以至于中心处压强最大，支承面磨损极不均匀，使用较少。为克服此缺点，可设计成空心轴颈（图 15-4b）和环状轴颈（图 15-4c）。当载荷较大时，可采用多环轴颈，这种结构的轴承能承受双向载荷，但推力环数目不宜过多，一般为 2～5 个，否则载荷分布不均现象将十分严重。

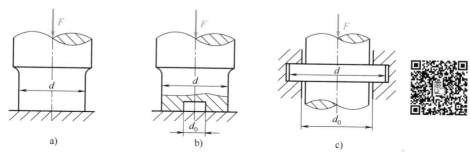

图 15-4　推力滑动轴承的结构形式

15.1.3　轴承材料

轴瓦是轴承直接和轴颈相接触的零件，为了节省贵重金属或满足其他需要，常在轴瓦内表面上贴附一层金属，称作轴承衬，不重要的轴承也可以不装轴瓦。轴瓦和轴承衬的材料统称为轴承材料，对其基本要求是：有足够的抗压强度和抗疲劳强度；有良好的减摩性、耐磨性、抗胶合性、磨合性、嵌入性和顺应性；具有良好的导热性、润滑性和耐蚀性；有良好的工艺性。常用轴承材料的性能及许用值见表 15-1。

表 15-1　常用轴承材料的性能及许用值

材料及其牌号	$[p]/$MPa	$[v]/$(m/s)	$[pv]/$(MPa·m/s)	轴颈硬度	特性及用途
铸锡锑轴承合金 ZSnSb11Cu6	25（平稳） 20（冲击）	80（平稳） 60（冲击）	20（平稳） 15（冲击）	150HBW	用于重载、高速、温度低于110℃的重要轴承，如汽轮机的轴承
铸铅锑轴承合金 ZPbSb16Sn16Cu2	15	12	10	150HBW	用于中速、中等载荷、不宜受显著冲击、温度低于120℃的轴承，如机床等的轴承
铸锡青铜 ZCuSn5PbZn5	8	3	15	45HRC	用于中载、中速工作的轴承，如减速器、起重机的轴承
铸铝青铜 ZCuAl10Fe3	15	4	12	45HRC	最宜用于润滑充分的低速、重载轴承

15.1.4　轴瓦结构

轴瓦在轴承座中应固定可靠，轴瓦的形状和结构尺寸应保证润滑良好，散热容易，并有一定的强度和刚度，装拆方便。因此设计轴瓦时，不同的工作条件下要采用不同的结构形式。常用的轴瓦有整体式轴瓦和剖分式轴瓦两种结构。

1）整体式轴瓦如图 15-5 所示。图 15-5a 所示为无油沟的轴瓦，图 15-5b 所示为有油沟的轴瓦。轴瓦和轴承座一般采用过盈配合。轴瓦应牢靠地固定在轴承座内，不允许有相对移动。为了防止轴瓦的移动，可用螺钉将其固定在轴承座上，如图 15-5c 所示。

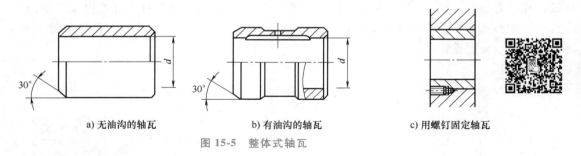

a) 无油沟的轴瓦   b) 有油沟的轴瓦   c) 用螺钉固定轴瓦

图 15-5 整体式轴瓦

2）剖分式轴瓦如图 15-6 所示。图 15-6a 所示为轴向油沟开在轴瓦剖分面上，图 15-6b 所示为用轴瓦两端的凸缘来实现轴向定位，而周向定位采用定位销，如图 15-6c 所示。也可以根据轴瓦厚度采用其他定位方法。

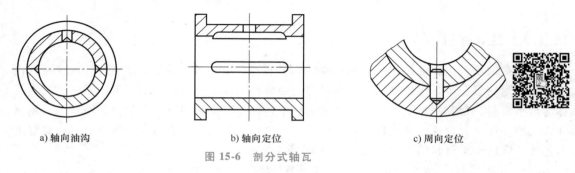

a) 轴向油沟   b) 轴向定位   c) 周向定位

图 15-6 剖分式轴瓦

轴瓦和轴颈上需开设油孔及油槽，油孔用于供应润滑油，油槽用于输送和分布润滑油。图 15-7 所示为几种常见的油槽。润滑油经油孔流入后，轴的转动使润滑油沿轴向和周向分布到整个摩擦表面。

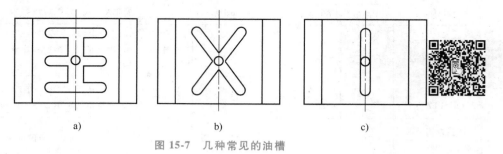

a)   b)   c)

图 15-7 几种常见的油槽

15.1.5 润滑剂和润滑装置

1. 润滑剂

轴承润滑的目的是降低摩擦功耗，减少磨损，提高效率，延长机件的寿命，同时还有冷却、吸振和防锈等作用。润滑剂分为下面三种。

（1）液体润滑剂 液体润滑剂又称润滑油，是滑动轴承中应用最广的润滑剂。原则上讲，当转速高、压力小时，应选用黏度低的油；反之，当转速低、压力大时，应选用黏度较高的油。

（2）半固体润滑剂　由于润滑脂属于半固体润滑剂，流动性极差，故无冷却效果。半固体润滑剂常用在那些要求不高、难以经常供油，或者低速重载以及做摆动运动的轴承中。

（3）固体润滑剂　固体润滑剂可以在摩擦表面上形成固体膜，以减小摩擦阻力，通常只用于一些特殊要求的场合。

2. 润滑装置

滑动轴承的润滑装置很多。图15-8a所示为针阀式油杯。针阀式油杯可调节油滴速度，以改变供油量。当手柄5卧倒时，针阀3受弹簧2推压向下而堵住底部油孔。手柄5转90°变为直立状态时，针阀3上提，下端油孔敞开，润滑油流进轴承。通过调节螺母1可调节油孔开口大小，从而调节油量。在轴承停止工作时，可通过油杯上部的手柄关闭油杯，停止供油。

图15-8b所示为芯捻式油杯。用毛线、棉线做成芯捻或利用线纱做成线团浸在油槽内，利用毛细管作用将油引到轴承工作表面上。这种装置可使润滑油连续而均匀供应，但这种方法不易调节供油量。

图15-8c所示为旋盖式油杯。旋盖式油杯靠旋紧杯盖将杯内润滑脂压入轴承工作面，只能间歇供油。

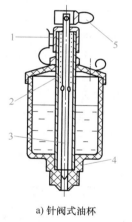
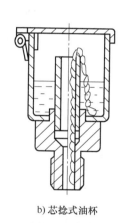
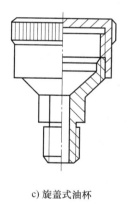

a) 针阀式油杯　　　　　　b) 芯捻式油杯　　　　　　c) 旋盖式油杯

图15-8　润滑装置

1—调节螺母　2—弹簧　3—针阀　4—油杯体　5—手柄

15.2　滚动轴承

滚动轴承具有摩擦系数小、起动灵敏、效率高、润滑简便和易于互换等优点，所以获得了广泛应用。它的缺点是抗冲击能力较差，高速时出现噪声，工作寿命也不及液体摩擦的滑动轴承。

滚动轴承的构造如图15-9所示，它一般由内圈1、外圈2、滚动体3和保持架4等组成。一般情况下，内圈与轴一起运转；外圈装在轴承座中起支承作用；用保持架将滚动体均匀隔开，避免各滚动体之间相互摩擦；有些滚动轴承没有内圈、外圈或保持架，但滚动体为其必备的主要元件。常见滚动体的类型如图15-10所示。

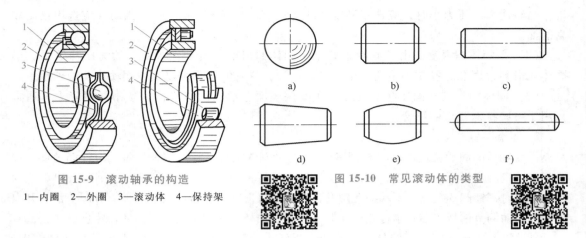

图 15-9 滚动轴承的构造

1—内圈 2—外圈 3—滚动体 4—保持架

图 15-10 常见滚动体的类型

15.2.1 滚动轴承的基本类型和特性

滚动体与外圈滚道接触点（线）的法线与轴承半径方向的夹角 α 称为公称接触角，简称接触角。接触角是滚动轴承的一个主要参数，反映了轴承承受径向载荷和轴向载荷的相对能力。滚动轴承通常按其承受载荷的方向（或接触角）和滚动体的形状分类。

1）按轴承承受载荷的方向或接触角的不同，轴承可分为向心轴承和推力轴承。

① 向心轴承 向心轴承接触角为 $0° \leqslant \alpha \leqslant 45°$。当 $\alpha = 0°$ 时，轴承只承受径向载荷，故称为径向接触轴承；当 $0° < \alpha \leqslant 45°$ 时，轴承主要承受径向载荷，也可承受较小的轴向载荷，这类轴承称为角接触向心轴承。

② 推力轴承 推力轴承接触角为 $45° \leqslant \alpha \leqslant 90°$。当 $\alpha = 90°$ 时，轴承只承受轴向载荷，故称为轴向接触轴承；当 $45° < \alpha < 90°$ 时，轴承主要承受轴向载荷，也可承受较小的径向载荷，这类轴承称为角接触推力轴承。

表 15-2 列出了各类轴承的公称接触角。

表 15-2 各类轴承的公称接触角

轴承种类	向心轴承		推力轴承	
	径向接触	角接触	角接触	轴向接触
公称接触角 α	$\alpha = 0°$	$0° < \alpha \leqslant 45°$	$45° < \alpha \leqslant 90°$	$\alpha = 90°$
图例 （以球轴承为例）				

2）按滚动体的类型不同，轴承可分为球轴承和滚子轴承。

3）按滚动体的列数不同，轴承可分为单列轴承、双列轴承及多列轴承。

4）按工作时轴承能否起调心作用，轴承可分为调心轴承和非调心轴承。

5）按安装轴承时其内圈、外圈可否分别安装，轴承可分为可分离轴承和不可分离轴承。

6）按公差等级不同，轴承可分为普通级、6 级、6X 级、5 级、4 级、2 级滚动轴承，其中，2级精度最高，普通级精度最低。另外6X级只用于圆锥滚子轴承。按照国家标准GB/T 272—2017的规定，公差等级代号见表15-8。

机械工业中常见滚动轴承的类型、代号及特性见表15-3。

表 15-3　常见滚动轴承的类型、代号及特性

轴承名称及结构代号	结构简图及承载方向	极限转速	允许偏移角	主要特性及应用
深沟球轴承 60000		高	8′~16′	主要承受径向载荷，也可承受一定的双向轴向载荷，价格低，应用较广
调心球轴承 10000		中	2°~3°	主要承受径向载荷，也能承受较小的轴向载荷，可自动调心
角接触球轴承 70000 C(α=15°) 70000 AC(α=25°) 70000 B(α=40°)		较高	2′~10′	能同时承受径向载荷、轴向载荷，接触角越大，承受轴向载荷的能力越大。其适用于较高转速且径向载荷与轴向载荷同时存在的场合，成对使用
推力球轴承 50000		低	0	只能承受轴向载荷，而且载荷作用线必须与轴线相重合。其用于轴向载荷大、转速不高的场合
圆锥滚子轴承 30000		中	2′	能同时承受径向载荷、轴向载荷，承载能力高于角接触球轴承。内、外圈可分离，便于调节轴承间隙，成对使用
圆柱滚子轴承 N 0000		较高	2′~4′	承受较大的径向载荷，但不能承受轴向载荷，内、外圈可分离，装拆方便
滚针轴承 NA 0000(有内圈) RNA 0000(无内圈)		低	0	只能承受径向载荷，径向尺寸很小。一般无保持架，因而滚针间有摩擦，极限转速很低，且不允许有偏移角。其多用于转速低、径向尺寸受限制的场合

注：1. 滚动轴承在一定载荷和润滑条件下，允许的最高转速称为极限转速，其具体数值见有关手册。
　　2. 由于加工、安装误差或轴的变形等会引起轴承内圈、外圈中心线发生相对偏斜，其偏斜角称为偏移角。

15.2.2　滚动轴承的代号

滚动轴承的种类很多，按国家标准GB/T 272—2017规定，滚动轴承的代号由基本代号、前置代号和后置代号组成，且用数字和字母等表示，其排列顺序见表15-4。

表 15-4　滚动轴承代号的构成

前置代号	基本代号				后置代号							
□	× （□）	×	×	××	□或加×							
		尺寸系列代号										
轴承分部件	类型代号	宽度或高度系列代号	直径系列代号	内径代号	内部结构	密封、防尘结构与外部形状	保持架及其材料	轴承零件材料	公差等级	游隙	配置	振动及噪声	其他

注：□——字母；×——数字。

1. 基本代号

轴承的基本类型、结构和尺寸是组成轴承基本代号的基础。轴承基本代号由类型代号、尺寸系列代号及内径代号三部分构成。

（1）类型代号　用阿拉伯数字或大写拉丁字母表示。

（2）尺寸系列代号　由轴承的宽（高）度系列代号（基本代号左起第二位）和直径系列代号（基本代号左起第三位）组合而成。向心轴承和推力轴承的常用尺寸系列代号见表 15-5。

直径系列代号表示内径相同的同类轴承有几种不同的外径和宽度，如图 15-11a 所示。宽度系列代号表示内、外径相同的同类轴承宽度的变化，如图 15-11b 所示。

表 15-5　向心轴承和推力轴承的常用尺寸系列代号

直径系列代号		向心轴承			推力轴承	
		宽度系列代号			高度系列代号	
		0	1	2	1	2
		窄	正常	宽	正常	
		尺寸系列代号				
2	轻	02	12	22	12	22
3	中	03	13	23	13	23
4	重	04	—	24	14	24

注：1. 当宽度系列代号为 0 时，可省略（但调心滚子轴承、圆锥滚子轴承除外）。

2. 轻、中、重为旧标准相应直径系列的名称；窄、正常、宽为旧标准相应宽（高）度系列的名称。

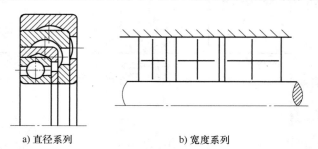

a) 直径系列　　　　　　b) 宽度系列

图 15-11　直径系列和宽度系列

（3）内径代号　表示轴承内径尺寸的大小，其内径代号见表15-6。

表 15-6　滚动轴承的内径代号

轴承公称内径/mm	内径代号		代号示例
10~17	10	00	深沟球轴承 6202
	12	01	$d = 15\text{mm}$
	15	02	
	17	03	
20~495	04~99 代号乘以 5 即为内径 d		圆柱滚子轴承 N 2210
			$d = 50\text{mm}$

2. 前置代号

前置代号用字母表示轴承的分部件。前置代号很少用到，可查阅有关国家标准。

3. 后置代号

后置代号用字母（或加数字）表示，并与基本代号空半个汉字距离或用符号"-""/"
分隔。后置代号共分 9 组，其排列顺序及含义见表15-4。

后置代号中的内部结构代号以及公差等级代号分别见表15-7和表15-8。

表 15-7　内部结构代号

轴承类型	代号	含义	示例
角接触球轴承	B	$\alpha = 40°$	7215 B
	C	$\alpha = 15°$	7005 C
	AC	$\alpha = 25°$	7210 AC
圆锥滚子轴承	B	接触角 α 加大	32310 B
	E	加强型	N 207 E

表 15-8　公差等级代号

代号	省略	/P6	/P6X	/P5	/P4	/P2
公差等级符合标准规定	普通级	6 级	6X 级	5 级	4 级	2 级
示例	6203	6303/P6	30210/P6X	6203/P5	6203/P4	6203/P2

注：公差等级中普通级最低，向右依次增高，2级最高。

　　例 15-1　试说明滚动轴承代号 71212 AC/P6 的意义。

　　解：7——角接触球轴承；1——宽度系列代号为 1，正常系列；2——直径系列代号
为 2，轻系列；12——轴承内径 $d = 12 \times 5\text{mm} = 60\text{mm}$；AC——公称接触角 $\alpha = 25°$；
P6——公差等级为 6 级。

15.2.3　滚动轴承的选择计算

1. 失效形式

　　滚动轴承在工作过程中，滚动体相对于内圈（或外圈）不断地转动，致使内、外圈与
滚动体的接触点不断发生变化，其接触应力 σ_H 也随着做周期性的变化，在交变的接触应力
作用下会引起轴承主要元件的疲劳点蚀，这是滚动轴承的主要失效形式。对于转速很低或间

歇摆动的轴承，在很大的静载荷或冲击载荷作用下，会使轴承滚道和滚动体接触处产生永久塑性变形，从而使轴承在运转中产生剧烈振动和噪声，以致轴承不能正常工作。此外，在工作过程中，使用、维护和保养不当，也会造成轴承非正常性损坏，如滚动体过度磨损、轴承破裂、保持架破碎以及腐蚀等，进而造成轴承失效。

2. 轴承疲劳寿命的基本概念

（1）轴承寿命　轴承在工作过程中，其内圈、外圈或滚动体出现疲劳点蚀前所经历的总转数（或在一定转速下所工作的小时数）称为轴承寿命。

对一组同一型号的轴承，由于材料、热处理和工艺等多种因素的影响，各轴承寿命相差很大，甚至相差几十倍。因此对一个具体的轴承，很难预知其确切的寿命。

在滚动轴承试验机上对轴承进行疲劳试验，一组同型号的轴承在相同载荷 P_1 的作用下，各轴承的疲劳失效寿命数据很分散。图 15-12 所示为轴承的载荷与基本额定寿命曲线，图中纵坐标表示轴承所受载荷，横坐标表示轴承的基本额定寿命，符号"×"表示各轴承的失效寿命。

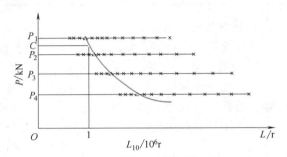

图 15-12　轴承的载荷与基本额定寿命曲线

（2）基本额定寿命　同一批同种型号的轴承在相同条件下运转，其可靠度为 90% 时，能达到或超过的寿命称为基本额定寿命。基本额定寿命用 L_{10} 表示，单位为 10^6 转；也可用 L_{10h} 表示，单位为工作小时数。

由图 15-12 可知，在载荷 P_1 的作用下，取 90% 的轴承不发生失效所能达到的寿命，以符号"△"表示基本额定寿命。当工作载荷不等于 P_1 时，与其相应的基本额定寿命也不相同，将各个试验载荷 P_1、P_2、P_3、P_4…作用下的基本额定寿命点连成一光滑曲线，即可得到载荷-基本额定寿命曲线。它是一条指数曲线，其表达式可写为

$$P_1^\varepsilon L_1 = P^\varepsilon L_{10} \tag{15-1}$$

式中　ε——寿命指数，对于球轴承，$\varepsilon = 3$，对于滚子轴承，$\varepsilon = 10/3$。

（3）基本额定动载荷　当一批轴承进入运转状态，并且当其基本额定寿命恰好为 10^6 转时，轴承所能承受的载荷用 C 表示，如图 15-12 中所示。对于向心轴承，基本额定动载荷是指纯径向载荷，称为径向基本额定动载荷 C_r；对于推力轴承，基本额定动载荷是指纯轴向载荷，称为轴向基本额定动载荷 C_a。在式（15-1）中，设 $P_1 = C$，$L_1 = 10^6 r$。因此，可用式（15-2）计算轴承在承受载荷 P 时的基本额定寿命 L_{10}

$$L_{10} = \left(\frac{C}{P}\right)^\varepsilon \tag{15-2}$$

各种类型、型号轴承的基本额定动载荷 C 值可在轴承手册中查得。

实际计算时，轴承寿命用小时代替转速较方便，当轴承转速为 n（r/min）时，式（15-2）可写为

$$L_{10h} = \frac{10^6}{60n}\left(\frac{C}{P}\right)^\varepsilon \tag{15-3}$$

（4）当量动载荷　滚动轴承的基本额定动载荷是在向心轴承只受径向载荷、推力轴承

只受轴向载荷的特定条件下确定的，在实际工作中，如果作用在轴承上的实际载荷既有径向载荷，又有轴向载荷，为了能与额定动载荷进行比较，就提出了一假想载荷，即当量动载荷，其方向同基本额定动载荷的方向，在这一载荷作用下的轴承寿命与在实际工作条件（径向载荷和轴向载荷的共同作用）下的轴承寿命相同，用 P 表示。其计算公式为

$$P = XF_r + YF_a \tag{15-4}$$

式中　F_r——轴承所受径向载荷；

　　　F_a——轴承所受轴向载荷；

　X、Y——径向动载荷系数、轴向动载荷系数，其值见表15-9。

对于向心轴承，当 $F_a/F_r > e$ 时，X、Y 值可由表15-9查出；当 $F_a/F_r \leq e$ 时，这时 $X = 1$、$Y = 0$，说明轴向力的影响可以忽略不计；e 值列于轴承标准中，其值和轴承类型与 F_a/C_{0r} 的比值有关（C_{0r} 为轴承的径向额定静载荷）。

表 15-9 　径向动载荷系数 X 和轴向动载荷系数 Y

类型（代号）		F_a/C_{0r}	e	单列轴承			
				$F_a/F_r > e$		$F_a/F_r \leq e$	
				X	Y	X	Y
深沟球轴承		0.014	0.19	0.56	2.30	1	0
		0.028	0.22		1.99		
		0.056	0.26		1.71		
		0.084	0.28		1.55		
		0.11	0.30		1.45		
		0.17	0.34		1.31		
		0.28	0.38		1.15		
		0.42	0.42		1.04		
		0.56	0.44		1.00		
角接触球轴承	$\alpha = 15°$	0.015	0.38	0.44	1.47	1	0
		0.029	0.40		1.40		
		0.056	0.43		1.30		
		0.087	0.46		1.23		
		0.12	0.47		1.19		
		0.17	0.50		1.12		
		0.29	0.55		1.02		
		0.44	0.56		1.00		
		0.58	0.56		1.00		
	$\alpha = 25°$	—	0.68	0.41	0.87	1	0
	$\alpha = 45°$	—	1.14	0.35	0.57	1	0
圆锥滚子轴承（单列）		—	$1.5\tan\alpha$	1	0	0.4	$0.4\cot\alpha$
调心球轴承（双列）		—	$1.5\tan\alpha$				

注：C_{0r} 是滚动轴承的额定静载荷，可由轴承手册查得。

对于径向接触轴承

$$P = F_r$$

对于轴向接触轴承

$$P = F_a$$

3. 角接触轴承轴向载荷 F_a 的计算

角接触轴承由于接触角 α 的存在，在承受径向载荷 F_r 时，轴承外圈对于第 i 个滚动体的法向支反力 F_{Qi} 可分解为径向分力 F_{ri} 和轴向分力 F_{Si}，如图 15-13 所示。所有滚动体轴向分力 F_{Si} 的总和称为角接触轴承的内部轴向力，用 F_S 表示，其方向指向外圈的开口方向。F_S 的大小可按表 15-10 中的公式计算求得。

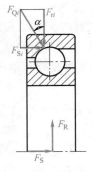

图 15-13　径向载荷产生的轴向分量

为了使角接触球轴承和圆锥滚子轴承的内部轴向力得到平衡，以免轴产生轴向窜动，通常采用两个轴承成对使用，对称安装。图 15-14 所示为角接触球轴承的两种不同安装方式。图 15-14a 所示为正装（或称为"面对面"安装）；图 15-14b 所示为反装（或称为"背对背"安装）。不同安装方式所产生的内部轴向力 F_S 的方向不同，但其方向总沿轴向由外圈的宽端面指向窄端面。

表 15-10　角接触轴承内部轴向力 F_S

圆锥滚子轴承	角接触球轴承		
	C 型（$\alpha=15°$）	AC 型（$\alpha=25°$）	B 型（$\alpha=40°$）
$F_r/2Y$	eF_r	$0.68F_r$	$1.14F_r$

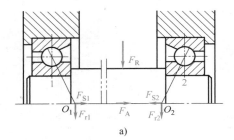
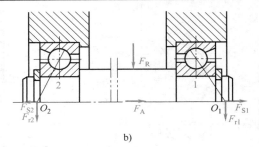

图 15-14　角接触球轴承的两种不同安装方式

设作用于轴上的径向外载荷及轴向外载荷分别为 F_R 及 F_A。两轴承所受的径向载荷分别为 F_{r1} 及 F_{r2}，相应的内部轴向力分别为 F_{S1} 及 F_{S2}。以图 15-14a 所示轴承正装为例，说明并确定两轴承最终受到的轴向载荷 F_{a1}、F_{a2} 的计算方法。

当 $F_{S1}+F_A>F_{S2}$ 时，轴有右移的趋势，此时轴承 2 被压紧，轴承 1 被放松。为了保持平衡，轴承座必然通过轴承 2 的外圈上对轴系施加一平衡力 F_2'，则 $F_{S1}+F_A=F_{S2}+F_2'$，即 $F_2'=F_{S1}+F_A-F_{S2}$。轴承 1 仅受自身内部轴向力 F_{S1} 的作用，即：

压紧端轴承 2 所受的轴向载荷为

$$F_{a2}=F_{S1}+F_A$$

放松端轴承 1 所受的轴向载荷为

$$F_{a1}=F_{S1}$$

当 $F_{S1}+F_A<F_{S2}$ 时，轴有左移的趋势，此时轴承 1 被压紧，轴承 2 被放松。为了保持平衡，轴承座必然通过轴承 1 的外圈上对轴系施加一平衡力 F_1'，则 $F_{S1}+F_A+F_1'=F_{S2}$，即 $F_2'=F_{S2}-F_{S1}-F_A$。轴承 2 仅受自身内部轴向力 F_{S2} 的作用，即：

压紧端轴承 1 所受的轴向载荷为

$$F_{a1} = F_{S2} - F_A$$

放松端轴承 2 所受的轴向载荷为

$$F_{a2} = F_{S2}$$

综上所述，计算角接触球轴承和圆锥滚子轴承所受轴向载荷的方法为：

1）根据轴承类型和表 15-10 求出内部轴向力 F_{S1}、F_{S2}。

2）根据轴上所有轴向力的合力（F_{S1}、F_{S2}、F_A）判断哪个轴承被压紧，哪个轴承被放松。

3）压紧端轴承所受的轴向载荷等于除去自身内部轴向力以外的其他轴向力的代数和。放松端轴承所受的轴向载荷等于自身内部轴向力。

4. 基本额定寿命的计算

图 15-15 所示为滚动轴承所承受的载荷 P 与寿命 L_{10} 之间的关系曲线，该曲线称为疲劳寿命曲线，其表达式为

$$L_{10}P^\varepsilon = 常数 \qquad (15-5)$$

式中　P——当量动载荷，单位为 N；

　　　L_{10}——基本额定寿命，单位为 $10^6 r$；

　　　ε——轴承寿命指数，对于球轴承 $\varepsilon = 3$，对于滚子轴承 $\varepsilon = 10/3$。

当基本额定寿命 $L_{10} = 1 \times 10^6 r$ 时，轴承所能承受的载荷为基本额定动载荷 C。这样式（15-5）可写为

$$L_{10}P^\varepsilon = 1 \times C^\varepsilon$$

即

$$L_{10} = \left(\frac{C}{P}\right)^\varepsilon \qquad (15-6)$$

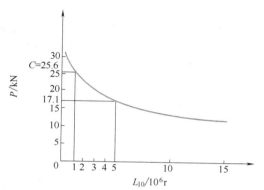

图 15-15　载荷 P 与寿命 L_{10} 之间的关系曲线

式（15-6）为轴承基本额定寿命的理论计算公式。

实际计算轴承寿命时，常用小时作为计算单位。通常在轴承样本中列出的额定动载荷值，是对一般温度下（120℃以下）工作的轴承而言，如果轴承的工作温度高于 120℃，轴承元件材料的组织将产生变化，硬度将要降低，影响其承载能力；冲击、振动对轴承的寿命也会产生影响。考虑到这两方面的因素，在实际工作情况下的轴承寿命计算公式应为

$$L_{10h} = \frac{10^6}{60n}\left(\frac{f_T C}{f_P P}\right)^\varepsilon \qquad (15-7)$$

式中　L_{10h}——基本额定寿命，单位为 h；

　　　n——轴的转速，单位为 r/min；

　　　f_T——温度系数，考虑了温度对基本额定动载荷的影响。f_T 值见表 15-11；

　　　f_P——载荷系数，考虑了载荷性质对当量动载荷的影响。f_P 值见表 15-12。

表 15-11　温度系数 f_T

工作温度/℃	≤120	125	150	175	200	225	250	300
f_T	1	0.95	0.90	0.85	0.80	0.75	0.70	0.60

表 15-12　载荷系数 f_P

载荷性质	举例	f_P
无冲击或轻微冲击	电动机、汽轮机、通风机、水泵	1.0~1.2
中等冲击	机床、车辆、内燃机、冶金机械、起重机械、减速器	1.2~1.8
强烈冲击	轧钢机、破碎机、钻探机、剪床	1.8~3.0

如果载荷 P 和转速 n 已知，预期寿命 L'_{10h} 又已取定，则所需轴承应具有的基本额定动载荷

$$C = \frac{f_P P}{f_T}\left(\frac{60n}{10^6}L'_{10h}\right)^{1/\varepsilon} \tag{15-8}$$

式中　L'_{10h}——轴承预期计算寿命，参考值见表 15-13。

表 15-13　推荐的轴承预期计算寿命 L'_{10h}

使用条件	参考寿命 L_{10h}/h
不经常使用的机器和设备	300~3000
短期或间断使用的机械，中断使用不致引起严重后果，如手动机械、农业机械、装配起重机、回转绞车等	3000~8000
间断使用的机械，中断使用将引起严重后果，如发电站辅助设备、流水线传动装置、升降机、胶带输送机等	8000~12000
每天 8h 工作的机械(利用率不高)，如电动机、一般齿轮装置、破碎机、起重机等	10000~25000
每天 8h 工作的机械(利用率较高)，如机床、工程机械、印刷机械、木材加工机械等	20000~30000
24h 连续工作的机械，如压缩机、泵、电动机、轧机齿轮装置、矿井提升机等	40000~50000
24h 连续工作的机械，中断使用将引起严重后果，如造纸机械、电站主要设备、矿用水泵、通风机等	>100000

例 15-2　已知条件如例 14-1，试计算所选 7212 C 轴承的使用寿命。轴承受力简图如图 15-16 所示。

解：（1）计算轴承所受的支反力

由轴的强度校核计算可得

$$F_{rB} = \sqrt{F_{HB}^2 + F_{VB}^2} = \sqrt{1496.5^2 + (-234.49)^2}\,N = 1514.76N$$

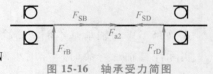

图 15-16　轴承受力简图

$$F_{rD} = \sqrt{F_{HD}^2 + F_{VD}^2} = \sqrt{1496.5^2 + 1348.49^2}\,N = 2014.43N$$

（2）计算轴承所受轴向力

由表 15-10 查得 7212 C 轴承内部轴向力的计算公式为 $F_S = eF_r$。参考表 15-9，初取 $e = 0.40$。则

$$F_{SB} = 0.4F_{rB} = (0.4 \times 1514.76)N = 605.9N（方向如图 15-16 所示）$$

$$F_{SD} = 0.4F_{rD} = (0.4 \times 2014.43)N = 805.77N（方向如图 15-16 所示）$$

因

$$F_{SB} + F_{a2} = (605.9 + 641)N = 1246.9N > F_{SD} = 805.77N$$

故 D 处轴承被压紧，所以

$$F_{aB} = F_{SB} = 605.9N$$

$$F_{aD} = F_{SB} + F_{a2} = 1246.9N$$

查国家标准 GB/T 292—2023 得 7212 C 轴承的基本额定静载荷 $C_{0r} = 48.5\text{kN}$，则 $\dfrac{F_{aD}}{C_{0r}} =$

$\dfrac{1246.9}{48500} = 0.026$，与初选 $e = 0.4$ 所对应的 0.029 接近，故 $e = 0.4$ 适用。

（3）计算轴承的当量动载荷 P_B、P_D

$$\frac{F_{aB}}{F_{rB}} = \frac{605.9}{1514.76} = 0.4 = e$$

$$\frac{F_{aD}}{F_{rD}} = \frac{1246.9}{2014.43} = 0.62 > e$$

查表 15-9 得 7212 C 轴承的 $X_B = 1$，$Y_B = 0$，$X_D = 0.44$，$Y_D = 1.4$，则轴承的当量动载荷为

$$P_B = X_B F_{rB} + Y_B F_{aB} = (1 \times 1514.76 + 0 \times 605.9)N = 1514.76N$$

$$P_D = X_D F_{rD} + Y_D F_{aD} = (0.44 \times 2014.43 + 1.4 \times 1246.9)N = 2632N$$

（4）计算轴承寿命

对于两个相同型号的轴承，所受当量动载荷大者其寿命应短。由于 $P_D > P_B$，所以只计算 D 处轴承的寿命即可。

查轴承标准可得 7212 C 轴承的基本额定动载荷 $C_r = 61000N$。

取 $\varepsilon = 3$，$f_T = 1$（表 15-11），$f_P = 1.1$（表 15-12），则由式（15-7）得

$$L_{10h} = \frac{10^6}{60n}\left(\frac{f_T C_r}{f_P P}\right)^\varepsilon = \frac{10^6}{60 \times 200} \times \left(\frac{1 \times 61000}{1.1 \times 2632}\right)^3 h = 779422h$$

即所选 7212 C 轴承的寿命为 779422h。

15.2.4 滚动轴承的组合设计

1. 轴承的轴向固定

（1）双支点单向固定 双支点单向固定也称为两端固定。如图 15-17a 所示，轴的两个支点中的每一个支点都能限制轴的单向移动，两个支点合起来就限制了轴的双向移动。这种固定方式适用于工作温度变化不大的短轴（跨距 $L \leq 350\text{mm}$），可承受轴向载荷。考虑到轴受热后的膨胀伸长，在轴承端盖与轴承外圈端面之间留有补偿间隙 c，$c = 0.2 \sim 0.4\text{mm}$，如图 15-17b 所示。

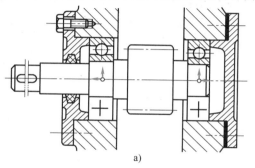

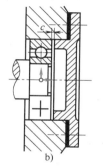

图 15-17 双支点单向固定

（2）单支点双向固定　单支点双向固定也称为游动支承。如图 15-18a 所示，轴的两个支点中只有左端的支点限制轴的双向移动，能承受轴向载荷；右端的支点可做轴向移动，不能承受轴向载荷。这种固定方式适用于温度变化较大的长轴（跨距 $L>350$mm）。

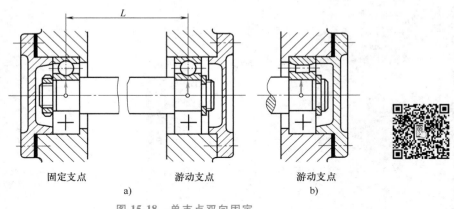

固定支点　　　　　游动支点　　　　　游动支点

a)　　　　　　　　　　　　b)

图 15-18　单支点双向固定

2. 轴承间隙的调整

轴承间隙的调整方法有两种。一种是如图 15-19a 所示增减轴承盖与机座间调整垫片的厚度；另一种是利用调整螺钉 1 通过压盖 3 移动外圈位置，调整好后再用螺母 2 锁紧，如图 15-19b 所示。

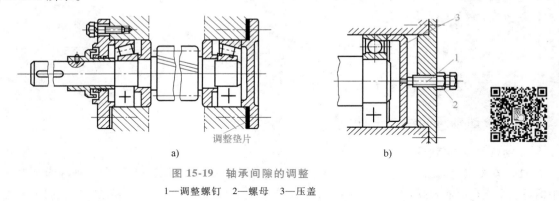

调整垫片

a)　　　　　　　　　　　　b)

图 15-19　轴承间隙的调整

1—调整螺钉　2—螺母　3—压盖

3. 轴承的装拆

轴承的安装主要有冷压法和热套法，如图 15-20a 所示。轴承的拆卸要使用专门的拆卸工具，如图 15-20b 所示。为便于拆卸，轴上定位轴肩的高度应小于轴承内圈的高度。与轴承配合的轴和衬套，都有规定的安装尺寸，这些尺寸都要按轴承标准查得。

15.2.5　滚动轴承的润滑和密封

1. 滚动轴承的润滑

滚动轴承的润滑主要是为了减小摩擦阻力和减轻磨损。润滑方式有油润滑和脂润滑两种。润滑方式可根据速度系数 dn 值（表 15-14）来选择，其中，d 为轴承内径，单位为 mm，n 为轴承套圈转速，单位为 r/min。

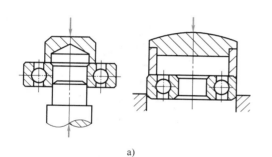

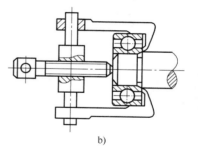

a)　　　　　　　　　　　　　　　b)

图 15-20　轴承的装拆

一般高速时采用油润滑。油润滑摩擦系数小、润滑可靠，具有冷却散热和清洗作用。但需要油量较大，一般适用于 dn 值较大的场合。低速时采用脂润滑。脂润滑简单方便，密封性好，油膜强度高，承载能力强，但只适用于低速（dn 值较小）的场合。装填润滑脂量一般不超过轴承内空隙的 $1/3 \sim 1/2$。

表 15-14　各种润滑方式下轴承允许的速度系数 dn 值　［单位：$(10^4 mm \cdot r/min)$］

轴承类型	速度系数 dn 值				
	脂润滑	油润滑			
		油浴	滴油	循环油	喷雾
深沟球轴承	16	25	40	60	
调心球轴承	16	25	40	50	>60
角接触球轴承	16	25	40	60	
圆柱滚子轴承	12	25	40	60	>60
圆锥滚子轴承	10	16	23	30	>60
调心滚子轴承	8	12		25	
推力球轴承	4	6	12	15	

2. 滚动轴承的密封

滚动轴承的密封主要分为非接触式密封、接触式密封和组合式密封三种形式。各种密封装置的类型、特点及应用见表 15-15。

表 15-15　各种密封装置的类型、特点及应用

密封形式		简图	特点	适用范围
非接触式密封	间隙式密封	缝隙式	一般间隙为 $0.1 \sim 0.3mm$，间隙越小，间隙宽度越长，密封效果越好	适用于环境比较干净的脂润滑
		油沟式	在端盖配合面上开 3 个以上宽 $3 \sim 4mm$、深 $4 \sim 5mm$ 的沟槽，并在其中填充脂	适用于脂润滑

（续）

密封形式		简图	特点	适用范围
非接触式密封	迷宫式密封	径向迷宫	迷宫曲路由轴套和端盖的径向间隙组成。曲路沿径向展开，装拆方便	适用于较脏的工作环境，如金属切削机床的工作端
		轴向迷宫	迷宫曲路由轴套和端盖的轴向间隙组成。其装拆方便，端盖不需剖分，应用较广	与径向迷宫应用相同，但比径向迷宫应用广泛
接触式密封	毡圈密封	单毡圈	用羊毛毡填充槽中，使毡圈与轴表面经常摩擦以实现密封	用于环境干燥、干净的脂密封，一般接触处的圆周速度不大于5m/s
	唇形密封圈密封	密封唇向里	唇形密封圈密封用弹簧圈把唇紧箍在轴上，密封唇朝向轴承，防止油泄漏	用于油润滑密封，滑动速度不大于7m/s，工作温度不高于100℃
		密封唇向外	密封唇背向轴承，以防外界灰尘、杂物侵入，也可防油外泄	同密封唇朝里的结构
组合式密封	迷宫毡圈组合式密封		迷宫与毡圈密封组合，密封效果好	适用于油润滑或脂润滑的密封，接触处圆周速度不大于7m/s

思考与练习题

15-1 对轴瓦材料有哪些要求？为什么要提出这些要求？常用的轴承材料有哪些？

15-2 滑动轴承的摩擦状态有几种？各有什么特点？

15-3 滚动轴承的主要类型有哪些？各有什么特点？

15-4 何谓滚动轴承的基本额定动载荷？何谓滚动轴承的基本额定寿命？

15-5　何谓当量动载荷？如何计算？

15-6　在进行滚动轴承组合设计时应考虑哪些问题？

15-7　试说明角接触轴承内部轴向力 F_S 产生的原因及方向的判别方法。

15-8　说明 6205、7207AC/P5、30209 轴承型号的意义。

15-9　减速器的输入轴如图 15-21 所示，其采用一对角接触球轴承（7306 C）支承，已知：两轴承所受径向载荷 $F_{r1}=1000N$、$F_{r2}=1500N$，轴向外载荷 $F_A=400N$，常温下工作，载荷平稳，试求两轴承的寿命。

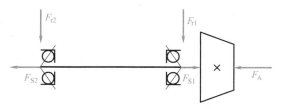

图 15-21　题 15-9 图

15-10　锥齿轮减速器主动轴选用一对 30206 轴承，如图 15-22 所示。已知锥齿轮平均分度圆直径 $d_m=56.25mm$，所受圆周力 $F_t=1130N$，轴向力 $F_a=146N$，径向力 $F_r=380N$，转速 $n=640r/min$，工作中有中等冲击，试求该轴承的寿命。

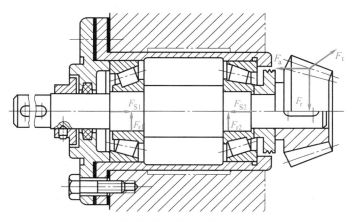

图 15-22　题 15-10 图

参 考 文 献

[1] 杨可桢. 机械设计基础 [M]. 7版. 北京：高等教育出版社，2020.

[2] 王黎钦. 机械设计 [M]. 6版. 哈尔滨：哈尔滨工业大学出版社，2015.

[3] 张继忠，赵彦峻，徐楠，等. 机械设计：3D版 [M]. 北京：机械工业出版社，2017.

[4] 吴克坚，于晓红，钱瑞明. 机械设计 [M]. 北京：高等教育出版社，2003.

[5] 邱宣怀. 机械设计 [M]. 4版. 北京：高等教育出版社，1997.

[6] 濮良贵，陈国定，吴立言. 机械设计 [M]. 10版. 北京：高等教育出版社，2019.

[7] 孙桓，葛文杰. 机械原理 [M]. 9版. 北京：高等教育出版社，2021.

[8] 邓宗全，于红英，王知行. 机械原理 [M]. 3版. 北京：高等教育出版社，2014.

[9] 申永胜. 机械原理教程 [M]. 3版. 北京：清华大学出版社，2015.

[10] 华大年. 机械原理 [M]. 2版. 北京：高等教育出版社，1994.

[11] 宋宝玉，王俞，张锋. 机械设计基础 [M]. 4版. 哈尔滨：哈尔滨工业大学出版社，2003.

[12] 樊久铭，刘彦菊，刘伟. 工程力学实验 [M]. 2版. 哈尔滨：哈尔滨工业大学出版社，2018.

[13] 邓文英，郭晓鹏，邢忠文. 金属工艺学：上册 [M]. 6版. 北京：高等教育出版社，2017.

[14] 相瑜才，孙维连. 工程材料及机械制造基础（I）：工程材料 [M]. 北京：机械工业出版社，1998.

[15] 蔡光起. 机械制造技术基础 [M]. 沈阳：东北大学出版社，2002.

[16] 唐宗军. 机械制造基础 [M]. 北京：机械工业出版社，1997.

[17] 张也晗，刘永猛，刘品. 机械精度设计与检测基础 [M]. 11版. 哈尔滨：哈尔滨工业大学出版社，2021.

[18] 吴宗泽. 机械设计禁忌500例 [M]. 北京：机械工业出版社，2003.

[19] 朱东华，李乃根，王秀叶. 机械设计基础 [M]. 3版. 北京：机械工业出版社，2017.

[20] 赵继俊，姜雪，赵娥. 机械学基础 [M]. 北京：化学工业出版社，2008.